プランテーションの社会史

●デリ／1870-1979

アン・ローラ・ストーラー
中島成久訳

法政大学出版局

Ann Laura Stoler

Capitalism and Confrontation in Sumatra's Plantation Belt, 1870-1979
Second Edition, with a New Preface

Japanese Translation rights arranged with
Yale University Press in London, and The University of Michigan Press,
through The Asano Agency, Inc. in Tokyo.

第二版序文

一〇年以上も前の著作である本書、『プランテーションの社会史』について私自身に論評の機会が与えられたことは、一つの挑戦であり、また喜びでもある。欠落した議論を補足することも、優れた洞察を自画自賛することも、また書評家が誤解、誤読した箇所を訂正する衝動をも抑えて、私は以下のもっと有益な課題を追求しようと思う。つまり、本書が明らかにした問題や議論は何であり、本書が植民地研究に資する論点は何か、また現在の私の研究につながるものは何かを示すことである。(1) 一〇年経って印象的なことは、内容にぎこちなさがあったとしても、本書は時代を忠実に代表する作品であった、ということだ。本書は政治経済学《ポリティカル・エコノミー》をめざす人類学の書であるが、同時に、フーコーの『言葉と物』から発する植民地の言説問題に関心を抱く人々を衝き動かした論点をも考察している。もちろん、その内容が過度に強調され、不十分な点もあるのは確かだ。本書は政治批判、知の系譜学、それに伝統的な人類学という種々の領域をたえず横断している。それによってわれわれは、植民地主義と資本主義との関係、政治的参加と学問との関係、人類学と歴史学との関係、マルクス主義とフェミニズムとの関係、それに農村と賃労働を行なうその住民との関係、などの一連の諸関係を理解しようと試みた。

オランダの植民地時代から現代に至るまでの過去一世紀の間、インドネシアのゴムとアブラヤシ産業の心臓部であった北スマトラ・プランテーション地帯に関心を抱いたのは、次のような試みを目的としていた。すなわち、上流階級の資料を逆さに読むことで底辺からの歴史を書くこと。インドネシアの抑圧的な新秩序軍事政権〔一九六六―九八年のスハルト政権」に刻印されている、植民地時代の「遺産」を記録すること。労務管理の戦略がいかにジェンダー化されていて、なぜ、私的／家庭内的なことが同時に公的で政治的であるのか、を記述すること。公的な抗議の間隙を縫って行なわれる、大衆の「抵抗」の波動を聴きとること。ローカルノレッジだけでは理解できないグローバルな影響を見落とすことなく、上記のすべてを取り扱うこと。たとえば、デトロイトで拡大しつつあった自動車産業やセネガルの増大するピーナッツ生産、それに世界経済の動きと急速な変化などと結びついた影響について知ることである。私の関心は多岐にわたっていた。つまり、オハイオ州アクロンにあるユニロイヤル社の本部、オランダにある家庭用洗剤のパルモリブ石鹸の工場、それにスマトラの農園と農園の間に割りこんできたジャワ人村落、などにかかわる生産、人、商品、消費の回路について議論した。たとえ私の民族誌が最終的にはそうではなくても、私が考える資本主義とはグローバルなものであった。マルクスに傾倒し、またフーコーに魅了されていたので、民族誌を構成するものについて異なった規準を私は採用した。「民族誌的現在」を拒絶し、また村落研究はそれ自体で完結しているということをともに拒絶する研究仲間の一員であったので、われわれはより広い時空にまたがる、新たな規模と範囲を扱う民族誌を追求している（部分的には回復している）、と私は理解していた。(2)

植民地資本主義の動態に関心を持つ私の世代の人類学者を魅了していることを一言で表わすならば、「人間は自分の歴史を作るが、必ずしも自らが望むようには作らない」、というマルクスの名言である。われわれはその言葉を権威ある基本原則として取り扱い、以下のことを理解しようと努めた。つまり、支配の構造は、部分的にはその構造に従属している人々によっていかにして形成されたのか、また、従属してはいるが決して完全には包摂されていない世界資本主義システムのなかに、人々はいかに引きずりこまれたのか。(3)その過程をいかに論証すべきかについて共有された前提があったが、アンソニー・ギデンズが一九八〇年代の社会理論の中心的な問題点とした「構造」と「主体的行為《エージェンシー》」との関係の議論は、研究者に異なった分析の道具を与え、異なる課題へと向かわせた。階級の格差とその影響の分析はわれわれの間で共有されていたが、同じく不平等をジェンダーの観点から観ることについてフェミニスト研究者の間で関心が共有されていた(4)。新たに出現し、いまだに仮説的であったことが、今日、学際的関心を呼んでいる。すなわち、いったい何が主体の形成を説明するのか、どのような領域で従属が甘受されたのか、それに植民地資本主義的な分類、表象、エネルギーの投下《インベストメント》〔訳注一〕さらに感情が、どのように入り混じって、そうした過程を形成してきたのか。

一九八〇年代半ばは、他の問題点でも際立っていた。皮肉にも、人類学のなかで文化の概念を再活性化させたのは、マルクス主義文化研究（カルチュラル・マルキシズム）の研究者、とりわけレイモンド・ウィリアムズである。それは人類学における文化の概念を再活性化するのに役立った。つまり、人類学のよき伝統として維持されてきた「共有された価値」という文化の一定義は、文化内の意味の競合を強調する定義へと置き換えられた(5)。それは個別専門性の領域を超えて、歴史上重要でかつ言説上の展開を先取りした時であり、その時に民族誌を通して「歴史研究を実践すること」が新たな特徴を獲得し、急進的な政治的行為として追究された。現代の歴史とはどのようなものなのか、どのような種類の民族誌的感受性を植民地史の研究に提起すればいいのかを、われわれは問うていたのだ。ジョージ・マーカスとマイケル・フィッシャーが看取したように、民族誌上のいかなる研究も「政治経済学というより大きな世界史上の枠組のなかに」どれだけうまく位置づけられるかが、重要であった(6)[Marcus and Fisher 1986:81]。

本書がそうした問いにうまく答え、そうした衝動をうまく統合し、あるいは緊張を解決しているがゆえに、特別な関心を得ていると言うつもりはない。その反対に本書は、取り扱われるべきであったのに取り扱わず、さらに現在の課題として正面から掲げられている多くの論点に、たとえ沈黙はしなくても、混乱し、控えめである。本書を民族誌的作品として興味深いものにしているのは、そのタイミングである。本書は、歴史分析を用いて民族誌的約束を再編し、再構成するために研究され書かれているので、民族誌のめざすものの大きな変化を反映し、それを特徴づけた。

すなわち、理論的エネルギーが最も注がれてきた「農民研究」から離脱したこと。「マルクス主義人類学」とレッテルを貼られた下位領域が実質的に消失したこと。フーコーだけではなくフェミニスト理論からも発達してきた、権力の言説的構成を新たに試みたこと。それに、植民地資本主義において特に何が「植民地的」であるのか、そのなかでわれわれが研究するコンテクストを規定する要素とは何かに一貫して焦点を当てたこと、などである。従来、農民研究はマルクス主義文化研究、労働史、それに村落民族誌を統合しながら成立するある学際性を鼓舞し賞賛してきたが、それは他の学際的な研究に置き換えられ、時には取って代わられた。たとえば、マルクス主義文化研究とカルチュラル・スタディーズにおける文芸理論は、レーニンとルクセンブルグの帝国主義分析やマルクスの剰余価値説と新しい形で結びつきつつあった。言説と支配との関係は、他の学問からの刺激によって分析上さらなる重要性を与えられた。たとえば、ジェンダー化されたカテゴリーはいかに構成されるのかについてのフェミニストの洞察、エドワード・サイードの『オリエンタリズム』（一九七八）における知と権力の連鎖にかんする傑出した批評などから大きな影響を受けた。もちろん、フーコーのより整然とした言説分析（一九七二）は言うに及ばない(7)。

植民地、資本家、家父長制にかかわる分類は、疑問にさらされ、物質的関係のイデオロギー的反映として片づけられることはもはやなく、むしろヒエラルキー的関係に信頼性が置かれ、それが形成される抗争の場とみなされた(8)[Comaroff 1985; Stoler 1985b; Ong 1987; Roseberry 1989]。社会的構築の過程を理論的・政治的に強調するにつれて、私はそうした転換を二つの方法で取り入れた。つまり、一つは、従属にかんする常識的なカテゴリーが経験される日常の条件を見極めることによって。二つ目は、こうしたカテゴリーがいかに経験そのものを形成するかに注視することによって。こうした二つの試みの結果、われわれの学問のなかで受け入れられてきた分析的カテゴリーが歴史的にいかに位置づけられ、形成されたかを問うことができたのである。

この概念的筋道によって、「農民」と「プロレタリア」というカテゴリーを構成しているものは何かという私の最初の関心は、以下のようなより広い認識論的探求へと向けられた。すなわち、植民地言説が「他者」の表象をいかに生み出したのか、また「他者」にかんする実証されていない仮説《ツルース・クレイム》、つまりヨーロッパ人植民者、彼らに従属する人々、植民地国家の官吏らによって、いつも決まって、食い違い矛盾する自己表象に向けられた主張が、いかに生み出されたのか、という問いである。振り返ってみると、現在についての私の主張を立証するために、歴史資料をたんに参照するだけの分析から、スマトラの歴史の語り《ナラティブ》が基礎づけられる文化的知識をもっと直接的に問い、一九八五年初版出版の数年後に書いたように、「そうした記録が書かれ、また解読されるべき階層化したレベル」を問う分析へと向かわせたのは、社会的構築に必然的にともなう歴史の過程の研究であった。[9]

マルクスは指導原理を提供したと言えるが、他方E・P・トムスンの『イングランド労働者階級の形成』（一九六八）やジェイムズ・スコットの『モラル・エコノミー』（一九七六）は、階級の経験が分析上の中心であるという認識に確信を与えてくれた。また階級に加えられる構造的制約も同様である。しかしもっと重要なのは、トムスンが文化の形態に焦点を当てたことにより、われわれの学問上の選択に確信が与えられたことである。すなわち、われわれは文化人類学者として資本主義がいかに作用し、いかにそれは経験され、そしていかにその歴史は作られたかについて、他の分野にはない接近法を持つと主張した。『イングランド労働者階級の形成』が注目されたのは、〔階級の形成のためには〕闘争そのものが、その詳細な記述よりも、大きな影響を及ぼしたという事実のためであった。たとえ私が北スマトラのプランテーションの周辺部のジャワ人村落が、ある歴史的時期においては安い労働力の供給地を提供することで資本に「うまく作用した」ことを確信していたとしても、他の研究者と同じく、そうしたコミュニティは、そのような利害に挑戦的でもあったことを示そうとした。[10] 一九八〇年代にまだプランテーション地帯に点在していたジャワ人の不法占拠者の村落は、部分的には労務管理と会社の計画による何十年もの計算された戦略の結果であった。しかしそうした村が存在するということは、企業の政策の「予期せぬ結果」を同様に反映していた。つまり、そうした村落は、あらかじめ資本主義の目的因によって決定されていたのではなく、資本家の周辺部で係争中の空間であり、そこに住む人々によって切り拓かれたものであった。

植民地資本主義の研究者たちは、エリック・ホブズボウムとテレンス・レンジャーの『創られた伝統』（一九八三）に魅了され、またメキシコとジャワの農民村落は植民地による明確な押しつけによって、またそれに対する防衛として創られた、とするエリック・ウルフの初期の研究での見解（一九五七）に触発されていたので、農民村落というのは必ず前資本主義的な形跡をとどめ、強い伝統という容器に入れられ、前資本主義的過去の遺物であるという仮定を拒絶した。資本主義はそれに先行する自給自足経済の基礎を必ずしも破壊しないだけではなく、かえって「自給自足経済と共存し……それを強化し、場合によってはそれを魔法によって呼び出してしまう」[Foster-Carter 1978:213]という意見に私は興味をそそられ、それに肉づけをなそうと試みた。

破壊と建設の過程としての、また魔術的行為としての資本主義という観念は、「創り上げる《メーキング》」が意味することをいくつかの点で複雑にしたようだ。「創り上げる」ことは歴史的、想像的、それにジェンダー化された過程を明示した。「創り上げる」こととは、権力、生産、それに再生産にかかわる諸関係のことであり、理論的に反論を招き、政治的に活発な言葉である。「創り上げる」という言葉によって、誰がその過程に参加しているかをもっと注意深く見るように私は促された。すなわち、いかなる社会的条件や言説的な形式が、農民と農園労働者との間、信頼できる労働者と「危険」とみなされる労働者との間の既成の二分法を創出したのか。また、「安定した」労働力という考えが「家族の形成」という戦略によっていかに練られたのか、「良きクーリー」を作り出そうという戦略は時が経つにつれて変化し、経済的・政治的危機の時代には、いかに徹底的に見直され、再編されたのか。(11)

そうした問いによって私は、いくつかの異なる方向に導かれることになった。つまり、「家庭内的」「私的」領域への国家と企業の介入を検証することであり、また何がこのような領域を構成し分割するかを決定する際、そうしたエリートが果たした役割を検証すること、また、家庭の配置を政治的安定や公共の秩序に結びつける認識を検証すること。また、そうした過程においてジェンダーの影響に一貫して焦点が当てられたことを検証することなど。「権力関係にとってきわめて密度の高い一つの転換点」としてのセクシュアリティにかんするフーコーの見解［Foucault 1978: 103］に当時感銘してはいたが、それを十分理解しておらず、セクシュアリティをただ次のように理解していた。つまり、管理された性のあり方がジャワ人とヨーロッパ人双方にたいする労務管理のための国家と会社の戦略に、いかに決定的であったかを検証するためにセクシュアリティを捉えていたのである。だが、誰が「ヨーロッパ人」であり誰がそうでないかを確信させ同時に曖昧にする際、また被植民者と植民者のカテゴリーを区別する際、さらに人種的カテゴリーそのものを決定する際、こうした性のあり方がいかに決定的であったかを、私はまだ考慮していなかった。(12)

その頃、植民地の暴力、恐怖、テロが醸成される心理的および語りの分野がわれわれの間で問われ始めていた。(13) ヘゲモニーの底面に関心を向けると、私を驚愕させたのは、オランダ人農園支配人や地方官吏の神経質でかつ暴力的な姿勢を形成した彼らの脆弱性であった。私は「植民者」を回避し、植民された側の主体的行為により焦点を当てるような人類学のなかで教育を受けてきたけれども、私の関心をますます引き起こしたのは植民者間の対立であった。(14) ヨーロッパ人たちはテロと静穏な時を交互に生きてきたらしく、彼らの恐怖、そして彼らの間での危険というものについての矛盾した受け止め方が、元植民者たちへの私のインタヴュー、植民地文学、私の読んだ公文書では広く見られた。しかしそのような資料を人類学者と歴史家は、植民地的状況における暴力の強度を評価する際、ほとんど用いてこなかった。書評がその部分を強調したために書評家の見解に当初私は驚いたのであるが、「政治経済学の民族誌」［Bourgeois 1987:157］であるだけでなく、「支配の心理学」［Trocki 1986:255］でもある昨今の私の仕事をより明瞭に枠づける関心を、書評の方が先取りしていた。そのことは、キャサリン・ルッツとライラ・アブー＝ルゴッドが『言語と感情の政治学』のなかで、いかに「感情の言説が、権力あるいは地位の違いを確立し、主張し、挑戦あるいは再強化するか」[Lutz and Abu-Lughod 1990:14] の例として、マイケル・タウシッグの著作とともに、本書を引用したのは疑問の余地がない。恐怖、不安、それに脆弱性に埋め込まれた権力の要素に焦点を当てることは、政治経済学において「政治的なもの」を正面から扱うことであり、また政治経済学においていかなる経験と言説が「政治的」なものを構成しているかを回復させ、再規定しようとする努力である、と私は思っている。

周辺部における威嚇と策略

一九七七年、私が北スマトラに引きよせられたのは、北スマトラの現代の風景に影を落としている植民地の過去、というこの静かな威嚇の感覚であった。そこは、一九二〇年代に白人にたいして繰り返された「クーリーによる襲撃」で悪名高い場所であったが、ヨーロッパ人の残虐性がその代わりに囁かれ、その方がもっとひどいと叫ばれた場所であった。当時知られていた植民地の伝承によれば、デリに比べれば他の場所での植民地事業は好意的でかつおとなしいものであった。デリの労働と生活条件を「近代奴隷制」に比したファン・コルとファン・デン・ブラントのような二〇世紀初頭のオランダ人社会主義者によって、その契約システムの悪名高さは知れわたることになった[Breman 1989]。

しかしデリは、世界で最も芳香だと評判の高い外巻き葉の栽培と乾燥作業をする土地として、葉巻愛好者の絶賛を浴び、名声を得ていた。デリは、東南アジアで多国籍アグリビジネスが最も密集している土地であったし、現在もそうである。共産党に加盟していたプランテーション労働組合であるSARBPRI〔インドネシア共和国農園労働者同盟、以下「サルブプリ」と表記〕が、莫大な数の労働者を登録したのは一九五〇年代のこの地であった。またこの地は一九六五年〔九・三〇事件後〕の大量殺戮が起きた場所であり、他の土地と同じく、一五年経ってもまだその事件について語ることは不可能で、一九八〇年代にも村の元帳に×印が付けられた人々は、農園の常勤労働者として雇われることがいまだに禁じられていて、彼らの顔に忍び寄るテロの恐怖が刻まれていると報告されている。(15) 暴力がなくなったにもかかわらず（あるいは暴力が常態化したために）、一九七〇年代に私が住んだ中ジャワの村人は、デリがかつて意味していた、金がすぐにたやすく稼げる約束の地という植民地時代の名称でデリを呼んでいた。もし人にその意思があり、遠隔地にも勇気をもって出て行く手段があれば、デリはお金がたやすく得られる土地で、誰かの兄弟や、遠いいとこ、おじさんなどがそこをめざして出かけて行った土地であった。

一九七七年、西ジャワのバンドン郊外の茶農園からジャワ島東端のタバコ農園に至るまで二〇カ所以上の農園に足を踏み入れ、数カ月間も調査地を求めてジャワ島を動き回った後、私が北スマトラに落ち着いたのは偶然ではなかった。プランテーション地帯の本当の拡大に、また外国資本が切れ目なく集中していることに、さらに異郷のスマトラの土地にジャワ的な農村環境が強く残っているさまに、私は圧倒されてしまった。その上、北スマトラにはアメリカの二大アグリビジネスである、ユニロイヤル社とグッドイヤー社の本部があった。

ベトナム戦争の時代に政治に目覚めたので、私は、アメリカの介入が東南アジアの別の地でどのような意味を持っているかを検討することを、自分の学問的な課題とした。〔アメリカという〕野獣の腹の中の「周辺資本主義」の下で、プロレタリア化と抑圧の政治はどう見えるか、私は「敵」に照準を合わせているとの思いに駆られていた。グッドイヤー社のウィングフット農園は、世界最大のゴム農園であった。北スマトラでは資本主義は、農村部ジャワにおけるように隠然とした実態と私には思われたものとは異なり、至る所で実感でき、目に見えた。農村部ジャワで資本主義は、緑の革命を口実にした農村開発プロジェクトによって、最も顕在化したと思われる。(16) 緑の革命は、一九七〇年代を通じて、人々を潤すよりも多くの人々の貧困を深めた。スマトラのプランテーション地帯の資本主義は、もっと異なった特徴を帯びていた。その資本主義もまた繁栄と貧困の両極端を発生させたが、ここではユニロイヤル社がいまだに借用している輝く白亜の事務所のなかに、ＳＯＣＦＩＮ〔フランス・ベルギー投資会社〕の超近代的なアブラヤシ加工工場のなかに、資本主義は顕著に視覚化されて存在していた。多国籍資本は、私営農園で働く年配労働者の住む、荒れ果てたバラックと並置されていた。そこでは、特権と利得に溢れた数カ国語――北米アクセントの米語、オックスブリッジアクセントの英語、フランス語、中国語、インドネシア語、それにオランダ語――を聞くことができた。

私が一つの村でだけ「フィールドワーク」をするつもりでなかったことは自明であった。しかし、いかに複数の調査地間を動いたか、いかに会社のヒエラルキーを〔調べるのに〕上方へあるいは下方へ、ときにはその外に出て見るように図ったかは、自明ではない。問題の否定と全くの絶望の間を往ったり来たりするのが私の仕事のやり方だった。農園を最初に訪れた時は大失敗であった。ジャカルタの政府農園事務所からの許可状を持っていたので、私はジープや自家用機で送迎され、エアコンの効いたゲストハウスに宿泊し、一晩宿泊する所では必ず未開封のジョニ黒を一本与えられた。私はフライドチキンと缶入りエンドウでもてなされ、統計を提供された。だが、それは善意に溢れてはいるものの、私の目的を注意深く遮断するものであり、その最たるものは慇懃な丁重さであった。労働者の住居を頻繁に往復するに連れて、私の側を少しも離れようとはしなかった農園の監督者によって、労働者への私の質問はしばしば遮られ、彼らによって答えられた。私は、私の強敵、つまり世銀のコンサルタントとして受け取られ、そう扱われたと思った。しかし振り返ってみると、私は詮索好きな労働視察官、植民地アドバイザーを想い起こさせるような人物と思われていたかもしれない。そうした訪問のなかで一度だけ稀な瞬間があった。それは、道路が交差している所で、一人の老人が、乗っていた自転車から突然降りた時であった。私は自分がそう思い、またジャワで教えられたように相互に敬意を表わす妥当な姿勢に従って、自分の頭と肩を下げた。だが私の挨拶は、たとえ似たものではあっても、返礼はもらえなかった。私はこのことに衝撃を受けたのであるが、後で一九三〇年代と四〇年代には会社の本部やヨーロッパ人を自転車で通過する時は、労働者は自転車から降りることをまだ要求されていたことを知らされた〔本文六三ページ参照〕。これは従属の儀礼であって、ジャワ的な礼儀正しさではなかった。それは植民地へゲモニーの再生産にかかわる儀礼であって、敬意の表われではなかった。これが現在につながる歴史であった。私もその歴史の一部なのに、それがよくわかっておらず、完全に受け入れることを望まず、またそれを拒絶した。私は自分のフィールドワークが過去の束縛を受け、限定されているのを理解した。なぜなら、私は人々の生活がどうであったかを知ったからではなく、人々の生活が過去と競合し、またその延長上にあることを知ったからであった。

私は事務所や工場、それにゴムの乳液《ラテックス》を入れるバケツを見せてもらったが、かつて農園が所有していた土地に建てられたジャワ人の村を訪れたいと私がお願いすると、ほとんど必ずと言っていいほど丁重だが驚きのまなざしで見つめられた。農園の関係者は、会社に雇われているのは常勤の大人の労働者でかつほぼ男性だけであり、「臨時」労働者の数は一定しておらず、存在していないか、あるいはいても非常に少ない、と私に言った。ほとんどの支配人は臨時労働者がやってくる村の名前も知らないし、あるいはその村がどこにあるかさえ知らないようであった。〔彼らの言うことをまともに受けとると、農園には〕児童労働はまったくない、請負人をほとんど使うことがない、それに給料のいい一握りの熟練したゴム樹液採取者《タッパーズ》、訓練されたアブラヤシ採取者、工場のエンジニア、わずかな職人たちしか会社に雇われていない、と容易に想像してしまっただろう。

本書が証明するように、そのようなことは正しくはなかった。だがある意味では右で述べたことはすべて正しかった。「誰もが知っている」ことを理解し、人々とプランテーションを結びつけている絆と緊張を心に刻みつけ、土地が何を意味し、お金がどこからやって来るかについて理解し、そこでの非常に異なった物語を想像するためには、北スマトラでほぼ二年かかった。

農園とのそうした最初の出会いが無意味であったわけではなかった。どこに労働者が住んでいるのか、何人住んでいるのかを否定する言説、一九六五年の政変後数千人もの「サルブプリ」のメンバーに〔実際は殺されたのに〕何が起きたかを否定する言説は、スマトラ東岸の社会的現実の決定的な部分であった。多くの農園支配人は農園を取り囲む村々についてほとんど知らなかった。大部分の支配人はそこに足を踏み入れたこともなかった。こうしたジャワ人村落を農園に結びつける紐帯は、なんらかの形で人々の生活に結びついていた。たとえば、政治的活動をしたということで一〇年前に解雇された労働者、「あまりにもゆっくりと」仕事をしたため最近解雇された者、農園の仕事に就けない者、頑固にそれを拒んでいる者などの痛切な記憶のなかに、そうした紐帯はあった。一九世紀以来、プランテーション周辺部の土地は、会社が労働者に与えた畑から、労働者によって奪取された畑へと、合法的居住地から非合法的居住地へと、自給自足用の区画として大目に見られていた状態から強く非難される状態へと、揺れ動いていた。その結果、自分たちが住んでいる土地を実際誰が所有しているかを、ほとんど誰も知らなかった。

農園から独立はしているが、農園を利用している地下経済について、会社が無知を装っていることで、支配人のなかには利益を上げる者もいた。タッピングされずに残されたゴムの木を、夜戻ってきてタッピングする、アブラヤシの実を地面に撒き散らす、低品質のラテックスを農園から村に運ぶ等々。人と生産物が、手ごわいと同時に浸透性のある農園の境界を越えても、いかに人目を忍んで往来しているかに見て見ぬふりをしているこうした支配人の手に、利益がもたらされたのである。

農園のなかで多くの時間を費やすと、農園を経営している人々と関係があるとみなされる恐れがあったため、私は広い範囲を移動したものの、注意深く制限されていた。私の移動は農園の監督が及ぶ範囲から次第に、その境界の外にも達した。私は農園内にある会社の社宅にいる人々よりも、農園外の村の多くの住民とインタビューを行なった。統計をもらいに農園の事務所に行く時は、隣人に声高に伝えたが、そのことで会社との共犯的な意図から私はあたかも解放されるかのようであった。私は人々の仕事の場に付いて行くことはほとんどなく、後で農園に売り戻される「残された」アブラヤシの実に子供たちが群がっている時でも、その場に駆けつけることさえしなかった。テープレコーダーは使わなかった。写真を撮ることさえ一種の侵略であるとみなされ、気分が良くなかった。もし会社から見て好ましくないことをやっている姿を私に見られると村人は仕事を失うかもしれない、と私は恐れたし、実際彼らは仕事を一時的に失ったかもしれない。明け方、若い男女を満載したトラックが遠くの農園での日雇い労働に出発する時には、私は離れた場所にいた。ときどき、私は何もせず自宅に戻った。体が麻痺し、偏頭痛がし、じっとしていた。監視は彼らの生活の多くの局面に存在したので、監視に参加していると思われることを恐れ、私は調査をしばしば中断した。

私は危なっかしく止まっている（鳥のような）、文字通り矛盾する存在であった。つまり、結婚しているのに、夫、子供と一緒に住まないで、場違いな所にいる両性具有的な「ロンド *londo*」（総称としての「白人」〔訳注二〕）であり、オートバイに跨り、膨らんだキュロット（事務所を尋ねる時、ズボンよりも目立たず、まずまずだとなんとか思える服装）をはいた女性であった。人々の生活に投げかけられた会社の影は長く広かった。つまり、そうした影が、私の研究と影から逃れようとする私の空しい努力をいかに歪めたかについて、私はフィールドワーク時に深く考察することはなかったのである。

会社の影の下で

『プランテーションの社会史』（原題直訳は『資本主義と対立』）で提起された問題はその時代の産物であるが、その書名はそうではない。出版の瞬間まで本書は別の書名で出版されるはずであった。エール大学出版局の練達した編集者の、「処女作の著者」は「比喩的な表現」を避けるべきだという考えに説得されて、私はしぶしぶそれに同意したが、本書の大仰な書名には今でも辟易している。市場の観点からみると、その執拗な編集者は正しかったであろう。しかし元の書名は、『会社の影の下で、スマトラ・プランテーション地帯の労務管理の政治学』(*In the Company's Shadow: The Politics of Labor Control in Sumatra's Plantation Belt*) であった。それは冗漫で、洗練されておらず、独創性に欠けたものではあっても、今でもその方がよかったと思われる。というのは、その方がプランテーション周辺部の生活での曖昧さ――農園の仕事にたいする抵抗とそこでの休息、威嚇するものと包みこむものとしての会社、農園の外でも存在する農園のリズムの存在、私自身の立場の本質など――をよく捉えているからである。なぜなら、私は労働者と支配人の跡をその影のように追いかけ、私の研究に迫ってくる会社のヒエラルキーを回避しようとしたからである。皮肉にもその「絵画的な」イメージは、私の調査研究のめざすもの、プランテーション周辺部のあり方、そこに住んでいる人々の選択をより具体的に語ってくれた。ここは潜在化した抗争の場であり、シャドー・エコノミーの場であり、会社の影が労働者の生活に覆いかぶさる場であり、ときどき目に見える対立が出現する場であった。『資本主義と対立』という〔原著の〕書名が伝える意味とは異なって、本書で展開しようとする物語は、本来の資本主義そのものにかんすることだけでは決してなかった。本書は人種と労働のヒエラルキーについての染みがつき硬直した区分にかかわる著作であり、植民地国家のジェンダーに基づく不平等と現地人社会に浸透する分類法にかんする著作でもあった。

本書の表紙の写真〔本訳書では一二二ページに掲載〕は、この地のプランテーション地帯での生活のこうした側面について多くを語るが、他のことはほとんど何も語っていない。一九二〇年頃に撮られた写真であるので、奇妙な形で縁を切り落とされたか、無様な姿で枠にはめられていた。糊の効いた高襟の白い制服を着て、ゲートルを巻き、帽子を被り、白い靴を履いている若い白人の支配人は、あまりにも明るく、堂々として、自信に溢れているので、表面的にはゴム・タッピングの一過程を描いている一枚の写真は、彼の存在によってその主題が薄くなっている。裸足でサロン〔腰布〕とクバヤ〔長い袖のついた婦人用上着〕を身につけて屈んでいる中年のジャワ人女性が、ゴムの木に細長い切れ目を入れているのを、彼は見ている。彼は右手を腰に当て、ステッキを左手に持って休んでいるようだ。白い制服姿で立つ彼の姿が写真全体を覆っている。その二人の人物は、ジェンダーと人種、地位と姿勢、劣悪な賃金と高いボーナス、肉体労働と管理の仕事などの、文化の違いからくるスタイルと振る舞いで隔絶されている。

この写真は、会社のために働く人々を隔てる権力、態度、生産については正しく捉えているが、彼らの仕事以外の、それに農園周辺部での生活――農園の社宅から村へ、農園での常勤労働から他の仕事へ、また農園での臨時労働者として戻ってくる、ときには一世代おきに、ときにはもっと早く、たえず移動する――については何もヒントを与えてくれない。[17]その若いヨーロッパ人支配人は、最も明白で直接的な形の監視を体現している。だが、会社の勢力圏や支配の外で、いかに人々が策略を用いているかについては何も言及していない。こうした人々は自分の体は会社に食べ尽くされていると語るが、それでも彼らの全生活が会社によって成り立っていることを認めようとはしなかった。彼らが生きる現実は、違った種類の前提で成り立っている。私の「民族誌」は彼らの村にかんする記録ではなく、会社に食い尽くされないために、人々がその要求にいかに応じているかにかんするものである。

会社の影の持つそうしたイメージは、対立のイメージよりも別の意味では正確である。農園産業というのは蚕食と機会を意味していた。すなわち、数十年前に不法占拠された土地は、いつでもいかなる口実でも、政府、軍、農園が再接収できるという脅迫を意味していた。農園産業は個人的な相場ではいい給料を出す所であり、汚職と腐敗、それに不況の時に切望される仕事口であり、住宅、米、それにボーナスの源泉であった。だが、なかには会社と関係を持つのを避けるべきだ、またそれは恥とすべき関係だとみなす者もいた。

プランテーションにたいする両価的な態度は、周辺にあるジャワ人村落の人々が、プランテーションでの生活をどのように見ているかということと一致している。村を農園からの避難所と言う者もいれば、農園の拡大だと言う者もいる。あるいは農園から完全に独立していると言う者もいる。こうしたことは長期間にわたって対立する見解であった。二〇世紀初頭、ジャワ人は村落生活に近いものに満足できる限り農園のために働き続けるよう仕向けられる、と会社の役員たちは期待することができた。独立した自作農場と農産物の自給生産の魅力が、いつ会社の利益として作用し、どこでそうならなかったかを見分けられるよう、私はどの章でも努めた。

『会社の影の下で』における私の意図は、「完全なプロレタリア化」へ移行する期間に囚われた人々のそれではなく、プランテーションの仕事、自給農業、片手間仕事、地下経済での財とサービスの非合法的な獲得などをいかにして切り抜けてきたかという、その長期の変動の過程にある労働者‐農民の物語を語ることであった。「農民‐労働者」であることは、時間の経過における境界的な時や、（周辺資本主義の）空間が持つ変則性ではなく、変動する世界経済の下において資本主義が前進と後退を繰り返す際の力に対する、基本的なスタンスであった。その複雑性を単調にしないという意味での現実を記述する私の試みは、他の研究者とも共通点を持っていた。「農民‐労働者」は、これまでしばしば「二つの両極的な生産様式」の間の囚われた移行的な存在として描かれてきたが、何人かの人類学者が、彼らはそうした存在ではないと主張し、新しい歴史的・理論的な材料の提供を試みたのは一九八〇年代であった(18) [Taussig 1980:113]。

ヨーロッパ労働史にかんする最近の論文でウィリアム・シュウェル（一九九三）は、現代労働史の文化的・政治的特徴についてのわれわれの理解は、プロレタリア化とその必然性を説く常識的な唯物論者のレトリックで限界づけられてきたと主張した。このことはヨーロッパやアメリカで研究する労働史家には当てはまるけれども、人類学者はそのモデルにあまり強く賛成せず、それを疑問視した。実際、シュウェルの分析が依拠している多くの論文は、政治経済学にかんする人類学が、ヨーロッパをモデルとするプロレタリア化に明瞭に疑義を提出し始めたのと同じ時期に書かれた(19)。人類学者のなかにはそうしたモデルの普遍性と、アフリカ、アジア、ラテンアメリカでの適用可能性に疑問を懐く者もいる [Comaroff 1985]。またそうしたモデルがヨーロッパにも適用可能かどうか、疑問を投げかけている学者もいる [Holmes 1983]。フランシス・ロスタインは、第三世界の農民性の特徴を、停止した「長期の移行段階」と措定することは、「単純すぎて、無歴史的で、自民族中心的である」と主張している [Rothstein 1986:218]。私の目的は、「スマトラのプランテーション史のいくつかの異なった時代において、権力と生産の諸関係における長期的変動」の一部として、農民‐労働者モデルのどれが優先され、あるいは一体視されるかの「不断の緊張」を跡づけることであった [Stoler 1986:125]。

また別の研究者は、周辺資本主義の特異性についてだけではなく、完全なプロレタリア化という直線的なモデルが、まさにヨーロッパ自身の資本主義の経過をいかに捉えてきたかについて、疑義を提出している [Holmes and Quataert 1986]。イギリス本国を他のどの場所にも適用可能なモデルとする思想的政治的ヘゲモニーは、それ自身深刻な欠点がなかったかどうかを、ヨーロッパで研究している人類学者は問い始めている[20]。北東イタリア（それに別の所でも）において「農民‐労働者」は、まったく周辺的であるが移行期にあるのではない、「労働者階級の創出なしに」賃労働は農村部で出現し拡がっていける、とダグラス・ホームズは主張している[21] [Holmes 1989:205]。人類学者は、ヨーロッパの労働史の議論から得られた洞察を積極的に読み、吸収し、取り込んできたが、その逆は例がない。さらに、ヨーロッパの労働史家にとって意味あることでも、トランスナショナル的でグローバル化する世界経済のなかで、新たに、そして高度にジェンダー化した国際分業になんらかの形で引き込まれ、それを構成する現代人に直面する人類学者にとっては意味のないことだった[22] [Elson and Pearson 1981; Fernandez-Kelly 1983; Nash and Fernandez-Kelly 1984; Ong 1987]。本書『プランテーションの社会史』はそうした変化を推進する先駆けではなく、そうしたものの一つの産物である。本書は独自の貢献をしたが、そうした研究が持つ弱点も共有していた。そこでは階級と資本主義が基本的で、エスニシティとジェンダーは派生的なものであり、認識論的にはより脆弱な地位しか与えられなかった。だから私は、「階級関係が埋め込まれ、表現され、論議を呼ぶ語彙」としてエスニシティとジェンダーを提起したのである [Stoler 1985:xxxvii; 本訳書 xxxi-xxxii ページ]。

資本家による分類と植民地のカテゴリー

誰が本当の農民であるのか、誰がプロレタリアの意識を持ち、誰が本当の農民の意識を持っているかについての一九七〇年代の長い論争は、妥当性を失ったようだ。なぜなら、資本家による分類と植民地のカテゴリーが認識し記述するよう期待されている現実は、人々の生活を組織化している認識と実践のなかで、融通無碍な運動との同調性をますます失ったからである。(23) 私の知る人々が農民であるかないかについて私が他の研究者と共有していた関心、あるいは強迫観念とも言えるものは、間違った設問であったようだ。いかに互いがレッテルを貼りあい、どんな政治的効果がこうした表象に続いたのかに、なぜ農園を支配している人々がそれほどエネルギーを投下したのか、ということが同じように重要だと思われた。

エリック・ウルフは、「名前を事物と一体化させることで、われわれは現実の誤ったモデルを創り上げる」[Wolf 1982:6] と言うが、ウルフの言葉は、「農民」と「労働者」、「ヨーロッパ人」と「ジャワ人」との間の広く受容された格付け、植民者と被植民者との間の固定化した観念について私がこれまで検討してきた意味のズレと一致している。たとえば、いかにデリは切り拓かれたのか、いかにスマトラのジャワ人農民層は作り上げられたのか、いかに統一されたヨーロッパ人戦線が空間的に整理され言説化されたのか、植民地国家のタクソノミーとまたそれが作り出した社会的カテゴリーはどんな種類のものか、こうしたカテゴリーが形成され、それに性のあり方を監視し、民衆の人種観を考案した植民地政治を究極的に何が形成したかの条件など、こうした管理のカテゴリーについて私は考えをめぐらした。

だから、『会社の影の下で』――誰かその実体のない題名に下線を施し、存在を授けてくれようか――は、北スマトラでの資本家の企図のなかで、何が特に植民地的かについてまったく説明しないし、解決もしないという別の曖昧性をうかつにも帯びていた。「植民地資本主義」という用語は、植民地的なものを資本主義にかかる修飾語句のなかへと都合よく消失させてしまい、どこで意見が異なり、何が意見を収斂させる論理であったのか、デリの植民地文化とは何であり、その権威を何が表象していたのか、などの必要な探求がおろそかになった。(24) 労務管理の政治学を研究する際、会社が封じ込めようとしたのは、人生のどの側面なのか、またそもそも誰の人生であるかについて、私は何も配慮してこなかった。後に私が学ぶことになったように、「家族の形成」をめぐる論争は、ジャワ人労働者を規律《ディシプリン》＝訓育する鍵概念であっただけではなく、蘭領東インド諸島全般にわたってヨーロッパ人従業員、植民地官僚、それに軍関係者をも規律＝訓育する鍵概念になった。

植民地言説とは一つの事物ではなく、一連の諸関係であることはますます明白と思われる。すなわち、植民地の危険状態の定義は、一八七〇年代と一九三〇年代の間で驚くべき変化を遂げた。その定義により、ヨーロッパ人の暴力を正当化する一方、それに対抗する暴力を促進するのに少なくない役割を果たした。私はこの問題のいくつかを第三章で追究しているが、〔一九八五年に出版された論文では〕もっと明快に扱っている [Stoler 1985]。植民地的修辞学は、ヨーロッパ人権力の反映とか正当化ではなく、その本質をめぐる交渉の場であった。さらにこの言説は、農園産業、植民地、ジャワ人労働者、それに公的秩序にとって何が最良であるかを正当化するための競合する要求に満ちていて、ヨーロッパ人支配人対ヨーロッパ人下役、そのヨーロッパ人下役対労働者、それにそれぞれのグループ対植民地国家という闘いを引き起こした。

言説分析をより微妙な差異にかかわる政治経済学の分析に役立たせるこうした努力によって、意外な成果がもたらされた。そうしたことは、植民地の知がいかに生産されるのか、なぜそれは分析のための資料だけではなく主題であるべきかなどの、より良い問いに私を導いてくれた。本書で私は、ユニロイヤル社のアメリカ人支配人が児童労働について質問されると、「われわれは知りたくない」と短く答えたことに触れている。当時、それは感情を素直に表わす表明だと私は解釈したが、今ではもっと多くのことを示唆しているように思われる。一九二〇年代の植民地期デリにおいても、一九七〇年代の北スマトラにおいても、植民地の役人は労働者のすべてを知ることを必要とされていなかった。それどころか、彼らは無知を装うことで守られたが、ときには実際の無知によって攻撃にさらされた。権力はときどき不完全な知識を条件としており、まったく知らないことに依拠していたこともあった。

後に植民地の公文書を用い、またそうした文書による全然異質の民族誌作成作業に私が従事するようになったのは、この語ることと語らないこと、脱落したものと注意深く枠組化されたものにかかわる権力をめぐる問いであった。私は報告という物語——地方の行政官が上級職へ語ったこと、その上級職が選択して総督に伝えたこと、総督が植民地大臣に要約して報告したこと——に注目し、また噂や、不完全な知識、また人々が互いに仲間内で語りあっているたんなる夢物語にも注目した。公文書のなかでデリの歴史の語りが矛盾していることへ関心を持ったことで、役人の筆写本の多様性とか植民地の諸事業の支離滅裂さでは説明できないことがあることがわかった。そうした語りもデリのケースのように異なった歴史を表わすものかもしれない。デリには一八七六年までに——いかなる出版された記録から想像できるよりもはるかに早い時期である——プランテーションの周辺にこっそりと複数の民族からなる村々が存在していた(25)。ポイントとなるのは、それは抵抗であるという認識が植民地企業にとって中心的であったのみならず、その定義が問題であった。つまり、不安な役人にはいかなる形の反乱であるかが理解できる場合もあったが、できないこともあった。

名前は誤った現実を作るが、確かに説得力のある政治的現実を作るとウルフが言うのは正当かもしれない。植民地期東インドや一九七〇年代のスマトラで、何が管理と監視を構成したかについて、支配のレトリックが決定的であった。一九三〇年代には、大恐慌後、誰が解雇され誰が復職されるべきか、誰が共産党のアジテーターで、誰が通俗的な盗人であるかがレッテルによって決められた。一九四〇年代には、誰が反逆者として銃殺されるかがレッテルによって決められた。一九六〇年代に再び、レッテルが生死を決定した。一九七〇年代末には、誰が農園の仕事に望ましいかを政治的カテゴリーが決定したが、一方、農園の境界近くに住んでいるけれども、農園からは独立している人々は民族性のレッテルによって分割され続けた。

　植民地エリートがしばしば自らの全能性について互いに語り、そしてわれわれ人類学者がときどき仲間内で不注意にも前提にする簡潔な物語、つまり植民地主義とは一つのヘゲモニーに基づく統一された企図であるという物語は、権力の実態的な配分を求める言説への関心によって打ち砕かれた。デリの歴史は、首尾一貫性と同意を特色とするよりも、ヨーロッパ人が脆弱であったことに悩まされていた。つまり、「平和と秩序」にかんする言説は、ときには「原住民」の抵抗への恐怖にかかわる言説であった。しかしそれは、同時に入植地で反対意見を持つヨーロッパ人や「植民者」として同質化した人々の間で意見が対立した場合、〔どのような処置がなされるべきかを決める〕課題《アジェンダ》にもかかわる言説であった。

　一九八〇年代の初期に『プランテーションの社会史』を書いた〔実際には一九八二年の学位論文のことと思われる〕が、その数年後にデリ植民者連盟の一九一七年の出版物で、「デリにおける白人プロレタリアート」に論及されているのを見いだした。最初私はそれを、なぜ労働組合は白人スタッフには禁じられねばならないのか、なぜデリにはそうした厳重な労働政策が必要か、を正当化する企業エリートによる仰々しい修辞、過剰な表現、それに非合理的な恐怖を表現している、と理解した。そうした直感は一部正しかったが、これは誇大妄想狂的な植民者の常軌を逸した発言ではなかった。それは深い系譜学と人種差別的ルーツを持った言説を反映していた。それはバタビアとハーグの間、本国と植民地の間、それに国家の境界を越える行政上、教育上、医学上、それに道徳に広くかかわる論争の一部であった。それは、インドシナにおけるフランス人役人、インドでのイギリス人公務員、マレーシア農園におけるイギリス人植民者の心をとらえた言説であった。その共通の織り糸は「ヨーロッパ人性」の本質につねにかかわる言説であり、またその本質がいかに定義され保持されるかについての言説であった。さらに、それはみっともない「ヨーロッパ人」

住民を一列に並べること――混血、貧乏な白人、それに「純潔だが」従属的な地位にいるヨーロッパ人――にも向けられていた。数年後、私の研究は、デリのヨーロッパ人コミュニティから、他の場所でのそうしたコミュニティの形成の問題へと時間と場所を拡大し、また一九二〇年代から一八〇〇年代初期にまで遡ったため、白人貧窮者にかんするこうした議論は異なった様相を呈し始めた。デリにおいてこの問題への関心は、ナショナル・アイデンティティ、階級、それに気質にかんする長期の議論の一部であり、どのような種類の白人が統治にふさわしい文化的能力を持っているかにかんする論争の一部でもあった［Stoler 1989a, 1989b］。

デリの政策決定者の間でのあらゆる論争――白人の貧困化、「退廃し」「貧乏な」ヨーロッパ人、ヨーロッパ人ブルジョワにかんする規範からの逸脱に触れている――のなかでより顕著なことは、家庭のあり方、「不自然な欲望」、ヨーロッパ人的男らしさ、白人のアイデンティティ、性の危険をめぐる議論が含まれていたことだ。『プランテーションの社会史』は、その後発展した問題群の一端を表わしている。私の出発点はデリであったが、結婚にかんする規定を政府の転覆計画に結びつける論争は、デリのプランテーション地帯、あるいは東インドをはるかに越えて広がる問題であった。

農民研究がグローバルな文化や経済とのかかわりを扱う新しい種類の研究へと移行するにつれて、われわれは植民地帝国について知っているよりも、帝国主義の経済学についてより多く知っている（あるいは知っていると思う）、と私はますます確信するようになった。資本主義の「周辺部」と「中核」は、資源、生産物、それに労働によって結合されたが、強制と説得の技術が結合されたために、また、植民地を文明化し社会改良を行なう使命を正当化する際暴力の可能性が留保されたことで、こうした関係は特有の形式をとった。植民地主義は経済的な投機であったが、それは多くの人類学者や歴史家が長い間主張してきたように文化的な投機でもあった。植民地は文化的生産の場、「近代の実験場」であり、規律＝訓育のための戦略、解放のための政治、それに人種的アイデンティティが作り出される場所であった。一九世紀のヨーロッパはどのようなものだったのか、どのような農村ロマンスが熱帯で育てられ、いかにヨーロッパ人は自らの敵を構築し、自身を理解したのか。こうした問いは次のような語り《ナラティブ》――植民地主義が何を意味しているのか、オランダ人植民者がジャワ人労働者に何を押し付けたのか、スマトラにおける植民地統治の建築家たちが「エッセンにあるクルップ社」の工場村から得られた農園労働者の居住地のモデルをなぜ想像できたのか――の理解につながる。「エッセンにあるクルップ社」に言及している本書の引用箇所は、第一章の冒頭を飾る不気味な警句だけではない。それは私の仕事がどこで大きく展開したかを示している。つまり、いかにしてそうした見解が本国と植民地における人種と階級の言語と結合され、植民地帝国のプロジェクトにかかわる緊張を伝えているかを理解することである [Stoler and Cooper 1997]。

すると『プランテーションの社会史』は、政治経済学において「政治的」としてわれわれが理解していることを拡大するための努力が一巡しただけである。本書は、現在の歴史の基礎をなす過去を問い、また原則的には人々が同意するカテゴリーを問うだけではなく、いかにして人々がそうしたカテゴリーを組み替え、ぼやけたものにし、逆転させるかを問い直している。私の研究は分類に内在する矛盾にかかわり続けてきた。そうした分類は作られた瞬間から、矛盾を避けようと考案されたカテゴリーそのものを生み出してしまう。事物の間隙と曖昧なものに注目することで、物事の特質が引き出される流動性と不変性が強調され、われわれと他者が正しくどこに帰属するかについてのわれわれの理解に根拠が与えられる。

本書は、関係《アフィリエーション》性と〈その関係性をめぐる〉エネルギーの投下にかんする本である。それによって「われわれ」と「彼ら」の多様な意味の間に存在する世界が分割される。植民地公文書の言説分析は、言葉で発言できた人々の言説と、沈黙を余儀なくされた人々の沈黙する言説の場所と心情を、そうした公文書のなかから引き出すことである。植民地人種主義は現在の寓話として利用されてはならないが、威嚇的な影をたえず投げかけている国家人種主義ならびに国家の道徳的な使命と、植民地人種主義との共鳴関係に時間を割く価値はいまだにある。

一九八四年、ジャカルタのある大手出版社が、『プランテーションの社会史』のインドネシア語版を作る話を私に持ちかけてきた時に、あの植民地的な共謀関係の政治学が鮮やかに例証された。私は半ばインドネシア人読者を念頭において本書を執筆し、インドネシア語版を手にしてスンベル・パディ〔調査地の仮名〕を再訪するのを想像していたので、私はインドネシア語訳を切望した。私はインドネシア語訳のタイトルとして、『クーリーから農園常勤労働者へ』(*Dari Kuli ke Karyawan*) を選んだが、それはプランテーションの末端で営まれている現代の労働者の生活にどれほど植民地が絡みあっているかを理解させるタイトルであった。一方、そのインドネシア語のタイトルを英訳した『クーリーから農園被雇用者へ』(*From Coolie to Estate Employee*) は不恰好で喚起的ではなく、インドネシア語の意味が出ない。インドネシア語のタイトルは、歴史的連続性を強調し、厳しい条件の下で労働する奴隷のような植民地期のクーリーたちと、今日、私営農園や国営農園の特権的な労働者として「勤務」(カルヤ *karya*) する「常勤労働者」(カルヤワン *karyawan*) の生活との比較を促している。[26] そのタイトルは一九七〇年代における労働の不平等について、それに現在の歴史への暗黙の批判を伝えている。当時それは真意を隠したコメントであったが、検閲官の承認を得るには十分巧みであると思った。

その翻訳は一年で終わったが、ヴィンセント・ラファエル(一九八八)がうまく言っているように、翻訳は政治的行為である。下訳が私の手許に戻ってきた時、重要な二カ所が落ちていた。一九六五年のクーデターとスマトラ・プランテーション地帯でのその後の殺戮にかんするすべての文献が落とされたことは驚くことではない。訳書が発禁本とされることを望まない編集者があらかじめ気を利かせたことで、予想されないことではなかった。〔一九六五年九月三〇日事件以後〕多くの出版社が閉鎖されたし、さらに閉鎖され続けている。本書に密接に関連することは、第二の脱落で、タイトルそのものが消されたことであった。『クーリーから農園常勤労働者へ』は、元のタイトルが劇的に変えられ、意味的にも反対のタイトルになった。『クーリーから独立した主人へ』(*Dari Kuli menjadi Tuan Sendiri*) と変えられたことで、同書はあたかも異なった物語を語るかのように作り直された。その訳書は植民地の過去との連続性を語ることはもはやなく、歴史との完全な断絶を語っている。アイロニーが取り去られ、その訳書は新しい、解放された形式の労働として、現代インドネシアにおける選択として、そして切望される職業として農園での仕事を表現しているようだ。あるいはおそらく、問題の多い物語に無害なタイトルを与えることは、たんに暗号化され、巧みなやり方であったのだろうか。その訳書はまだ出版されていない。政治的な原則と政治的実践性との間に囚われてしまって、インドネシア語版原稿は私の机の上に置かれたままである。

一年ちょっと前の一九九四年四月、四十数年ぶりの大きな労働運動が起き、五万人余りの労働者がメダンの大通りを行進し、「賃金アップ、福祉の改善、結社の自由」を要求した。(27) 彼らはまたスマトラ・ゴム産業コンビナートの一つを解雇された労働者への補償と、以前のストライキに参加したある工場労働者の死の原因調査を要求した。その地域は、インドネシア最大の輸出作物生産の集中した場所から、輸出志向製造業の集中する場所へと、過去一〇年間に転換している(現在ではアディダス、ナイキ、リーボックなどの工場が、衣料、ロープ、織物の工場とともに存在している)。そのストライキにプランテーション労働者が誰も参加していなかったことは重要である。

「ボイス・オブ・アメリカ」、ヒューマン・ライツ・ウォッチ、それにアムネスティ・インターナショナルからのレポートによれば、平和なデモとして始まったものが大規模な反乱に転換し、「治安部隊に雇われた特定の人物」によって意図的に煽動された。(28) 攻撃の矢面に立ったのは、国営会社でも十分に守られている外国企業でもなく、中国人コミュニティのなかの富裕な人々で、彼らの店は略奪され、家は破壊され、財産は燃やされた。ある中国人工場主が暴動の際、殺された。ストライキの数カ月後に何百人という労働者が逮捕された。そのなかには最近結成された、独立系福祉労組(SBSI)〔一九九二年結成〕の委員長、ムクタル・パッパハンもいて、彼は「労働者の不安をかきたてた」という咎で三年間の禁錮を宣告された。SBSIはデモを組織化したことはなかったと主張したにもかかわらず、またそうした事実がなかったにもかかわらず、このことは起きた[29]。メダンでのパッパハンの裁判の初日に、一五〇〇人の軍人と警察官が市内に「デモを防ぐために」配置された[30]。ILOはその逮捕を「スマトラにおける他の労働問題の残忍な抑圧」の一部だと強く非難したけれども、インドネシア総領事館の声明では「暴力的なデモ」について、五万人の労働者が参加したのではなくて一万人の労働者であったとするなど、異なった事実が告げられた[31]。その説明によれば、参加した者は「一群の労働運動活動家によって誤って導かれ、操作された。彼らは参加した労働者の利害を超えたプログラムと予定表の一部としてそうした活動を行なった[32]」。

労働争議の原因としての「外部のアジテーター」という呪文は、どこかでよく聞いた響きがする。多国籍企業とインドネシア人労働者を互いに闘わせる種類の対立は、一九九〇年代の新たな対立の分野であるにもかかわらず、そうした対立は一九二〇年代に「ドルの土地」という名声をデリに与えたものと無関係ではない。それは民族間の敵意の生産に結びつかないわけがなく、植民地の人種政策と外国企業がかつて育て、また軍と新秩序国家が政治的可能性を暴力的に限界づける際、たえず呼び起こしてきたものである。プランテーションは北スマトラ経済の礎石ではもはやない。しかし、二〇世紀初頭に多国籍企業が創出した人と財が置き換わり、装い新たな輸出産業——いまではラテックスだけではなく、アディダスの運動靴やタイヤなどを作っている——が、そのなかで今日繁栄し、もがき苦しむ緊迫した現場となっている。

一九九五年五月一五日
ミシガン州、アン・アーバーにて

序　文

私が思うに、研究というものは多くの場合、個人的な問題や、実証上、理論上の悩みを抱えながら始まる。だがそこで得られた洞察やインスピレーションは、研究の最終段階でも、公にされる段階でも、しばしばすべてが明らかになるわけではない。スマトラのプランテーションの歴史における労務管理と対立にかんする本書の記述も例外ではなく、理論的・実際的な動機付けは数多くの背景から得られた。最も直接的な（そして民族誌的な）レベルで言えばこの研究課題は、一九七七年に北スマトラでジャワ人プランテーション労働者にかんするフィールドワークを始めたよりも、はるかに早い時点にさかのぼる。

北スマトラでの出発点は、実際それより五年前の中ジャワにあった。そこで私はジャワ事情全般に詳しくなったが、とりわけ農村貧困層の生存戦略と、彼らを拘束している社会経済的な制約に興味を抱くようになった。ジャワを基盤とする私の研究は、生存の物質的条件の問題により重点が置かれていた。そのことを人々がどう考えているかという問題でもなければ、分かち合いの倫理が村人にも、また民族誌家にも同じく世間一般の通念として支持されているような調査地での貧困の定量化の問題でも、またある地域における資本主義の拡大と「客観的な」階級の形成の実証にかかわる問題でもなかった。

これにたいしてスマトラでの研究は、いわば違った水域で漁をすることであり、またより広い網を使うことであった。最も重要なことは、資本主義とコミュニティの関係を調べることである。ジャワが三〇〇年以上外国の支配下にあったのにたいして、国際資本によるスマトラ「開拓」は一世紀に満たなかった点が大きく異なっている。スマトラ・プランテーション地帯周辺部のジャワ人コミュニティが、農園産業自身によって、また同産業の利益のために作り上げられた経済的・社会的空間であるというのは、事実無根である。ここでは資本主義の影響力は、賃労働の手配や土地の簒奪だけでは明確には測定されえない。（ジャワではそうした関係も意味を持つだろうが、それだけでは十分ではない）。スマトラ・プランテーション地帯にかんする本研究では、資本主義の影響よりもその発展に、また階級およびジェンダー支配の当時の輪郭に注目しようと私は努めてきた。だが同時に重要なことは、その歴史的構造と民族集団同士のコンテクストに注目することであり、ただたんに誰が誰を管理しているかではなく、それによってそこでの非対称関係が表現され、同時に異なった了解をされるそのような変化する政策と政治にも注目しようと、私は努めてきた。

　この民族誌に基づく歴史において私がやろうとしてきたことは、プランテーション農業の展開過程を構造化し、またその勢力圏へと引き込まれてくる人々の生活をも構造化する権力と生産関係の分析である。私がここで問うてきたことは、最も基本的な社会的現実と社会関係は、プランテーション産業の都合に応じてしばしばどのように再規定され、あるいは直接の対立関係に陥ることになるのか、ということであった。本書の内容と形式を強く動かしてきたものは、社会変化の過程における構造と人間の介在との関係への関心であった。私は、そのどちらか一方を強調する分析の妥当性のテストケースとしてスマトラをモデルケースにしたのではなく、そうした二分法そのものが間違っていることを論じてきた。その代わりに、ある種の社会的ヒエラルキー、経済的不平等、そして政治的特権が、いかに、なぜ生み出され、変わることはないと思われ、競合し、再生産されたのかが扱えるような見方を提示してきた。

　人はどのようにして自身の歴史の行為主体《エージェント》であり、同時に客体《サブジェクト》でありうるかを両立させるこうした試みにおいて、私はいくつかの仮説、すなわち歴史における短期的出来事は構造の長期性のなかに包摂される、あるいは人間の経験そのものは常に近視眼的でかつ偶然的なものであり、それゆえ人間の経験を形成する構造によって限界づけられる、という仮説を避けるよう努めてきた。いかに社会が変化をとげ、階級を規定するのか、あるいは社会関係が変化するかについて、どれか一つの要因が決定的であるような、資本主義の構造的必然のことを私は議論しているわけでも、完全無欠な革命家の断固とした行為について議論しているわけでもないので、読者のなかにはその結末に物足りなさを感じる方もいることだろう。そうではなく私が強調したいのは、企業の戦略と労働者の利害が対立するだけではなく一致することもあったということ、また、権力側と抵抗する側の主張が曖昧ではあっても近接してくるという問題が繰り返し起きたという点であった。

資本主義の強制とその帰結についての私の観察と分析は、労務管理の戦略とそれが引き起こした抵抗に主眼を置いている。こうした領域を探求しなかったならば、こんなに広い時間と空間の探求を要求されることはなかっただろう。その際私は、ウォーラーステインとE・P・トムソン、それにブレーヴァーマンとフーコーの対照的な見解について目配りをするよう努めてきた。さらにフェミニストの視点を加え、こうした多様な見解を参考にしながら私は、言説の力、恐怖の強制力、暴力の恐怖にたいして、支配の決定的要因として、それに管理をめぐる抗争の武器として注視するようになった。スマトラ・プランテーション地帯の男女を、ローカルな存在としてだけではなく、グローバルな世界にもかかわる存在としてみなし、彼らの活動範囲の外にある世界経済へも彼らは参加していたこと、彼らが何にたいして挑戦し、誰に敗北を認めたのかにかんする民族誌的意味をも描き出そうと努めてきた。つまり、日常生活の経験に基づく、詳細な記述である。

権力と生産をめぐって提起された特有の問題は、階級の分析、一フェミニストとしての視点、それに人類学的実践にかかわる優先的課題と戦略を反映している。実際にプランテーションの周辺部で生活し労働している人々のおかげで、私はたえず現場に目を向け、地域の生活のなかで彼らが用いる「われわれ」と「彼ら」のカテゴリーの違いに鋭敏になることができた。このようにして支配にかかわる表現が多くの領域で探求されている。ジェンダーのヒエラルキーの操作とセクシュアリティの管理への関心は、労働の過程と社会のヒエラルキーを全体として理解するのに決定的であることを私は論じた。エスニシティとジェンダーという用語は、階級関係が埋め込まれ、表現されている激しい論争を引き起こす用語である。

管理と抗争にかんするこのような見方をとったため、通常了解されたものとは非常に異なった種類の民族誌が必要とされた。なんといってもまず、かなり長期（一八七〇年代後半から一九七九年まで）を取り扱うことになったこと、それにフィールドのデータと広範囲にわたる文献資料に依拠することになったことである。数カ月の間に私は、ジャワ人とスマトラの三五以上のプランテーションを訪れた。私の調査の大部分は、スマトラのジャワ人プランテーションワプランテーション労働者のあるコミュニティ〔仮名でスンベル・パディと呼ぶ、第六章で登場するシンパン・リマはそのなかの一部〕での生活に費やされたが、私は他の多くのコミュニティにも定期的に出かけ、データを収集した。

私は労働者の村に住んでいたけれども、企業のヒエラルキーの上下双方にいる人々にインタビューした。つまり、臨時労働者、常勤労働者、職長、労働請負人、企業病院職員、事務職員、副支配人、主席行政官、地域視察官から、外国の主なプランテーション企業およびインドネシア国有の主なプランテーション企業の重役にいたるまでインタビューした。こうしたインタビューは、政府役人、農業普及員、助産婦、商売人、外国人企業コンサルタント、ジャーナリスト、法律家、農学者、その他プランテーション産業に精通している人々、あるいはそこの仕事に深くかかわった人々などにも補足的になされた。それに加えて私は、村落民族誌にかかわる定量的分析を数多く行なった。つまり、二五〇以上の世帯を調査し、その雇用と妊娠暦を調べ、さらに六〇世帯の時間配分、収入と消費スケジュールを集約的に研究し、加えて多くのプランテーション農園内の労働者居住区域およびその周辺コミュニティにおける、儀礼的交換と労働交換の記録を集めた。本書にはそうした定量的データのほんの一部が用いられているだけだが、大部分の分析はそうしたデータに実質的に依拠している。

第六章とそれに先立つ数章のいくつかの節では、一九七七―七九年の二年間のインドネシアにおけるフィールドワークで得られた資料を基にして書かれているが、労務管理にかんする戦略の変化の分析は文献資料に大きく依拠した。たとえば、労務管理と抵抗にかんする戦前の概略を描いた第二章と第三章は、オランダ植民地時代の公文書、既刊本やパンフレット、論文、小説、新聞に、それに植民地政府役人、植民者、その批判者によって書かれた未公刊の記録などに基づいている。もっと最近の記録と違ってこうした記事は、下からの声によって補われてはいない。だから私はこうした「上流階級」の資料から、その裏側の意味まで読もうとした。往々にしてそうした資料は別の意図をもって作成されたものであるが、それは社会的不公正にかんする生き生きとした証言であり、社会的実践のための明確な処方箋でもある。

第五章は、独立後のプランテーション農園の労働運動を扱っているが、オランダの国立文書館、内務省公文書館、国防省公文書館などで一九七九年から八〇年に行なった植民地時代の文書研究を活用した。インドネシアのメダンでは、スマトラ植民者協会（以前のＡＶＲＯＳ〔スマトラ東岸ゴム植民者総協会、以下「ゴム植民者協会」と略称〕、現在のＢＫＳＰＰＳ〔スマトラ農園企業団〕）が収蔵している農園に関連する、労働者、不法占拠者問題にかんする回状、統計、通信記録、レポートなどの資料を私は集めた。

第四章は、日本占領期と国民革命時代を扱ったものであるが、二つのまったく異なる歴史的「瞬間」――一方は植民地支配の頂点を示し、他方は労働者の戦闘性が最高潮に達した――を架橋する試みとして当初書かれた。この章の準備のために私は歴史文献を用いたが、同時にスマトラ在住の年金生活をしているプランテーションの元労働者や、今ではオランダに住んでいるオランダ人元農園支配人などとのインタビューによる口頭の歴史記録も利用した。本書を完成させて以来、一九四五年―四九年の革命時代にかんする私の関心と調査はますます発展した。この期間の記録からわれわれは、抵抗の社会組織、つまり、地方ごとに組織化された民兵が農民戦線や労働組合、山賊などと事実上、あるいは見かけ上合体してできた活発な機関について実証することが可能である。ここから、民衆の政治的覚醒の本質について、われわれは学ぶことができる。この研究ではこうした論争のごく一端について言及するだけであるが、進行中の私の仕事ではそれが核となっている。

オートナーは人類学の理論にかんする最近の批評で、多くの政治経済学の民族誌家の仕事が、経済にかんする記述は長いのに、政治の記述は短いと指摘しているが、その通りだと思う[Ortner 1984:142]。それは、資本主義の変容にかかわる研究ならどの研究も取り上げるはずの「権力、支配、操作、管理の諸関係」に、彼らが無関心であることをはっきりと示している。この研究がもっと均衡のとれた記述を提供し、そうした偏りを矯正できれば幸いである。

謝辞

私の研究はインドネシアにおいて、数多くの個人および団体の欠くべからざるご好意を受けた。そうしたなかで特に私は、以下の方々／諸団体に感謝したい。私の北スマトラでの調査のスポンサーとなっていただいたボゴール農科大学、情報と統計資料を私に与えてくれた国営／私営の農園役人の方々、とりわけメダンにある北スマトラ・プランテーション協会〔序文ではスマトラ農園企業団（BKSPPS）となっている〕の方々、地方政府役人および農園職員の方々、私が訪問し、インタビューをした多くの村々の住民の方々、口頭の歴史資料を集める私の研究や世帯調査をお手伝いしていただいた方々、あるいは「事実」の収集ではなくそこから村の生活や労働を理解することへと導いてくれた方々、最も重要なのはともに住むことを許し、辛抱強く、礼儀正しく、そして率直に親密な生活のなかに私を参加させてくれた方々。

オランダでは数多くの方々の歓待を受けた。アムステルダム大学東南アジア研究グループのメンバー諸氏、特に所長のオットー・ファン・デン・ミュイツェンベルク氏、私にその所蔵資料の手引きをしてくれた多くの図書館や文書館の方々、特に国立文書館、国防省、内務省、王立熱帯研究所、AZOA図書館の皆様方。長時間のインタビューを可能にしていただいた現／元農園関係者の方々、それにナショナリストとしての闘争や労働運動に参加した経験を私に語ってくれた、ヨーロッパ在住の多くのインドネシア人の皆様方に感謝します。

この研究は多数の機関の多大な資金援助を受けた。社会科学研究委員会（博士課程フェローシップ）、フルブライト・ヘイズ委員会（博士課程フェローシップ）、国立精神衛生学研究所（訓練研究員、#5F31MH07395-01/04）、フランス共和国外務省（長期の科学的滞在費支給）、それにウィスコンシン大学マディソン校大学院（写真と地図の収集と下調べ）。

ウィレム・ウェルトヘイムには、この研究の計画、遂行、論文を書き上げる種々の段階で、必要をはるかに超える助言と指導を寄せていただいた。また過去一〇年間、私のインドネシアでの研究を励ましていただき、思慮に溢れ、非常に有益な批判をいただいた。モーリス・ゴドリエは、私が考え、書くのに刺激的な環境となった研究グループへ私を招いてくれた。ベネディクト・アンダーソンは、本書の構成を考える段階で刺激に満ちた洞察を与えてくれた。姉のバーバラ・ストーラー・ミラー〔一九九二年死去、A. Stoler, *Race and The Education of Desire*, 1995, p. xiv〕には、人類学者にはない視点をもって原文を読んでもらい、有益な視点を常に提供してもらった。ジェイムズ・スコットとジャック・ルクレルクには数章の下書きを読んでもらい、有意義な批評をいただいた。

私は心温まる必要以上の支持と励ましを次の方々からいただいた。レオノール・ブルーダー、ベンジャミン・ホワイト、ルックマン・ハリムとその家族、モハメッド・サイード、ジョアン・ヴィンセント、それに最も重要なのが私の両親であるセーラ&ルイ・ストーラーである。最後に私はローレンス・ハーシュフェルトに感謝したい。彼のおかげで私は批判的にそして注意深く考えることを学ぶことができた。この研究にたいする彼の知的挑戦と無条件の熱意がなければ、これは決して達成されなかったであろう。この本は、彼と今もプランテーション農園の周辺に住み働いている、ジャワ人とその子供たちに捧げられている。

凡　例

一　原文の斜体字は、インドネシア語・オランダ語の場合には「　」で表記し、それ以外の場合には傍点を付した。
二　原文のパーレン（　）と、ブラケット［　］は、そのまま生かした。
三　原文のクォーテーション〝　〟とダブルクォーテーション〝　〟は「　」に入れ、ダブルクォーテーションのなかのクォーテーションは、「……〝　〟……」と表記した。
四　簡単な訳者注と訳者による訳文の補いは〔　〕で記した。また、長い訳注は通し番号を付け、巻末にまとめた。
五　原著では、初版と第二版序文に別々に参考文献が挙げられているが、重複するものも多く、訳書では整理統合した。
六　巻末に略字一覧をまとめた。

目次

図

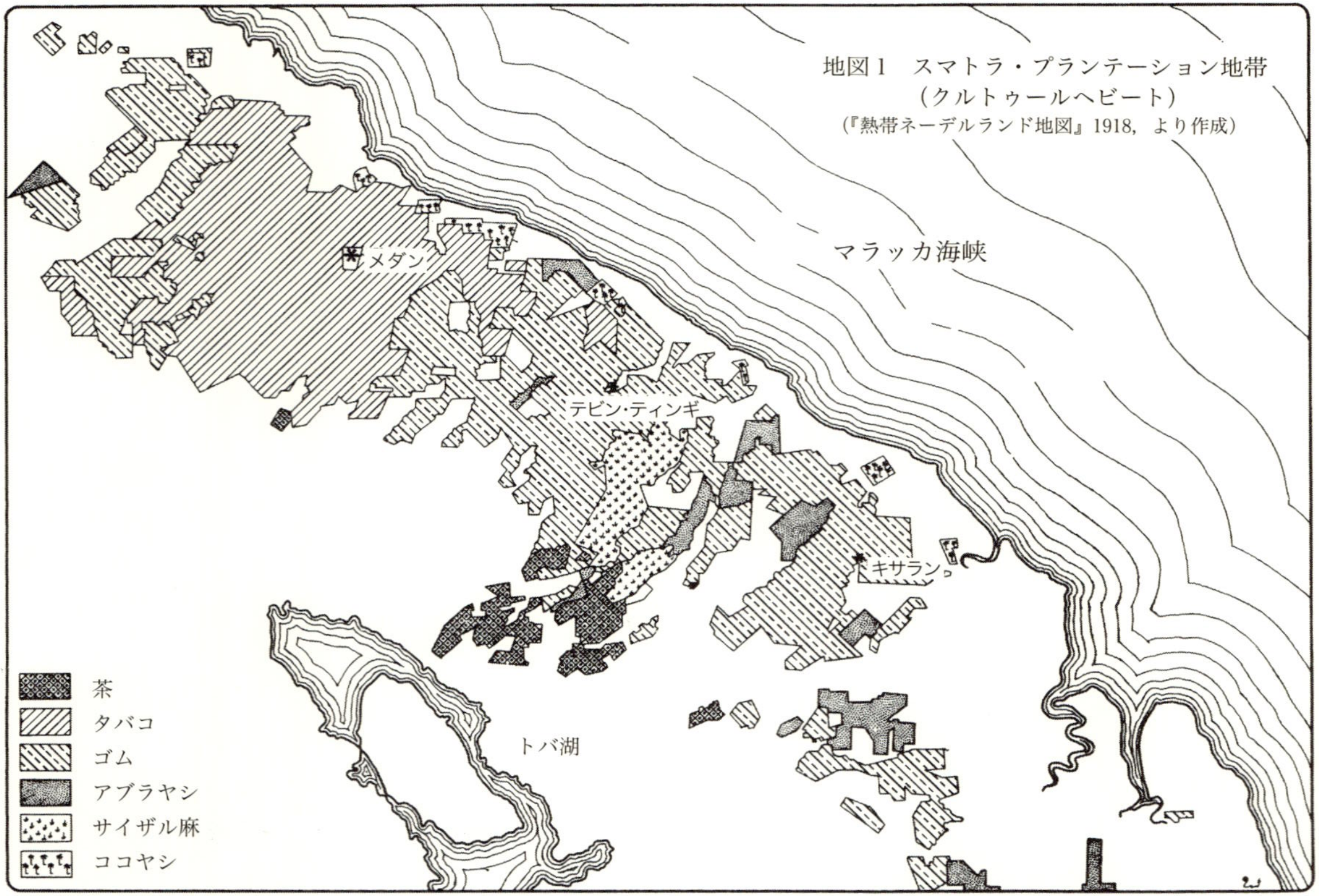

地図1　スマトラ・プランテーション地帯
（クルトゥールヘビート）
（『熱帯ネーデルランド地図』1918，より作成）

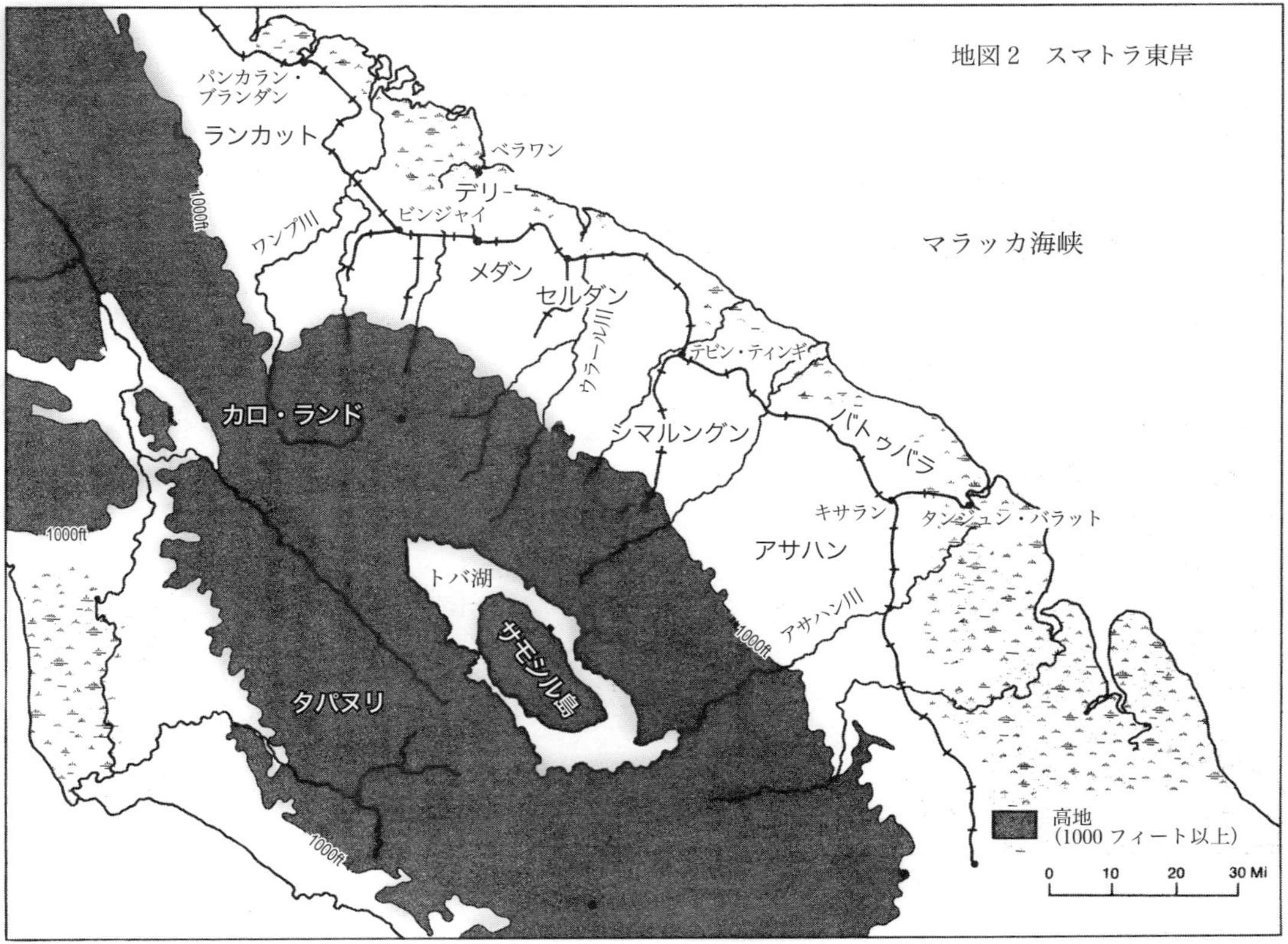
パンカラン・
ブランダン
ランカット
ベラワン
デリー
ビンジャイ
ワンプ川
1000ft
メダン
セルダン
ウラール川
デビン・ティンギ
マラッカ海峡
カロ・ランド
シマルングン
バトゥバラ
キサラン
タンジュン・バラット
アサハン
アサハン川
トバ湖
サモシル島
タパヌリ
1000ft
1000ft
1000ft
高地
(1000 フィート以上)
0
10
20
30 Mi
地図2　スマトラ東岸

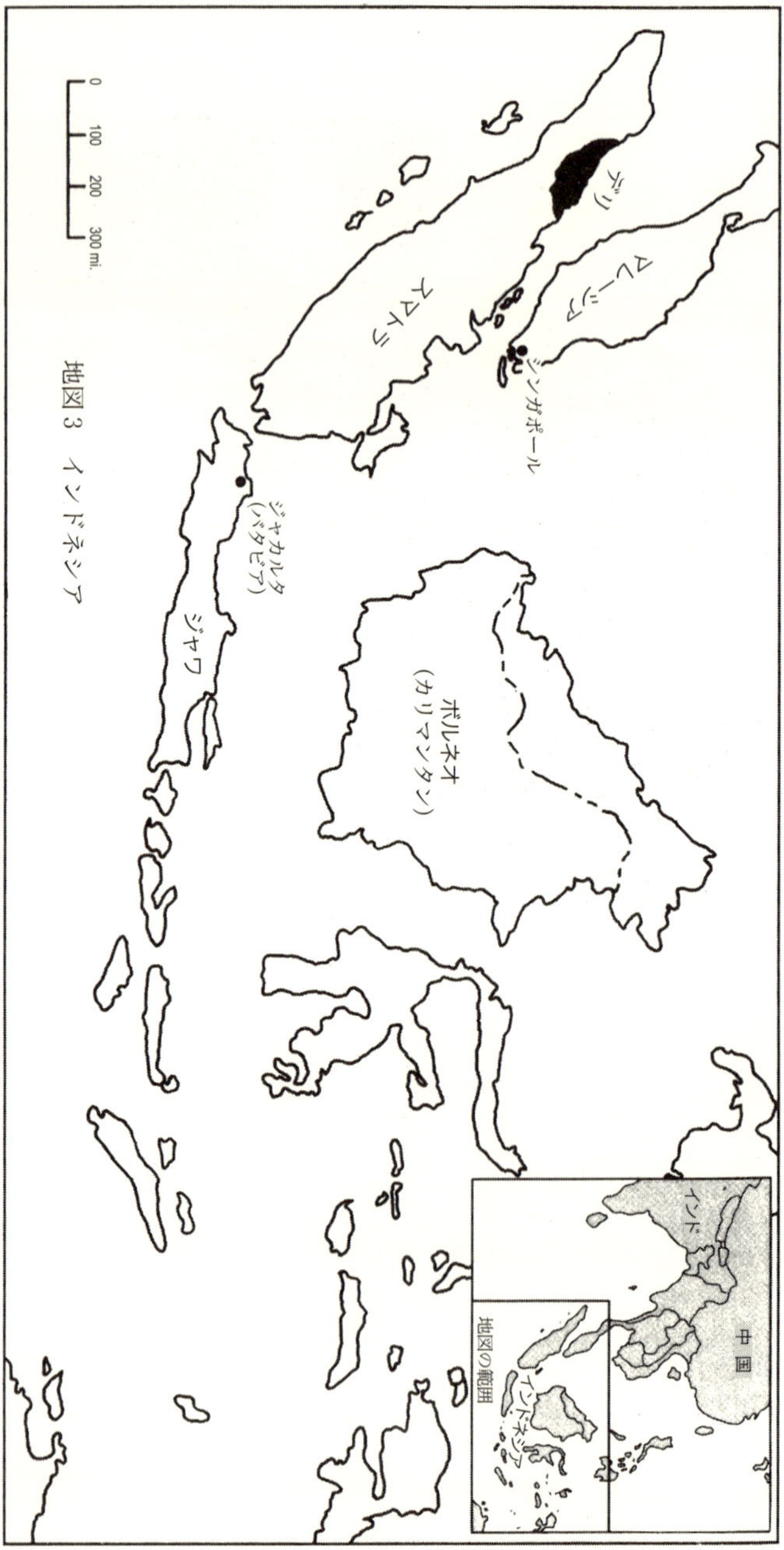
0
100
200
300 mi.
デリ
マレーシア
スマトラ
シンガポール
ジャカルタ
（バタビア）
ジャワ
ボルネオ
（カリマンタン）
インド
中国
地図の範囲
インドネシア

地図3　インドネシア

第一章　序　論――プランテーションへの視角

［主要な問題の一つは］植民地化が前提とする特徴である。植民地化とは、労働者コロニー［という形式として］存在するのか、デルフトにあるファン・マルケン社、エッセンにあるクルップ社の工場村をめざすべきなのか、あるいは西インドの農園に設立された農民の入植地を目標にすべきなのか。[*An estate official in East Sumatra*, Lulofs 1920:5]

東スマトラの一農園職員であったルロフスが一九二〇年に発言したことは、その後六〇年間の北スマトラにおける、労務管理の政治と政策の中心となった企業の関心事を表明しているが、それがまた私の研究の主眼にもなっている。問題となっているのは、北スマトラ・プランテーションの成功の秘訣――安価で、社会的に従順で、政治的な発言をしない労働力が存在するという意味――とされたものは何であったか、ということである。本質的にプランテーションの成功は、農民生活の外見（ルロフスの婉曲な表現では「特徴」）が仮借のない経済的現実にどう融合するかにかかっていて、農民生活の物質的基礎はたえず監視され、蝕まれた。しかしルロフスの発言が示しているように、クルップ〔ドイツの世界的財閥〕のいわゆる工場村を選ぶよりも、農民のいわゆる入植地を選ぶ決定は自明なものではなかった。

植民者がそうした歴史的に意義のある決定を彼ら自身の決定として捉えたということにたんに注目するだけで、北スマトラの歴史についてすでに多くを語っている。クルップの工場村モデルによるか、あるいは西インドのプランテーション企業と境を接する農村共同体のモデルのいずれかによる労働者予備軍を確保する選択は、現実には植民者だけの選択では決してなかった。これら二つの一見皮相的に見える観察は、その後の長い歴史の大部分を解釈するのに大いに役立つ。戦略的に言えば、われわれのここでの関心は、北スマトラにおけるプランテーション農業の歴史的経過を構造化し、そして今日プランテーションの境界に沿って密集するジャワ人コミュニティの形成過程を特色づけた、労務管理と労使の対立の諸形態、強制力と抵抗との関係を明らかにすることである。

過去一世紀の間、北スマトラは第三世界における外国の農業関連企業が最も集中的に展開し、最も成功した地域の一つであり、かつその拡大期間を通して資本と労働者との間の剝き出しの対立、ときには暴力的な衝突をする地域の一つであった。オランダ統治の下でスマトラの「プランテーション地帯」にあったプランテーションは、技術的および社会的な実験のための事実上の実験室であった。そこはまた植民地資本主義の総力を示すミクロコスモスであり、そのなかで人種、階級、民族、ジェンダーのヒエラルキーが巧みに扱われ、異議を唱えられ、変形される、コンパクトでかつ巨大なアトリエであった。私の研究はこうした変化、すなわち一様でない過程、抵抗の種々の声域、それにその複数の形態、にかかわる。

ジャワでプランテーションの会社が拡大したのは、周辺の村から集められた労働力のおかげで、労働力の維持と更新には周辺の村の役割が決定的であった。ジャワとは異なり、スマトラ東岸では最初中国人労働者が、後にジャワ人労働者が何十万人と連れて来られた。彼らは農園のバラックに泊まり、食事をし、年季契約という身分に縛られていた。彼らと彼らの子孫が、いかに、どこで、どんな形態の生活を送り、働き、自己の再生産を認められたかは、植民地資本主義にとって中心的な問題であり、一九四五年以降の独立後の変動の時代にもそうであった。北スマトラにおける現代の社会、経済、政治の自由度は、こうした土地と労働問題が、たとえ解決されなくても、いかに調停されたかにかかっていることは驚くことではない。

散在する小さな棚田のなかを何マイルにもわたってゴムの木と工場が並存している今日の風景は、北スマトラ植民地史とそこにおける農園産業の卓越した役割の顕著な証拠である。現代の北スマトラ（北スマトラ州）は、およそ七万一〇〇〇平方キロの広さであるが、植民地の刻印を最も色濃く受けたのは特にスマトラ東海岸である。オランダ語で「クルトゥールヘビート　*cultuurgebied*」、あるいはデリ Deli（デリとは一つの小さな地区名）と呼ばれたこの地域は、豊かな沖積土に覆われた標高の低い三万平方キロ〔九州より一回り小さい面積〕の平野で、そのうちの一万平方キロ以上の土地の利用権が第二次世界大戦以前に外国の農園産業に与えられ、それらが賃貸するか、あるいはその管理下に置かれた。

この「プランテーション地帯」〔クルトゥールヘビートのこと〕は、北はアチェ、西にタパヌリ高地とカロ高地、東はマラッカ海峡の間に位置しているので、顕著な生態学的、社会学的な境界を有している。その肥沃な火山性の土壌は、タバコ、ゴム、アブラヤシの栽培に特に適している。内陸に五〇〜七〇キロの幅、南北に二五〇キロの長さで拡がっているこのプランテーション地帯の総面積は七〇万ヘクタールに達し、そこにはおよそ二六五のプランテーションがある。その中核地帯ではプランテーションの境界は互いに接しているが、農園の土地利用権が一九世紀末にマレー系のスルタンたちによって植民者に最初賃貸された時にすでにそうであった。

デリが周辺の熱帯雨林から、あるいは高地の環境から社会的、生態学的、そして歴史的に引き裂かれていることは、上辺だけの観察者にも直ちに明らかである。空から見ると、そのプランテーション地帯は、丁寧に刈り込まれた低木からなる巨大な育苗場のように見える。ゴムとアブラヤシがチェス盤の格子模様状に分布するそのプランテーション地帯の規則性は、点在する建物群の存在で打ち消される。汽車で近づくと、こうした点の集まりは巨大な近代的工場であり、その傍を鉄道の線路が通っていることに気づく（実際にはそうした工場からの輸送路として造られたのが鉄道の線路である）。地面に立って見ると、奇妙に変形し、なにやら見慣れないインディアナ州ゲアリー〔ミシガン湖に面する工業都市〕にいるかのような錯覚を覚える。ゲアリーのコークス炉から発する臭いは、半加工されたゴムと発酵する油から立ち込める酸っぱい臭いに取って代わられている。鉄の鋳型の代わりに深紅色のアブラヤシの実を満載した無蓋貨車がある。鉄の梁の代わりに、工程作業の半ば終わったパームオイルを積んだ油槽貨車が見える。その積み荷は、石鹼や調理用油、あるいはゲアリーのような欧米の諸都市の市場で取り引きされる産業用潤滑油に加工されていく。

そこの自然環境が改変されたことは、おそらく道路から間近に見ると最も顕著になる。作物は均整良く植え付けられ、ヤシは同じ高さに保たれ、ゴムの木の樹間距離が正確に計算されているそのシンメトリーのなかに、商業主義的妙味が至るところに発揮されているのが明瞭である。その敷地があまりにも広大なため、内部は信じられないぐらい静かで人影がなく、また必要とされる巨大な労働力を少なく見せている。今日では敷地内に住んでいる労働者の割合は、初期に比べるとはるかに少ないのでさらにそうである。だが農園の中核は今でもその「エンプラーセン *emplasen*」であり、そこで、何マイルも続く小道と、軽便鉄道の線路と、トラック道路があらゆる方向から来て、交差している。この中核は工場、事務所、幹部職員の家からなっていて、そこからやや離れた所に「ポンドック *pondok*」、つまり労働者の宿舎がある。大部分の農園では、ヨーロッパ人入植者の贅を尽くした住居は今でも残っていて、使われている。デリの拡張の最盛期に建てられている総支配人（「トゥアン・クブン *Tuan Kebun*」と呼ばれた）の邸宅は、こぢんまりとしたもっと小さなそのレプリカのような上級監督者の家々に囲まれている。それにたいしてポンドックは一～二家族用の同一の構造をした家屋からなり、その間に形ばかりの庭のある棟が列をなしてぎっしりと広がっている。農園のなかには木造で、内部は土間になっているポンドックが存在する農園もあるが、もっと利益を上げている企業の場合、トタン屋根のついたコンクリート製のポンドックを用意している会社もある。いずれの場合でも、ポンドックは画一的で、簡素で、整然としている。

北スマトラのプランテーション地帯では、誰もがこうした規則的な雰囲気のなかで暮らしているわけではない。民族的には北スマトラはインドネシアで最も異質な要素からなる地域である。そこには土着のマレー人、カロ・バタック人、シマルングン・バタック人、トバ・バタック人〔訳注三〕のほか、中国人、インド人それに大量のジャワ人移民が住んでいる。一八八〇年に東スマトラの人口は、一〇万人近くと推計された。農園産業および関連サービス業で働くためにジャワ人、中国人、ヨーロッパ人、およびインド人が流入したため、その五〇年後には一五〇万人に達した［Dootjes 1938/39, 2:50］。一九三〇年までには大部分がプランテーション・クーリー〔苦力〕であったジャワ人移民は、単一の民族集団としては他の民族集団をはるかに凌駕しており、現地人人口のほとんど五割を占めていた［*Volkstelling* 1930 1935:91］。一九八〇年には八〇〇万人超という総人口［Ginting and Daroesman 1982:54］のなかで、少なくとも五〇万人――そのほとんどすべてがジャワ出身者の子孫――が農園産業に直接雇われるか、それに依存していた。

先に述べたことだが、今でも農園内に居住しているプランテーション労働者は少数である。大部分の労働者は会社のもともとの土地利用権のある境界間に詰め込まれた村や、第二次世界大戦中あるいは独立後初期の不法占拠者に占拠された土地に住んでいる。こうした村は疑いもなく*ジャワ人*のコミュニティであり、ほとんどあらゆる視覚的な面でも、それはプランテーション内ポンドックのもつ規則性とは異なる。その上なお、建築的にも言語的にもまた家庭菜園に植えられている植物の点においても、こうしたコミュニティは近隣のマレー人あるいはバタック人の村とは明らかに異なる。どの点から見てもそれは立派に中ジャワの村々である。

この研究において私がめざすのは、今日プランテーションの周辺部にあるこうしたジャワ人コミュニティを、経済的、社会的に概観することである。彼らが直面した過去と現在の労務管理様式の経験とそれへの抵抗は、非常に特有な形態のものであった。独立以前は契約クーリーとして、あるいは独立後は政府が推進したプログラムの移民としてスマトラにやって来た第一、第二、第三世代のジャワ人からなるこうしたコミュニティでは、ほとんどすべての者が、一時期農園で働いたことがある。だが、特に古い世代、普通第一世代の農園労働者は、自らをその地位から解放しようと過去五〇年間試みてきた。彼らの多くにとってこの努力は、プランテーションの周辺部あるいは農園から獲得した土地で、小規模な農業生産のための独立した自作農場を樹立する試みに集中した。

他方、彼らの子孫にとって農園の常勤労働者として雇われることはすばらしい地位であり、多くの者が切望しているが、若くて、健康で、往々にして未婚者にのみ与えられたごく少ないチャンスであり、かなりな賄賂を使った者だけがしばしばそうした地位を獲得できた。そうした人々にとって村とは、農業の中心などではまったくなく、彼らと彼らに依存して暮らす両親に仮の宿を提供する居住地である。村の残りの大多数の人々は、男であれ、女であれ、老いも若きも、しっかりとした足場をまったく持たずに、両方の世界に足をかけているようだ。多くは農園労働者であるが、臨時雇いであり、常勤労働者に支給される給料のほんの一部しかもらえず、福祉手当による給付は何も受け取れない。農園の臨時労働者はプランテーション企業との実際の絆を否認し、特に若者は両親がやる小さな土地での農業を馬鹿にし、それを意図的に避けている。

プランテーションの周辺部にあるジャワ人コミュニティの大部分は、会社の土地への不法占拠者の居住地にその起源を辿ることができるが、わずか数十年前のことであった。その事実は、不法占拠者の大部分が、常に生存のための経済的闘争としての、ある場合には政治的闘争としての、自身の再生産に直面していたことを意味する。プランテーション企業にとってこうした不法占拠者のコミュニティは、脅威であるとともに重要な資産でもあった。経済的にも政治的にも不法占拠者のコミュニティの存在と成長は、植民地エリート、地方エリート、あるいは国家エリートの主要な関心であり続け、企業の労務管理政策に直接結びつけられてきた。こう理解することで世間の関心の的になっているデリの農業史、労働史の読解がはるかに明瞭になる。つまり、資本主義の拡大は、たんに土地と労働を利用し管理することに依拠していただけではなく、その必然的な帰結として、「当該企業の」労働者が農園の土地を条件付きでしか利用できないこと、その他の者が農園の土地を利用することはきわめて制限されていたことにかかっていた。これは北スマトラでの資本主義の拡大に特別なケースということではほとんどなかった。

この過程にともなって異常なほど大規模で急速な資本と労働が注入されたにもかかわらず、デリの経験はユニークなものではなかった。つまり、インドネシアにおける資本家による投機的事業の実行可能性は、資本主義そのものがあまねく分布していたことでは決してなく、資本主義に先行する社会経済システムが資本主義の再生産の論理にある時は適合し、ある場合には従属することにかかっていた。北スマトラで現代、共有地と私有地が併存していること、あるいは賃労働と互酬的相互扶助労働が併存していること、コミュニティの労働と生活では集合的な部分とアトム化した部分が併存していることは、資本への包摂と資本家との対立の性質は一様ではなく、複雑であることを示唆している。

若干の沿岸マレー人農民にとってプランテーションの会社がやって来たことは、彼らが豊かになり、半利子生活者階級への転換を必然的にともなっていた。彼らはジャワ人移民や中国人移民に土地を賃貸して生活し、移民が賃貸する以外土地への法的権利を否定した。高地に住むカロ・バタック人にとってそれは、コミュニティと農業の劇的な再編であり、共有財産の消失を（だが共同社会としての結束は強かった）、それに少なくとも一九世紀の初頭から巻き込まれた換金作物栽培の急速な拡大を意味した。プランテーション地帯のなかにもっと拡散して住んでいたシマルングン・バタック人にとって、会社の到来は農園の侵略ばかりか、後にはジャワ人元労働者をその境界を越えて溢れ出させただけではなく、もともと彼らが焼畑耕作を行なっていた所に水田耕作をするトバ・バタック人が大量に入ってくることをも誘引した。こうしたバタック人やマレー人の間では、この商品化の過程は土地所有形態、居住、農業技術それに儀礼生活の変化のなかに比較的容易に認められる。しかしながら、こうした集団内部での内的関係は本書の分析の対象ではない。そうした集団内の動きや各集団に課せられた農業規制が、農園経済の再生産とそうした経済に結びつけられているジャワ人労働者の再生産との関係に影響を及ぼす場合に限って、私はここでそれを問題にする。

労務管理と反抗のあり方

　全世界のプランテーション・システムを記述する説明は、たとえそれが一九世紀のアメリカ南部についての記述であれ、植民地期のラテンアメリカにかんする説明であれ、奴隷制時代を脱した東アフリカの場合であれ、現代東南アジアの事例であれ、すべて次のように指摘している。つまり、プランテーション産業は、（おそらく資本家による他の投機事業よりもはるかに）、一定の人口を成熟したプロレタリアートに転換していくことはほとんどなく、一般的には貧困労働層の側にある程度の自給自足性を認めることで——もっとはっきり言うとそう強制することで——その生存条件を再生産してきたこと、さらに他の分析的解決が求められていることを、指摘している。だからシドニー・ミンツとリチャード・プライスは、アメリカの奴隷たちは「生存に必要な何割かを自分で栽培するよう強制された」[Mintz and Price 1973]、と記している。数度の経済的危機の時代にスマトラのプランテーション・クーリーたちは、「余暇」に耕作しなければならない区画を割り当てられた。ザンジバルでは奴隷たちは地代を労賃から差し引かれる形で、自給のための耕作区画を与えられた [Cooper 1980:80]。

　プランテーション経済（より一般的には低開発経済）の専門家のなかには、農園労働者がこうした半プロレタリアート、半農民という立場をとることを、資本の側からする巧みなコスト削減努力の現われだ、と解釈する人々がいる。確かに帝国主義の機能理論は他のどの理論よりも多い [Kahn 1980:202-05]。それにもかかわらず、こうした半賃金労働者、半農民の形をとる農園労働者の存在を、異なった労務管理システムの下での自己充足のための努力、独立の主張と解釈してきた人々もいる。この観点からは、労働者の農民化は卑屈な適応ではなく、労働者自身によって開始された抵抗の一表現であろう。かくしてわれわれは、アメリカ南部の農園周辺部に隠然と存在した奴隷菜園［Genovese 1976:535-40］のことを、あるいはジャマイカにおけるプランテーションの境界の外に意図的に設営された家屋と菜園[1]それに不法占拠された土地からとれる産物の闇市のネットワーク［Mintz 1974:180-213］のことが理解できる。

シドニー・ミンツは次のように主張した［ibid. 132］。つまり、そのコミュニティが「プランテーションというシステムとそれが内包する意味にたいする対応の一様式として、さらに押しつけられた生活様式にたいする反抗の一様式として」出現したカリブ海での「再構成された小作農」を、農業の自給自足性をめざすこうした努力が生み出した、と。そうした抵抗は、逃亡したプランテーションの奴隷たちが作ったコミュニティにおいて最もよく示されている。植民者特権階級をものともせずにジャングルの村々は出来上がり、その住民は狩猟や食糧徴発、料理用バナナの栽培、それに農園での窃盗などで生活していた。フランス領ギアナではこうした逃亡奴隷の居住地を、当局はプランテーション社会の「癌」と呼んでいた。コロンビアでは彼らの自給自足性は政治的に危険で、プランテーション労働者という必須の資源への脅威だとみなされていた。リチャード・プライスによると、ブラジル、コロンビア、キューバ、エクアドル、ジャマイカ、メキシコ、スリナムでは、そうした逃亡者のコミュニティは、「プランテーションのシステムの基盤を直撃し、軍事的経済的な脅威を与え、しばしば限界に達するまで植民地開拓者に重い負担をかけた」［Price 1979:3, also 1-30］。

このことは、カリブ海域のすべての小作人階級がこれを基礎にして再構成された、と言っているわけではない。ましてや、今日スマトラのプランテーションの周辺にいるジャワ人たちが、現代版逃亡奴隷コミュニティを代表しているわけではさらさらない。それどころか、農園産業の労務管理システムの本質的な構成要素としての農業による自給自足性の問題に返ると、北スマトラでは抵抗の一回路としてこの種の行動が南米に匹敵する成功を収めた理由に、われわれは注目するであろう。

この歴史は実際のところまったく手付かずに残されてきた。インドネシアという文脈では民衆による抵抗の研究は、反植民地主義闘争の先駆としての農民の千年王国運動とそうした社会集団——特にそのリーダー——の研究にほとんど限定されてきた。北スマトラにおけるジャワ人プランテーション貧困層は、どの社会的カテゴリーにも属していなかったため、彼らはほとんど無視されてきたが、一つの地域としての北スマトラが同じく関心を引かなかったわけではなかった。ジャワ人コミュニティは農業の発展、国内移民、民族的複雑さ、それに地域の政治、というより広い文脈のなかで議論されてきた。(2) 農園の発展にかんするいくつかの側面が詳細に取り扱われたが [Pelzer 1978, 1982, Thee 1977 and Sayuti 1968]、ジャワ人農園コミュニティに特別な関心を寄せた研究はなかった。また、彼らのコミュニティを形成し、変化を与えた農園の労使関係の歴史に関心を寄せた研究はなかった。

そうした脱漏は多くの点で驚くべきことである。植民地期において北スマトラのジャワ人移民たちは、オランダ領東インドにおいて外国通貨と利潤を稼ぎ出す単一では最大の労働力源であった。同時にデリの農園は、急進主義、暴動、社会的不安の温床であるという観念が広く行き渡った。それに続く日本の占領期と独立運動期においては、デリの農園は両方の戦闘期においてすべての軍隊にとって決定的な資産であった。一九五〇年代には独立後の北スマトラ農園労働組合は、インドネシアのどんな労働者組織のなかでもとりわけ、最大で最も戦闘的なものとして名声をはせ、同時期の労働争議の大部分に責任を負っていた。そして一九六五年のクーデター後、インドネシアに供与された外国借款の大部分は北スマトラのプランテーション部門に注ぎ込まれた。かくしていかなる形態をとろうとも、デリの農園におけるジャワ人労働者は、しばしば地域的、国家的な権力闘争の中心として、人種、民族、階級的衝突の最も緊迫する闘争の場の一つにいた。(3)

北スマトラ現代史の大部分は、地域的・民族的な対立を増幅するのに農園産業が中心的な役割を占めたという記述に満ちている。しかし、こうした緊張と労働者の募集、居住、管理をめぐる同産業の政策との関連は、ほとんど無視されてきた。それゆえプランテーション経済は、地域と民族に由来する問題を理解する際の背景であって、その逆ではない。そのプランテーション地帯の歴史を後者の観点から見ることは、たとえやや歪んでいても、広角のレンズを必要とする。われわれの焦点が向けられているのは、国際的な資本の展示場としての北スマトラ農園であり、企業と国家当局の相反する利害、資本主義的企業経営とその支配と闘う労働力である。だから、デリの労働者の歴史を序論的に記述するには、資本主義の発展の構造的な特徴と、そうした構造が、そのなかで生きる人々によっていかに顕現され、経験され、変更されたかについての両方に関心を持つことが必要とされている。

労務管理の概念

エリック・ウルフは二〇年以上も前に次のように言った。

プランテーションがどこに生まれようとも、またどこからもたらされようとも、それはつねに進出先の文化的規範を破壊し、それ独自の規則を、ときには説得によって、またときには強制によって、押しつけた。しかもつねに影響を受ける人々の文化の定義と対立状態にあった。[Wolf 1959:136]

農園産業が成功裏に拡大するのを保証するために用いられた説得と強制の手段は、スマトラ東岸で特有に発達した支配と抵抗の力を理解する出発点になる。後で見るように、強制と説得は直線的には発展しておらず、経済的な危機と政治的抑圧という異なった時期に、（目立つ形であれそうでなくとも）並存していた。われわれはここで、ジャワにおいて存在したような高度に研ぎ澄まされた文化的ヘゲモニーがスマトラ東岸では初期には存在していなかったことと、そこでヘゲモニーが構築される過程に関心を置くことになろう。私がここで使用しデリの事例に適用しようとしているヘゲモニーとは、支配者階級の利害を表現し、それに奉仕する支配的なイデオロギーの押しつけだけではなく、「それに事実上従属する人々に〝規範的な現実〟あるいは〝常識〟として受容されるもの」でもある[Williams 1980:118]。ヘゲモニーの決定的な構成要素とは、「支配の一形式としてただ受動的に存在しているのではなく、たえず更新され、再生され、防御的で、変形されている。だが、ヘゲモニーとはまったく無関係な圧力によってたえず抵抗を受け、制限され、変えられ、挑戦を受けてもいる」[Williams 1977:112]。ヘゲモニーは支配にかかわる特定の用語だけではなく、その（部分的な）受容を確実にする物質的・イデオロギー的な構成物をも必然的にともなっている。ときには直接的強制が、場合によっては巧妙な破壊が、このために必要とされた。支配のこうした二つのあり方、剝き出しの暴力と穏やかな暴力は、相互に排除するわけではない。両方とも新たな秩序に必要なものとして想定されていて、支配を確実にするために両方同時に、あるいは交互に呼び起こされた。

私はここで、ヘゲモニーとは支配の簡便な言い換えに役立っているとか、[4]企業の権力が労働者の生活のあらゆる側面に無差別に浸透するのに役立つ、と言っているのではない。むしろヘゲモニーは、労使の関係がいかに表現されるべきかに影響を与えながら、ある領域においては労働者の生活に繰り返し浸透してきたと言いたい。われわれは企業による支配の境界、あるいはそれが浸透している範囲をどのように定めたらいいのか。また、労務管理の叙述に何を含めるべきなのか。疑いもなくわれわれは、「政治的」押しつけと「社会的」押しつけを区別することによって、あるいは生産の場と家庭の場で作用しているそうしたものを区別することによって、任意で先天的なカテゴリーの境界をわれわれ自身の手で定めることができる。しかしこのことはさらに深い読み、つまり、「経済的」境界と「社会的」境界が交わり、修正され、操作されていること、「私的なこと」と「公的なこと」は異なった労働政策の下でしばしば一致した、という流動的な理解を危うくしてしまう。

この理由から私は当局の関心事に注目しようとしたが、いかに、また、なぜある種の「事実」が作り上げられるのかを理解するために、当局の「偏見」を用いることにした。植民地当局・植民会社の公式文書は、社会関係や社会の状態について本来関心を寄せなかったし、そうした事項がそこに書かれているとわれわれは期待できない。このようなレポートを鼓舞しパターン化するものは、収益性と「法と秩序」が最優先される問題であった。企業の経営陣と政府の役人は、何がプランテーション産業の活力を保持させるかについて鋭敏であり、この活力というのは生産割当量、価格、一ヘクタール当たりの収穫高などに決して限定されなかった。収益性は労働力がたえず低廉で、利用でき、従順であることにかかっていた。必ずしもその間に優先順位はなかった。こうした三つの要請のそれぞれは、数多くの法的、制度的な機構による補強で保障された。またそうした機構は、労働者のコミュニティとその内部にある家族の生産・再生産の可能性を部分的に構造化する一連の社会経済的なカテゴリーに従って、コミュニティを分割し、規定した。

ある特定の時代にのみ生じるこうした企業の関心事は、企業エリートの利害とその支配を脅かす「問題」に関連する言説の密度で特徴づけられる。オランダの植民地の記録では、こうしたテーマははっきりと特徴づけられていて、「問題とか論点」（フラーハストゥッケン *vraagstukken*、クヴェスティース *kwesties*）という言葉で呼ばれ、労働政策の戦術家たちの間、あるいは彼らと批評家との間で、経営陣と労働者間の問題が紛糾した議論であったことを示している。

このことは、農園生活の危険な悪弊はすべて太字体で特色づけられていたとか、支配者の記録から労働者の経験の総体を直接読み取れる、ということを示しているのではない。しかし全般的にこうした議論は、この核心に近い問題に、現代よりもはるかに慎重さに欠ける用語法でもって、繰り返し関心を集中させている。そうした議論は、秩序の維持とそのために用いられた方法の経済的効率性に関心があった。それにたいして会社と国家の公文書は、ギャンブルや売春、暴力、窃盗、高利貸しなどの無秩序を表わす特徴の細部に固執していた。そうしたものはすべて、プランテーション地帯のフロンティア的な雰囲気によって、また農園産業の階層化した労働組織によってともかくにも悪化した無秩序であった。

労務管理の政治学は部分的にこの分析を方向づける。私はこの概念を、生産にかかわる一要因としても、権力を持つ人々による複合的な「選択」としても捉えない。(5) だからこの概念は、発見法的な仕掛けとして役立つだろう。(6) というのは、この戦略に向けられた抵抗は管理の範囲と方法にたえず対応してきたこと、それゆえ搾取される人々によっていかに経験されたかに結びつくことがわかるからだ。

労使関係のこの特定の接点に関心を集中させたことで、たとえ生産にかかわる基本的な社会関係が不変であっても、労働の過程での決定的な社会変化にわれわれは注意深くなることができた。次に、労務管理が作動している領域はアプリオリに固定化されているわけでもないし、その指針は統計的に規定されているわけでもない。スマトラの農園産業においては、労務管理に基本的であると考えられた事柄はその範囲と内容がともに変化してきた。労働力の規模と構成を再調整することによって、また労働者と農園支配人およびその家族の住む場所の配置と居住様式の計画を精密に立てることによって、労働者の供給を規制しようとした企業の政策は実行されてきた。こうした政策は、夫婦の結合あるいは性的な結合、家族のあり方、それに共同体の結束に影響を与えてきた。要約すると、労務管理はつねに労働の過程との関連で規定されてきたが、労働の過程にあまり関係のない社会組織の諸形態を通して規定されてきた。以下の各章で私は、ジェンダー、民族、人種的な対立を構造化することが、労働者の生活にたいして会社が支配を強化するための試みのなかに、また労働者の側の抵抗の試みのなかに、いかに埋め込まれていたかを検討する。

それゆえわれわれの出発点は、論争と変化の関係であって、制度的安定と凝集性の関係ではない。同様なアプローチの研究は多数あるが、プランテーションにかんする数多くの人類学的な研究は、抵抗の一般的な様式とその結果を単純に無視してきた。(7) こうした研究の目的は、伝統的な文化が資本主義企業体に適合するのに失敗、あるいは成功したことを理解することが主であった、という事実をその理由の一部に挙げることができる。このことは文化的な衝突がまったく無視されたことを意味しない。しかし、強調されてきたのは崩壊であって、政治的な抵抗としての文化ではない。(8)

過去と現在のプランテーション・システムに広く見られる、ヘゲモニーと強制に基づく管理の相乗効果は、労働者の抵抗が種々さまざまな形態——物理的な攻撃や組織化された集団的行動から、沈黙し、地下にもぐる形式をとるもの、その形態を容易に同定できない不満の表出まで——をとったことを意味している。さらに付け加えると、形態の定まらない不満の表出を労働者はしばしば生存のための戦略とみなし、政治的に動機付けられた抗議の行動とは思ってこなかった。第二章と第三章では、北スマトラの農園労働者が、いかに、そして、なぜそうした表出のあり方に訴えたかを論じた。その時に労働者は基礎的で社会的な条件が満たされない限り、自身の再生産はできないし、再生産するつもりもないという警告を、経営者に発したのである。第六章では、農園産物の盗み、汚職、あるいは農園経済に結びつく他の非合法的な試みが、なぜ自身のコントロール外にある経済システムに従属する人々の生活法であるのか、そして、なぜこの事実にたいする彼らの認識のあり方と怒りの表明であるかを検討する。非常に幅のある労務管理の領域とその変化する言説に注目するだけではなく、われわれは多様な声域からくる抵抗のあり方——明確に組織化された行為によるだけではなく、もっと抑制され、持続的な形式でも表明されている——にも注目する。

対立と抵抗がいくつか無視されたのは、プランテーション経済を規定してきた概念そのものの反映である。プランテーション農業を資本主義的な他の形態の企業体から区別する際、研究者のなかにはその特徴として「プランテーション型」を封建的生産システムと資本主義的生産システムとの間の中間的で、分類不能な場所に位置付けた人々もいた。かくしてプランテーションは「封建的‐資本主義的」企業体として特徴づけられたが、ガイアナの農園の研究ではそのどれにも入らないとされた[E. T. Thompson 1975:30; Mandle 1973:12]。他方、プランテーション奴隷のプロレタリアートとしての地位を議論するミンツやウォーラーステインあるいはその他の人々は、プランテーション、特に奴隷制プランテーションは「生産様式としての資本主義の核心であり本質」であると強引に議論してきた[Wallerstein 1980:218; Mintz 1978; Beiguelman 1978]。

その混乱は、現代のラテンアメリカやアジア、アフリカでのプランテーションの周辺で農園労働に従事するが、かつ食糧を生産する賃労働農民《ファーマーズ》、という曖昧な地位によってますます広がった。エリック・ウルフは、それを「一方の足をプランテーション的な生活様式に置き、他の足を農民的な生活に置く二重の生活」と呼んだ[Wolf 1959:143]。ミンツは、この文化的な跨りを、移行的な様式ではなく、「流動的な平衡」状態であり、資本と労働の双方にとって有利な状態であると考えた[Mintz 1959:43]。他方、コロンビアの農園にかんするタウシッグの最近の研究では、こうした農民‐農園労働者を「境界的な存在」と呼び、「今現在の状態でもなく、これからなろうとする存在でもない」[Taussig 1980:103]、あるいはプロレタリアートでも農民でもないと述べ、二つの相異なる生産様式への彼らの不明瞭な依存体験は彼らのコスモロジーに完全に反映されている、と述べている[ibid. 113]。われわれが後で見るように、この二つの生産様式、あるいは対立する経済の領域の接合の議論は、この曖昧さの帰結では必ずしもないし、それを必ずしも解決するものでもない。少なくとも北スマトラでは、自給のための農業と賃労働は、多数のイデオロギーをもつ単一の経済システムの一部であり、労働政策を実行し、争いあうイデオロギーの相異なる利害を反映している。

〔プランテーションの本質として〕封建制型‐資本主義型という区別がどのようになされてきたかに、しばらく注目してみよう。市場取引、投資、企業経営の領域において、大規模プランテーションは疑いの余地がないほど資本主義型であり、そうであり続けたことを、大部分のプランテーション史の研究者は認めている。だが、労働組織が年季契約と他の「非経済的」な強制の形式に依存してきたという事実は、資本主義型でないことの決定的な要因であるとみなされてきた。換言すれば、プランテーション経営で「非資本主義的」特性が存在していると言われてきたのは、労働者の募集と管理の領域においてである。それと同じ図式で、企業の「封建的」特徴、あるいは抵抗を思いとどまらせるための「温情主義的」保護という用語が、農園労働者の抵抗の有無、その形式の説明のために用いられた(9)。

労働者の抵抗にたいして「封建制」と「伝統」(「封建制」あるいは「伝統」)に基づく障害から目を転じて、プランテーションの管理の戦術と、近代産業における労働史のなかで引き合いに出されたそうした戦術に対する対立とを比較するならば、いくつかの決定的な類似点が現われる(10)。現代の労働者の研究、さらにアメリカ合衆国における産業労働者の歴史や第三世界の(特に鉱業の中心地)の分析を援用すると、二つのテーマが浮び上がってくる。つまり、労務管理を強制する際の、国家と組織労働者の重要な役割である。そこでは労働者の闘争が組合と国家双方の手で抑圧された(11)。

北スマトラにおいて植民地国家機構は、企業のヘゲモニーを支持し、企業の強制に参加し、それを容認することが特に目立った。一方、独立後のインドネシア国家は、ナショナリズムの名において、よく訓練され生産的な労働力を確保する責任を果たすことを労働組合に強制した。国家当局と企業の利害が一致するか否かは、プランテーション産業が拡大するかどうかの基本的なテーマであり、決定的な瞬間に労働者が沈黙するケースを理解するのに本質的な問題である。

プランテーション労働者のみならず、都市労働者の組織的な反抗にたいする類似の障害へ関心を持ったために、反抗への障害には大きな違いが認められないことがわかった。かつて植民地支配下にあった国民国家の搾取の経験と階級意識の表現は、元の植民地支配の文脈を絶望的にそのまま留めている。一方では、反帝国主義キャンペーン、ナショナリストの闘い、それに社会主義者の革命運動においてでさえ階級に基づく利害は、把握するのがほとんど容易でないことをこれは意味している。私の研究は、社会的実践にかんする純粋に「階級意識的」な根拠を引き出すことが中心ではない。むしろ、階級関係にかかわる社会的実在は、人種的・民族的対立のなかで、いかに生きられ、介在され、曖昧にされ、侵犯されるコンテクストであるか、ということである。このことで、農園労働者が社会変化の活発な行為主体になるような物質的、イデオロギー的条件をわれわれは検討する。同時に、しばしば、なぜ彼らはそうはならない場合もあったのかについても検討する。

第二章　初期の労務管理の概観——法人資本と契約クーリー

それにしてもデリとは何だったのか。ともかくそれは、スマトラ東岸にある巨大なプランテーション地帯のたんなる名前ではない。デリは一つの一貫した概念であった。われわれは、タバコとゴム、広範囲の森林伐採、プランテーションへの熱意と開拓者精神を思い出す。デリのことを話すやいなや、われわれは国際的な用語で考え始める。つまり、世界市場、世界貿易、国際価格などについて話しだす。しかし同時にわれわれは、主人と召使、一気の昇進と突然の解雇、厳しい仕事と日本人の愛人たち、「ハリ・ラヤ」（文字通りには「大きな日」を意味するが、二週間に一度ある休日のこと）のことを考える。しかしそれだけでなく、クーリーの仲介業者、年季を定められたクーリーと罰則条項などについても考える。われわれはどこに立つのか、どの集団に属しているのか、どの規範に従属しているのかによって、物事の明暗が分かれることに気がつく。

デリとは一つの島であった。人々のなかには、デリとはある社会のなかの一つの社会、ジャワとはまったく異なる、ヨーロッパ型の社会である、と言う者もいた。「ジャワ」と「デリ」は完全に異なった観念であり、デリの植民者たちは完全に異質の人たちであった。デリは白人で、ジャワはいろいろな血が混ざっている。デリではあらゆるものが運びこまれてきた。クーリーだけではなく、雇用者も。プランテーション関係者は直接ヨーロッパからやって来た。クーリーはジャワから来た。デリとは白人入植地の周辺に中国人、ジャワ人クーリーが住んでいる集合体である。しかし彼らはすべて異郷から来た人々で、誰もが根

無し草である。[Nieuwenhuys 1978:346, 347]

スマトラ東岸での農園業の発達は、初期の資本家によるインドネシア群島への浸透とははっきりと、そして本質的に異なったものであった。たとえ植民者の記録が、危険、冒険、それにたやすく手に入る富に魅せられた粗野で粗暴な男たちの成功を描いていても、そうした記録によってより説得力のある農園の拡大の特色が曖昧にされた。つまり、デリとは法人資本という高度に洗練された組織体と広範で強制的な労務管理の形式が集合したものであり、それによって「デリというドルを生み出す土地」が、白人の植民地帝国の最も利益を上げた事業の一つとして出現した。国際的に調達された資金と大量のアジア人契約労働者を結合させたので、五〇年もすると、東スマトラの農園業から生み出されるゴム、アブラヤシ、タバコ、茶、サイザル麻は、オランダ領東インド〔蘭領インド、蘭印〕が輸出で稼ぐ三分の一を達成し、ヨーロッパやアメリカの産業資本主義の拡大を基礎づける原材料製品の多くを供給した。

この章では、倫理が欠け、政治的には爆発しやすく、だが莫大な利益をもたらすこの結合から出現する労使関係の質を扱う。最初の節では一九世紀末のオランダの植民地と世界経済の文脈で、デリの発展を概括する。ここでわれわれは農園産業の出現とその拡大の条件に注目する。植民者がそうしたように広い視点から、何が労務管理には必要かについて集中的に考えた。この視点は戦略的に明瞭な一連の労働政策——クーリーの労働の場だけでなく宿舎にも浸透している——を際立たせる。その政策は、労働の過程よりも広い領域によって暗黙のうちに規定され、性・家族・社会的関係全般への支配力に根ざす、強制的で誘惑的なヘゲモニーである。特にプランテーション労働者の居住地に関連した一つの植民地言説を厳密に調べると、企業の動機が浮き彫りにされ、土地利用、家族の構造、それに労務管理上の変化がわかる。

法人資本のデリへの参入

デリのプランテーション史のほとんどの記録は、ヤコブス・ニエンホイスと初期の開拓者がこの地で最初の輸出型農業開拓を開始した一八六三年に始まる。その始まりは波瀾に富みロマンチックなものであったが、その前後により重要な政治経済的な発展があったので、その年はあまり重要視されていない。その発展の一環として一九世紀後半に外領の島々（ジャワ、バリ、ロンボックといった植民地の中心以外の地域）を、自らの政治的・経済的支配の内により直接的に管理しようとしたオランダの努力が含まれる。東南アジアでの帝国主義者の支配権は、生産と市場を求めてより明確に主張され、保全されつつあった。その当時イギリスがスマトラへ侵入してきたため、スマトラでのオランダのヘゲモニーの主張はさらに緊急なものとなった [Wertheim 1959:62-68]。

外領の島々が「平定」されたにもかかわらず、種々の物理的および社会的暴力が続いた。デリではオランダは必要なだけの軍隊と資金を割り当てる意図も能力も持っていなかったために [ibid. 67]、ヨーロッパ人植民者は自らの利益を好きなだけ追求し守るために一時的に白紙委任状を与えられたが、これによってオランダ支配の利益を増大させることが前提であった。しかしこうした利害は必ずしも一致しないことが明らかになっていった。現地人の土地権を植民者が急激に侵犯したために、スマトラの現地住民の本来の生存基盤そのものを危うくする事実が急速に明らかになった。植民地国家は、植民者に投資を促進させるために十分な——実際には法外な——自由裁量権を与えていたが、おそらく民衆の平和を犠牲にすることは望んでいなかったので、自身が危険な方針を操っていることに気づいた。

かくしてデリの拡大は、植民地政策における第二の変化に結びつくことになった。国家の歳入は、民間企業に農産物の輸出を認めることで引き上げられた。だから一八七〇年はオランダ植民地支配にとって転換点になった。プランテーション産物を国家が長年独占した後、「門戸開放策」が外国からの投資を促進するために採用された。そして同じ年に農地法が成文化された。門戸開放策はオランダによって直接統治されている地域、つまりジャワにのみ適用されたが、事業家の自由を認める一般的な波はスマトラの海岸地方にも及んできた。スマトラ東岸の「間接統治領」(ゼルフベステューレンデ・ランドスハッペン *zelfbesturende landschappen*) であるここデリでも、オランダ東インド政府ではなく、地元の支配者が長期の土地利用権(その適法性は曖昧)を外国企業に与えた(1)。

広大な土地に最長七五年間もの賃貸が認められたことで、生長は遅いが収益性の高い多年生作物への投資と、それらが必要とする工場や加工工場への投資が魅力的になった [Allen and Donnithorne 1962:68]。さらにそうした長期の契約によって貿易会社や投資銀行からの融資と信用貸しが正当化され、容易になった。貿易商社は輸入に限定されていた以前の活動に加えて、金融業やプランテーション会社の製品の輸送業も始めた。ヨーロッパに本社を置く投資銀行は、この投機的な市場に関心を持つようになった。デリにおいて最も力を持ち活発だったのは、一八七九年にオランダの銀行家や貿易商によって設立されたHVA(アムステルダム商会)だった。もう一つは一八二四年に設立されたNHM(オランダ貿易商社)で、それは「国王の代理機関から私的な投資会社へと、つまり半銀行・半植民者へと変身した」[Geertz 1968:85]。そしてオランダ領東インドにおいて一七の砂糖工場とプランテーションを支配下に置いた [Allen and Donnithorne 1962:188]。

新しい農業政策が施行された初期の一五年間に、大多数の農園は個々の植民者の個人所有のままであった。だが一八八〇年代中頃に経済危機を迎えると、コーヒー、砂糖、タバコの値段が劇的に下がったために、多くの植民者がその恐慌を乗りきるのに必要な財政的な弾力性を欠いていた。HVAやNHMなどの潤沢な資金のある投資会社は、未経験な企業を買収し、吸収した結果、貿易だけでなく生産も初めて直接支配するようになった。

初期の植民者が、企業経営者にこれほど急速にそして顕著に置き換えられた場所は、スマトラ東岸のほかにない。ヤコブス・ニエンホイスがやって来て長期(九九年間)の賃貸をデリのスルタンから得た数年後には、蘭印における最初の有限会社であるデリ商会——NHMの支援を受け、その五〇%の出資金を負担した——が一八六九年に設立さ

れた [Volker 1928:13]。初期には地味豊かでタバコの適地であるデリ、ランカット、セルダンだけでなく、はるか南のアサハンにおいても数多くのタバコ会社が設立された。一八九一年にタバコの値段が急落すると、小さな会社や個人の植民者の多くは倒産した。一八九〇年と一八九四年の間に二〇以上のプランテーションが消えた。さらに有名なデリの外巻き葉が生産されていたのはメダン近郊の火山性土壌地だけであったので、多くの植民者は他の土地がタバコ生産に適していないことに気づいた。コーヒー栽培に転換した植民者もいるし、その土地を即座に売った者もいた。一八八九年にあった一七九のプランテーションは、一九一四年には一〇一、一九三〇年にはわずか七二しか残らなかった [Thee 1977:12]。次第にほとんどすべてのタバコ生産地は吸収され、四つの有力な会社(とその子会社)が形成され、他に二〇余りの小さな会社が残された。

一八八四年にはデリに六八八人のさまざまな国籍のヨーロッパ人がいたが、タバコ産業はオランダ人の独占するところであった。だが、このことは一九〇〇年直後に急増した、多年生作物を基礎にする農園のネットワークには当てはまらない。こうした会社はその地域的広がりと輸出額の上でタバコ会社を上回っていたのみならず、その規模と多国籍性によって、デリは資本家の拡大という国際的な波のなかにさらに引きこまれた。

スマトラ東岸の多国籍性

蘭印における法人資本主義《コーポレート・キャピタリズム》の出現は、オランダ植民地政策の特異な性質と地方での農業生産の要請から主に生じた現象として解釈され(てき)た。実際それはある一部の地域で発達したのではなく、アグリビジネスに向かう世界規模での方向転換の一部であり、英領西インド、アメリカ合衆国南部、セイロン、それにマレーシアですでに出現していた [Beckford 1972:102-13]。こうした領域のそれぞれで近年起きた「奴隷制の廃止、技術の変化、作物の病気、それに暴力的な価格の変動は、個人の植民者の財政的な地位を不安定にさせ、法人資本主義の重要性を上昇させる舞台を準備した」[ibid. 110]。

急速な価格の変動によって、小規模な植民者が圧迫されたのみならず、ヨーロッパやアメリカに本拠を置く加工・貿易会社が、自身の原材料の供給源を確保するための誘因となった [ibid. 112; Gould 1961:82]。東南アジアの生産地は資本にとって政治的な運動として魅力的になった。一方、南北アメリカの各地で奴隷制が廃止されたことで、こうした地域は西欧資本の保管所としての魅力が少なくなった。同時に一八六九年にスエズ運河が開通したことで、蘭印とヨーロッパ市場の間をより速くより直接的に結ぶ航路が開通した。北アメリカでは自動車産業と製造業でゴムの需要がますます拡大したので、安い労働力と強力な植民地政府の双方を兼ね備えた地域が捜し求められた。

デリに来た最初の非オランダ企業の一つは、一八四四年にコーヒーと茶の卸売業として設立されたイギリスのハリスンズ&クロスフィールド社であった。この会社は後にセイロンとマレーシアで、プランテーションの管理運営代理店・事業主として活発な活動をするようになった。一九〇七年、ゴムから上がる異常に高い収益に刺激されて、同社はスマトラ東岸にも進出を決めた。デリで茶、コーヒー、ゴム、それにタバコ栽培の土地利用権が与えられ、一九〇九年にはジャワにも進出し、そこで二つの支社ができた。ハリスンズ&クロスフィールド社が初期に保持していた土地と権益の正確な数字はわからないが、以下の資料からある程度の規模は理解できる。


他の企業との合併によってハリソンズ&クロスフィールド社は、ボルネオの木材、中国や台湾での茶の交易で利権を得た。日本では関連会社が茶、絹その他の物品の購入に従事した。北米、オーストラリア、ニュージーランドにある支社は、後に多様なビジネスに従事するようになった。一九五六年に同社はマレーシアで二二万五〇〇〇エーカー〔一エーカーは約四〇四七平方メートル〕以上、インドネシアで一三万五〇〇〇エーカー以上のゴム園の代理店となった。それから同社は、数多くの錫鉱山会社の幹事役として活発に活動し、ゴム工場や土木工事の利権も得た。[Allen and Donnithorne 1962:47]

これは小さな企業というわけではなかった。数年後には同社はマラヤ、北ボルネオ、インドネシア、インド、セイロンそれに東アフリカにおいて、二〇〇万エーカーの土地を保持していると推計された[Fryer 1965:87]。

スマトラ東岸にはイギリスの巨大な借地が存在していたが、そこが「ドルの地デリ」という称号を急速に獲得したのは、北アメリカ資本の流入のためであった。スマトラにおける合衆国ゴム生産者の利益は、アメリカ合衆国における新しい生産の可能性によって、そして一九一〇年のブラジルでのゴム価格の急騰によって引き起こされた[Gould 1961:82]。キサランという町の近くにあった経営不振のオランダ企業が土地利用権を売りに出した時、アメリカの一商事会社であるUSラバー社が三万五〇〇〇エーカーの権利を買い、一九一一年にその子会社である蘭米プランテーション商会(HAPM)を設立し、後にユニロイヤル社の一部になった。一九一三年に三万七〇〇〇エーカーを加えて、合計でほぼ七万六〇〇〇エーカーに達し、単独では世界最大のゴム関連企業体になった。一九二六年にはUSラバー社の保持するゴム園は一〇万エーカーに達し、スマトラ東岸でも一五〇平方マイルに及んだ。

HAPMの工場技術者、研究所の化学者、林学者などはすべて合衆国から連れて来られたのであるが、監督要員は異なった国籍であった。他方、HAPMの関連施設はきわめてアメリカ的であった(ある)。豪華なスタッフクラブ、テニスコート、ゴルフコース、威風堂々とした柱石のある本社などはすべて、アサハンのジャングルでのアメリカの投資が堅実で持続的であることを再確認していた。一九一六年にハワイ・スマトラ・プランテーション株式会社は、デリにおける二番目のアメリカ企業となり、一万二〇〇〇エーカーを保持した。一年後グッドイヤー社は訴訟の後、ドロック・メランギール農園の一万六七〇〇エーカーを賃借するようになった。一〇年後二万八〇〇〇エーカーが追加され、一九三二年にはさらに一万エーカーが開墾され、スマトラ・プランテーション地帯の南西端にある[グッドイヤー・]ウィングフット農園となった。

こうした初期のコンソーシアム(共同企業体)のなかで、フランス・ベルギー投資会社(SOCFIN)は、スマトラへのアブラヤシ栽培導入の背後にいた主要な勢力であり、東南アジア全体へのフランス・ベルギーからの投資をもたらす太いパイプであった[Allen and Donnithorne 1962:11]。一九〇九年にSOCFINがデリに設立され、ジャワやマラヤでもさらに借用地を得て、「この地域をすべてカバーする洗練された管理サービス」の組織を作った[ibid.]。SOCFINに必須の利害はいかなる形であれアブラヤシに結びついていた（彼らは西アフリカの農園でアブラヤシ栽培について長い経験を持っていた）。そのために彼らはスマトラに来たのだ。スマトラはアブラヤシ栽培に気候的に合っており、結果的に世界市場への単独では最大のパームオイルの供給地になった(2)。

デリでの他の外国人投資家——日本人、ドイツ人、それにスイス人を含む——の果たした役割は、相対的に小さく、そして短命であった。それにたいして、管理要員はほとんどすべての西ヨーロッパ諸国から来ており、なかには東ヨーロッパ諸国出身者もいた。かくしてスマトラ・プランテーション地帯の拡大の特徴とは、たんに多国籍企業がそこに存在していただけではなく、住民が多国籍的で多民族的であったことだった。それが、東インドの他の場所に以前あった（そして現在もある）プランテーション企業と大きく異なる二つの特徴だった。一九三〇年までにスマトラ東岸に一万一〇〇〇人以上のヨーロッパ人が住んでいて、農園産業に直接あるいは間接的にかかわっていた。最初、人員、資本、生産の場所、加工工場は、別々の西欧世界、植民地世界から持って来られるか、現地に設置されたが、次第に単一の、だが名目的には異なる企業体に統合された。

企業が国籍によって特化していたのは初期の時代にはもっと鮮明であった。一九一三年（表2-1参照）には、オランダ人はタバコに投資し、イギリス人は茶園を独占し、アメリカ人はゴムに特化し、フランス人・ベルギー人はアブラヤシに集中していた。二〇年後もっと多くの土地が二つの主要な産業用作物に割り振られると、こうした境界は曖昧になった。オランダの資本投資の変化に、この移行が特にはっきりと現われている[de Waard 1934:257]。HVAのような農業銀行（クルトゥールバンケン *cultuurbanken*）が、二〇世紀初頭に新しい作物の拡大を財政支援し、奨

表2-1　スマトラ東岸への国別資本投下量（1913年と1932年）　（単位：%）

		タバコ	ゴム	茶	アブラヤシ	サイザル麻	全体
オランダ	1913	79.5	33.0	3.0	—	—	48.0
	1932	96.4	36.2	61.3	56.9	100.0	53.7
イギリス	1913	16.7	34.3	97.0	—	—	29.4
	1932	—	26.6	31.5	4.0	—	18.1
アメリカ	1913	—	16.1	—	—	—	10.0
	1932	—	18.0	—	—	—	11.0
フランス-ベルギー	1913	—	15.0	—	97.0	—	10.2
	1932	3.0	12.1	—	33.8	—	12.0
スイス	1913	2.1	1.0	—	—	—	1.2
	1932	1.0	1.0	—	—	—	1.0
日本	1913						
	1932	—	2.4	—	2.6	—	1.7
ドイツ	1913						
	1932	—	1.0	1.0	3.6	—	1.6
その他	1913	1.6	1.0	—	—	—	1.0
	1932	—	2.0	—	—	—	1.0

出典：De Waard, 1934:257.

励するのに重要な役割を果たした。HVAは、たんなるプランテーションの作物の販売からその経営へと方針転換した後、一九一六－一七年にデリにおいて広範囲の土地利用権を獲得した。一九二〇年までにはこの「農業銀行」だけで、ジャワで四万九〇〇〇ヘクタール以上のキャッサバとサトウキビ農場を支配し、スマトラでは五万ヘクタール、両島において一七万人の労働者を雇っていた［Brand 1979］。ヨーロッパに金融ネットワークの中心を持つこの銀行は、ヨーロッパから蘭領インドへの資金の流れる回路を保証し、またもちろんその逆の流れも保証した。いくつかの推計によれば、一九二八年にオランダの国民所得の一二％は直接的、間接的にその海外植民地から得られ、一九三〇年代には五分の一から一〇分の一の住民がインドネシアとの貿易に依存しているか、金融上の利益を得ていた［Allen and Donithorne 1962:288］。

しかしながら、北スマトラで操業している農園の半数以上をオランダが支配していても、その影響力と権威を確実にするには十分ではなかった。市場（とデリにおける、間接的な資本支出（建物や土地などの取得や改良による固定資産価値増加のための支出）は、アムステルダムのコントロール外であったことがその理由の一つであった。一九二〇年代と三〇年代にはスマトラ東岸の輸出のほぼ半分（四五％）は、アメリカ合衆国への輸出用にあらかじめ確保されていた[Dootjes 1938:39]。一九二五年に合衆国は四五五〇万米ドル相当の農園産物を直接輸入し、間接的に二〇〇〇万ドルを輸入した[Gould 1961:32]。第二次世界大戦の前には、合衆国に輸出されたパームオイルの七五％はスマトラから供給され、スマトラのゴムの四六％はアメリカの自動車産業とその関連産業に流れた[Dootjes 1938-39:130; Volker 1928:151]。デリにおけるアメリカ企業の職員の存在は目立たなかったが、農園経済の組織にたいするアメリカの影響は強かった。第二次世界大戦後明らかになったことだが、「キサラン王」（USラバー社のアサハン農園のアメリカ人支配人への当時の名称、直接呼びかける呼称ではない）のような人物が、「ゴム植民者協会」などの植民者の組織の政策決定において不釣合いなほどの影響を発揮した。

一九二〇年代から三〇年代の期間に、オランダ人農園コミュニティを心配させたのは、アメリカとの利害関係よりもむしろイギリスとの利害関係であった。蘭印政府の「門戸開放策」があまりにも自由主義的で、オランダ支配の基盤そのものに脅威を与えている、と考える人々もいた[Dinger 1929]。この当否はともかく、投資者の国籍が多様であったことで、この植民地国家に新たな問題が生じたことは明らかである。ハーグのオランダ当局やバタヴィア当局の恩恵をまったく蒙っていない外国人経営陣のために、オランダ国籍の会社に従来かけられた圧力はその効力をかなり失った。非オランダ系企業は、高品質な生産、低価格に関心があり、こうした目的に適合することならどんなシステムでも関心を持った。USラバー社のある幹部は、一九二五年に次のように書いている。

年季奉公の［労働］システムはスマトラではいまだに健在であるが、労働者と植民者双方の利害に鑑みて、現行システム

は法律によって干渉されるべきではない。[Hotchkiss 1924:3]

USラバー社のこうした関心事はオランダ人の経営幹部の関心事と異なるわけではなかったが、唯一の違いは、オランダのヘゲモニーを確実にし、植民地の他の地域で大衆の平和を維持するための長期的な政策の優先順位が、非オランダ系企業では低かった、ということである。そのようなものとして植民地国家と企業による寡頭政治は、その努力と目的において同形でもないし、必ずしも相補的でもなかった。支配を求める植民地国家と自律を求める植民地企業の長期にわたる抗争は、このことをあまねく証明している。

デリでの資本家の投機的事業の本質と規模は、その事業が保証され管理される手段に限れば、いくつかの点で蘭領インドにとって新奇なことであった。植民者たち自身は、農園について、それらは等しく東スマトラに位置している船だが、その進路はロンドン、ブリュッセル、アムステルダム、それにオハイオなどにある企業の利害によって動かされる、と言っている。大筋でこれは正しかった。最終的な管理はこうした遠隔の地に委ねられたが、初期の時代には土地の境界を定め、労使関係を規定する農園政策の実行は、現場の問題であった。ジャワにおける植民地国家とはまったく異なり、デリが形成された初期に「プランテーション地帯」は、植民者貴族政治が事実上の支配権を持つ紛れもない「国家の中の国家」であった。カール・ペルツァーが「法律家、警察官、検事、判事、外交官」[Pelzer 1978:89] などを兼ねていると呼んだ多様な役割を果たす植民者について言えば、ある場合には政府の規制に訴えることもしたが、それ以外の他の規制には一貫して反対ないし無視していた。

土地不足と談合、植民者とマレー人貴族政治

初期の植民者による土地の取得は、地元スマトラの敵対勢力同士のうち続く権力闘争によって大いに促進された。

ニエンホイスが来た当時、デリの海岸域は数多くのマレー人土侯に支配されていた。最も西寄りの内陸部は、文化的に異なるバタック人による親族関係を基にした領域であった。マレー人支配者は、生産の拠点がない場合でさえ、国際交易の十字路であるマラッカ海峡の戦略拠点としての影響力のおかげでその地を統治していた。お互いに反目する現地人コミュニティ間の、また、こうした集団と外部の集団との介在者そして交易者として、このような海岸部の土侯は、そんなに条件のいい場所に住んでいないバタック人連合の経済力・軍事力を利用できた。(3)

ヨーロッパの支配が確立するや、この「寄生的」統治権と外国人交易者との長期の接触と協調の歴史によって、マレー人スルタンたちは熱心でしかもヨーロッパ人に同調的な同盟者になった。リードはこう書いている。

マレー人土侯は、土地所有権原則――彼らの権限の範囲内ですべての土地を差配する権利――と思えるさらなる特権を、植民者に与えた。簡便な手段としてラジャ〔土侯〕へ適度な使用料を支払えば、広大な処女林はタバコ農園に譲渡されうることになった。一八六〇年代の混乱から最も成功裏に出現したプランテーション地帯のなかの四王朝、つまり、ランカット、デリ、セルダン、それにアサハンは、〔オランダに協力したことで〕スルタンという称号と、莫大な富をもって報われ、安全を完全に保障され、マレー人家臣と近隣のバタック人双方に支配権を拡大した。(4)

植民者とマレー人土侯とのこうした交渉は、今日もほぼ同じ形式で残る社会的・農業上の形態に帰結した。(5) 一方こうした交渉の直接の結果として、プランテーション史で中心的な役割を果たす農業上・労働上の対立が準備された。

マレー人スルタンは農園の拡大を容易にする役割を果たしたが、一方、植民地の国家装置は同じ過程を効率的に加速させるための、土地の分類枠組みを考案した。東スマトラの大部分はジャングルか焼畑耕作地であり、永久畑ではなかった。そのため、焼畑耕作地が一度に耕作されるのはほんのわずかな土地でしかないという明白で広く知られた事実にもかかわらず、その地の大部分は法的には「荒野」(ウステ・ラント *woeste land*)〔英語のウィルダネス〕と呼ばれた(6)。土地の契約はより身近な政府が監督するようになったため、現地人の土地権を認める法的なリップサービスがますますなされるようになったが、現実的には変わりはほとんどなかった。

一八七八年のモデル契約法を例にとろう。「居住者」（すなわち初期の協定の時代に農園が利用権を獲得した土地内に家がある人々）だけが四ブーウ（二・八ヘクタール）を与えられる、と規定されていた。当時一般的であった焼畑耕作システムでは、一世帯の生存のためにはこれでは十分ではなかった。同時に植民者たちは、収穫後のタバコ畑で〔タバコとのローテーションで〕米を作る権利（ジャルラン *jaluran*）を、同じ農民に言葉巧みに申し出た(7)。

土地不足は直ちには生じないという誤った仮定のために、農民は例外なく「ジャルラン」を選んだ。それによって、一時的には八ブーウ（五・六ヘクタール）を耕作する権利と「もっと具体的で直截な恩恵」が認められた［Pelzer 1978:73］。だが土地のこうした割り当ては、双方にとって都合が悪いことが判明した。農民は何を作れるのか、またどの程度の頻度で作れるのかを厳しく制限された。植民者は、ジャルランの正当な権利を持っていると口々に主張する農民や農園労働者に直面した。その後の数十年間にこうしたモデル契約法は、誰が正当な権利を持っているかを制限する、より巧妙な抜け道のあるものに修正され精密化された。

会社の保有地がまだ譲渡を受け拡大していた一九一八年の「プランテーション地帯」の地図（地図1参照）によれば、現在のセルダン地区にいたる南部まで、農園の境界の外に持ち主不明の土地はほとんどなかったことがすでに明らかである。メダン周辺のタバコ栽培地では、ジャルラン輪作に基づきタバコ収穫後の土地を利用した現地人もいたが、もっと人口の希薄な南部のプランテーション地帯では、農園による土地蚕食は違った行程を辿った。ここではタバコではなく、多年生作物（ゴム、茶、サイザル麻やアブラヤシ）がよく栽培されていたので、ジャルラン契約はなかった。農園を取り巻くよう設営された村がますます少なくなっていくので、プランテーション会社に与えられた最初の土地利用権は、しばしば連続してつながる境界線で妨害されることなく、碁盤目状に分布していた。一九二〇年代と一九三〇年代にアブラヤシとゴム農園のためになされた新規賃貸契約によって、外国支配下にある土地全体が膨んだ。

一九〇三年までにはすでに消息通の当局者の間では土地不足の話題があったが、その原因は貪欲なマレー人スルタンが、スマトラ東岸のあまりにも多くの土地を賃貸させているため、とされた。彼らの収入は農園との契約に直結していたからである。彼らは、土地を現在いる地域の住民のためにとっておくことも、後から来る住民のためにそうしようなどとも思わなかった［Bool 1903:50］。二〇世紀冒頭に、農園に土地利用権のある境界付近に不法占拠者の居住地があったというレポートがある。こうした居住地には農園労働者も、高地から来たトバ・バタック人も、あるいはマレー人でさえもが溢れていた。（当時の法律による）彼らの土地への合法的な要求は無視された(8)。農園の外に残された土地は、当時の住民の自給自足用には不十分であるとすでにみなされていた。タバコ栽培圏で、一家族当たり三～四ヘクタール与えられた世帯はほとんどなかった。こうした舞台から外れた所に、移住してきたプランテーションの労働者がいて、毎年数万人も増えていた。彼らが土地の割り当てを受けるなどということはまったく考慮されなかった。これは植民者とスルタンの交渉で生じた手落ちではなく、労働力の募集と管理から生じる必然的な要件であった。

契約労働

デリが西欧企業の開拓者的な熱意を待っている地理学上の荒野であるという神話には、社会的に対応するものが存在した。つまり、植民地と植民会社の視点から見ると、以前そこには何も存在していなかった場所に新しい社会を作り出すことであった。ジャワでは何百年もの間、土地、労働者、それに生産物が村から搾り取られたので、媒介的な「原住民」エリートと「吸収剤的な」村落構造を形成した。そこでは砂糖のような商品作物の生産が生態学的にも経済学的にも伝統的な農業の上に重ねられただけであった。輸出産物のために農村の土地と労働力が用いられたにもかかわらず、農民は村の居住者であり続け、植民地機構との彼らの接触は、「原住民」役人層の存在によって衝撃が吸収され、ぼかされた。こうしたコンテクストにおいては、伝統的な制度は植民地当局の影響を受けたが、一方では農村生活へ植民地が侵入すること、あるいは直接的な管理をチェックした。

デリでは文化を腐敗させ、労働者を搾取するそうした巧妙な方法は利用できなかった。デリのスルタンたちは提供すべき土地は持っていたが、労働者は所有していなかった。なぜなら、現地人のバタック人やマレー人は、農園で働くよう地元の名士や外国当局から甘言で誘われるとか、強制されることはなかったからだ。かくして植民者はプランテーションで必要な人員を他の場所で捜さざるをえなかった。まずクーリーを、マラッカ海峡の白人入植地や中国まで行って捜し、次に中ジャワの貧しい村々で捜した。農園の管理職員はヨーロッパで捜された。東南アジアの大部分の地域において、植民者が直接中国に彼ら自身が差し向けた輸送隊を組織し始めるまで、労働者の募集は「クーリーブローカー」の手によってなされた。ジャワでの労働者調達の場合、契約の切れた労働者は生まれた村に戻って新たな労働者を募集してくる「故郷帰還休暇」を与えられた。このようにして会社は、クーリーブローカーに過度の費用を支払うことを避けられるようになった。[9] この方法によってでさえ、労働者の募集とその輸送はコストのかさむ問題で、植民者と銀行家は初期投資の確保のためにあらゆる努力をした。

蘭領インドの奴隷制は一八六〇年に法的に廃止されたが、契約労働はそうではなかった。外領の「平定」と農園産業の発達を支援するために、クーリーは海外から連れて来るべきだ、という労働契約を特に含んだ「クーリー条例」を、植民地政府は一八八〇年、別の法令を引き継いで制定した。クーリーは、デリに来る費用を支払われる代わりに、一定期間（通常は三年）働くことが義務づけられる、と規定された。労働拒否を罰の与えられうる契約違反とみなしたので、[10] 厳しい罰則条項（プナーレ・サンクシー *poenale sanctie*）が施行された。逃亡したり、働くことを拒んだり、とにかくこの契約に記されている厳しい労働に違反した労働者は、投獄され、科料を科され、それに加えて、あるいはその代わりに、当初の契約期間を越えて強制的に働くよう強いられた(11)。

さらに、逃亡した労働者を保護した者は誰でも、重い科料や禁錮刑を科された。こうした条例は表向き植民者と同じくクーリーも保護するよう作成されたが、彼らにたいする強制に政府のお墨付きを与え、植民者の権力に法的な支持を与えた。「契約クーリー」と呼ばれた労働者はデリに限定されないし、クーリー条例は外領のすべての農園、鉱山、その他の開発を志向する産業に適用されたにもかかわらず、そのシステムはとりわけデリのために考案され、そのシステムが最も強烈に、最も効果的に適用されたのは、デリにおいてであった。

二〇世紀初頭の東スマトラの農園での生活と労働のひどい実態を記述する多様な用語があるが、そのなかで奴隷制と強制労働という言葉が最も顕著である。しかしこうした意味の曖昧な隠喩は、正確な記述のための用語として用いられるべきではない。そうした用語は労働システムの大要を記し、振るわれた物理的・社会的な暴力を喚起させるが、それ自身では実り豊かな関係は規定しない。労働者は厳しい罰則条項に服従させられてはいたが、それはスマトラ東岸の労働者に課せられ続けている強制装置のほんの一側面であった。契約労働が廃止された後でも、「倫理」政策という言葉で知られている後期植民地資本主義の大部分の時期を通して、経済外の強制方式が存続した。

スマトラの土地が不正なやり方で急速に奪われ、そしてジャワ人労働者が疎外されたことは、スマトラ東岸で発達した緊張した労使関係の一部しか説明しない。そこではまた、きわめて厳格な人種的・民族的な序列があり、スルタン制と植民者の支配を持続させるよう強制され、操作された。このことは特に行政の問題で明白であった。そこでは直接統治と間接統治の領域が細部にまで規定されていた。移住してきた農園労働者はすべて、オランダ植民地／植民者当局に直接的に従属していた。一方、現地人はマレー人の行政と法律機構によって統治されていた。

その結果、一九三〇年までには東スマトラの全人口の三〇％を占めていた大量の農園労働者と彼らを監督するヨーロッパ人は、法的には蘭印政府に従属し、経済的には彼らをそこに連れてきた会社以外には何の義務も負っていなかった。彼らはどんな「原住民」エリートの管轄権の範囲外にいて、ジャワに伝統的に適用された植民地の行動様式は、デリでの労働と人種関係には大部分のところ適用されなかった。その主人公もまた従属者も、彼ら自身の文化的考え方の大部分を捨てざるをえず、この（人工的な）真空のなかにやって来て、新たなヘゲモニーが作られ、そして変形された。

ヨーロッパ人とアジア人労働者の募集

時代小説や初期の植民者の回顧録によれば、ヨーロッパ人による農園管理者は、特にその拡大の初期には、自分の仕事にほとんどあるいはまったく準備ができておらず、経験のない人材が雑多に集められた。ただ彼らには一旗挙げるという共通の目標があっただけだ。彼らのなかには失敗したビジネス一家の子弟とか、不運な恋愛から逃れてきた者とか、没落貴族、幸運を求める冒険者、経済的な破滅から少しでも立ち直ろうとしている若者などがいた[12]。こうした印象は疑いもなくあまりにも空想化されたもので、蘭領インドで財政的改善の希望があった中下層の失業者の多くにかんする物語よりも、不適切なぐらい多くの社会的な周辺者とか逃亡者などのことが繰り返し物語られた。

アジア人労働者にとってデリへの期待は、もっと控えめではあったが、そう変わるものではなかった。年季契約証があったとしても、デリはお金と、土地、それに女が豊富に供給されるパラダイスとして宣伝されていた。労働者を募集する役割の人間は、ジャワの村落に行き、若者、貧しい者、あるいは土地を持つ人をも、〔デリは〕黄金と、土地と、高賃金の地であると勧誘した。多くの者はたんに「無料の」先払い現金に魅せられていただけで、後でこれは月々の稼ぎのなかから天引きされることを知ることになった。スマトラにおける以前の「契約クーリー」も今日大部分は同じ物語を語る。つまり、彼らは不誠実なリクルーターに騙され、酒精に誘惑され、彼らを愚かで従順にするような一服を盛られたと語る。こうした物語の真偽のほどが疑わしいものであっても、デリでの生活は来る前に聞かされたものとはほとんど似ていない、という生々しい記憶をそうした物語は表現している。

一九世紀末には中国人労働者がその勤勉さと技術のために特に望まれていたが、年季契約労働という条件であっても、募集費用がかさむためにこの労働力源を魅力の薄いものにした。もっと安い補充源であるジャワ人労働者が身近にいることが理解されたので、これはますます真実になった。会社が茶、ゴム、アブラヤシ栽培に特化していくにつれて、さらに多数のジャワ人が農園に連れて来られた。次第に中国人の募集はなくなった。一九三〇年にはまだ二万六〇〇〇人の中国人労働者がいて、全労働者のたった一〇%を占めるだけであったが、一九世紀には九〇%を占めていた [Broersma 1919:247; Thee 1977:39]。

デリの発展の初期の時代からジャワ人への需要は存在した。一九一一年だけでもプランテーション地帯の新しいゴム園で生じた緊急の労働需要を満たすために、五万人以上の契約クーリーが中ジャワから連れてこられた [Stibber 1912:23]。募集代理業がジャワで、特にスマランやバタビアなどのジャワ海に面する大都市で急速に広がった。人口稠密な土侯国（ジョクジャカルタやスラカルタ）や、さらに西のバニュマスやプルウォルジョなどから労働者を引っ張ってきた。募集の努力がジャワに拡大するにつれて、信頼のできない「移住斡旋業者」が労働者の募集ではなく、労働者の販売のために卸売市場に販売広告の掲示をしたと伝えられている。当時のオランダ語の新聞では、動物のオークションのニュースに挟まれて、一人当たり六〇ギルダーという「適度な」費用で「がっちりとした、健康で若い男女」の派遣を保証するという掲示が宣伝されている [van den Brand 1904:41]。

デリにジャワ人が殺到し、その後の八〇年間もそうであった理由は、二〇世紀冒頭に現地人の「低下する福祉」にかんする政府のレポートからもたやすく読み取れる。契約が切れても「自分の選択で」デリに残った者もいただろうが [Pelzer 1978:61]、多くの者は選択の余地がなかった。彼らがそこに留まらざるをえなくなったのは、男性に偏った募集政策、賃金の支払い、仕事の割り当てなどの手段を通してなされたと言ってもいいだろう。

女性と労務管理

「彼らは生まれながらにふしだらな女たちだ」
［スマトラのある植民者の言葉］［van den Brand 1904］

開拓作業は「男の仕事」だとみなされてきたが、しかしプランテーションで必要とされるすべての仕事が男性によってなされたわけではなかった。初期のすべての中国人労働者は男性であったし、ジャワ人クーリーのなかにはほんの少数の女性しかいなかった。デリが最初に拡大する数十年間は、結婚した者はヨーロッパ人の管理職としては拒否された。その後長期間、多くの会社が妻子を連れてくることを厳禁する政策を維持した。

二〇世紀冒頭に女性クーリーは、五万五〇〇〇人のアジア人労働者のわずか一〇～一二％を占めるだけだった。一九一二年にはデリ農園地帯で雇われている女性よりもほぼ一〇万人多い男性がいたが、その一〇万人の大部分は中国人で、そのうち九万三〇〇〇人は男性であった［Broersma 1919:39; de Bruin 1918:3］。こうした極端に偏った男女比のために、デリに来た女性は希少な資源とみなされ、中国人とジャワ人の対立の焦点となり、アジア人労働者によるヨーロッパ人管理者にたいする暴力的攻撃の口実となった。

女性のクーリーは若く、ほとんどすべてがジャワ人であった。そしてたとえ公然と売春を強制されていなくても、他の選択肢はほとんどなかった。一八九四年の女性労働者の賃金は男性労働者の賃金の半分であり、日常の食事の必要量を満たすのにも不十分であった。他の必要物については言うまでもない。だから、男性労働者と管理職の性的欲求と、もっと一般的な家庭的な必要に奉仕することは自由意思ではなく、ほとんど必然であった[13]。二〇世紀冒頭の日付のある「罰則条項」への二つの手厳しい批判は、農園内の人々の間における売春と性病の増加に詳細な関心を示した。ファン・デン・ブラントの『デリから来た百万長者』（*De Millionen uit Deli*, 1902）とその続編（一九〇四）、それにファン・コルの『わが入植地から』（*Uit onze Kolonien*, 1903）は頻繁に引用された作品であるが、こうした農園労働者の労働条件にかんするこのような作品による証言はまったく無視されてきた。(14)スマトラ東岸を旅行して、ファン・デン・ブラントは次のように記している。

とりわけ植民者たちの誰もが、その少女たちには十分な食べ物がないことを知っている。最も大きな農園の一つの支配人が私を農園ツアーに連れて行き、中国人・ジャワ人男性労働者の住宅を指し示してくれた時、私はそうした未婚のジャワ人女性はどこに住んでいるのかと訊ねた。そうした女性たちは泊まれる所に泊まる以外の住居は持たない、と最後に彼は不承不承答えた。[van den Brand 1904:70]

他の資料も、毎年契約クーリーとして連れて来られた数百人もの若い女性は、最終的には中国人クーリーのバラックにいる多数の独身男性のために奉仕することで、なんとか生計を立てられるようになったことを認めている。

女性たちは、いつでも利用可能な状態に置かれ、またこうした奉仕を「好んで」やるように注意深い配慮で取り扱われた。植民者とその批判者との間の熱気を帯びた議論のなかで、植民者は、クーリーの女は「生まれながらにふしだらで」、自分の「余分の収入」をただ「気晴らしや安い装飾品」に使うものだ、と主張した[van den Brand 1904:70; Mulier 1903:143-45]。オランダ人社会批評家は、梅毒の高い罹患率を引用している（あるデリの医師は、一つの農園の半数以上の女性が性病に罹っていると報告した）[van Kol 1903:98]。そして南部プランテーション地帯のある農園の支配人は、その本社に六〇人いる女性労働者のうち三五人が梅毒で入院している、と不満を述べている(15)[AR]。

こうした数字を信頼するには統計が貧弱であることは承知の上である。クーリーの死亡率や疾病にかんする大部分の医学的レポートは、そうした恥ずべき事項を落としている。しかし利用できるいくつかの文献には、その問題が広く蔓延していることは疑う余地はないことが示されている。たとえばファン・コルは、デリの売春婦向けの病院を訪れた際のことを記している。

> 売春婦のための病院では、われわれの社会システムの嫌になるほどの犠牲者が集められていることがわかる。汚れた空気のなかに、多数の中国人、ジャワ人、日本人がいて、何人かの混血もいる。ある病棟にはマラリアで死んでいく患者や、浮腫で膨れ上がった脚気患者やハンセン病患者などと一緒に、梅毒の女が横たわっていた。……若い、まだ非常に若いジャワ人の少女はうつ伏せの状態で寝ていたが、性病による痛みに加えて彼女の体は潰瘍だらけであった。[van Kol 1903:103,106]

係官のなかにはこうした状況と女性のあまりにもひどい賃金との関係を指摘する者もいれば、そうした女性は自分の子供をよく放棄したり、売ったりするので、そのような女性自身の道徳的な下劣さのせいにする者もいた[16] [AR]。一九一七年頃に、妊娠した労働者に仕事を続けるか、それともジャワに帰るかの選択を与える旨の規則を制定しようとする労働者委員会の試みは、植民者団体の抗議を受けた。もし女性にそうした選択が与えられるならば、「ジャワの下層階級の親特有の欠けている感情」によってもっと多くの子供が放棄される結果になる、と彼らは主張した［つまり、母親は子供をスマトラに置いてジャワに帰ってしまうというのであった］[ibid., Nov. 1918]。

女性労働者を会社がどう処遇するかは、農園の拡大にかんする地元の必要条件で決められた。女性クーリーは、デリへ来るよう男性労働者を誘惑するために仕掛けられた罠であり、またそこに留まらせる方便の一部でもあった。女性がまったくいない場合、中国人労働者の間で行なわれていると噂されていた肛門性交に比べれば、売春はより悪徳が少ないとされた[17]。他方、性病や多数の非嫡出子に苦しんだ農園の人々は、多くの会社が負担したがらない病院費用を背負いこむことになった[18]。いくつかの会社では女性を雇うことを拒否したのであるが、そうしたボイコットは多くの支持を得られなかった。というのは、女性労働者はまだ最も安い労働力源であったからである[19]。さらに、支配人、監督、男性労働者によって出資された、大量で儲けの多い女性の不正取引業は、すでによく確立されていた。

スゼッケリー＝ルロフスの小説は、ジャワ人女性を積んだ船が新たに着くたびに、誰が「妻」を割り当てられるべきかを決定する際生じた人種と年長原理の厳格なヒエラルキーを特に詳述している。たとえば、デリに到着するとすぐにある歳取ったクーリーに売られた若いアジア人女性の物語である『クーリー』(*Koelie*)では、そのヒロインが中国人の労働者と売春をしたのをある監督に咎められる。彼に応えて彼女はこう言った。

> 私に恥ずべきことは何もありません。私にそんな男たちをあてがった人たちも何も恥じていないでしょう。ちょうどあなたがたが犬を贈るのと同じように、私も贈られたのです。パルマンは私の夫ではない。私は彼と一緒に住んでいるだけです。なぜって、そうしなければならないからです。私の名前は「契約クーリー」(オラン・コントラッ *orang kontrak*)だからよ。だから彼は恥じているのよ、私はそんなに気にはしていません。それで私は中国人用の淫売になるのでしょうよ。気が向けば、私は彼らの小屋に行きます。ほかにどんなお金の稼ぎ方があるというのですか。犂で大地を耕せですって、冗談言わないでよ！[Székely-Lulofs 1932:100]

スゼッケリー＝ルロフスの大衆小説は、ロマンチックで窃視症的〔性器・性行為にたいする病的なのぞきの欲求〕だ。だがそうした小説は芸術的な傾向の少ない他の資料から得られる証拠とも一致している。

アジア人にとってもヨーロッパ人にとっても売春が例外であるよりはむしろ常態である社会を作る際に、会社はその結果のすべてを評価したわけではなかった。「女性をめぐる争い」(フラウヴェン・プルカラ *vrowen perkara*)は、中国人とジャワ人との死を招く喧嘩にしばしば発展した。白人スタッフが襲撃される多くのケースは、その娘や妻たちが支配人の家に呼ばれたきり帰ってこないことに激昂した父親や嫉妬心を抱いた夫たちによって起こされた。白人は、もちろんいつも最初の「摘み取り」の権利を堪能した。ファン・デン・ブラントは特に生き生きした事例を引いている。ある事務官は役所の小さな部屋を、ソファー、テーブル、鏡それに化粧品で飾りたて、新着の女のなかから、彼の婉曲な表現では「最も気立ての良いとみなした」女たちをここに連れて来た[van den Brand 1904:53]。

そうした条件の下で、軽蔑的に「クーリー契約婚」と呼ばれた「結婚」が長く続くチャンスはほとんどなかった。実際、労働者がバラックに住み、夫婦関係や家族の結合への配慮なしに、ある部門から別の部門へとたえず異動していくような所では、家族生活や永続的な社会的結合はほとんど存在しなかった。その結果、結婚している女も結婚していない女もともに売春をやった。あるいは未婚者のために料理をし、白人植民地管理者の「性欲のはけ口《ベッドサーバント》」になった。すべてのジャワ人女性がこうした運命に従属させられたわけではない。多くは逃げ出したり、契約が終わるとジャワに帰ったりした。他の者はタバコの選別、茶摘み、ゴムのタッピングをすることで働き続けたが、男性労働者と同じように酷使された。だが多くの場合、セクハラがバラックと同じく畑や工場でも頻繁に行なわれた。かくして、そのような結婚（愛人）関係という希薄さにもかかわらず、少なくとも、こうした関係は居住男性の保護者のいない女性が被る経済的・性的な脆弱性からはある程度身を守る手立てにはなった。

同時に、多くの男性労働者にとって、女性の奉仕にたいする支払いは彼らの安い賃金のなかで大きな割合を占め、彼らを負債漬け、契約漬けにしてしまった。彼らをデリに留める他の誘因は、周囲の農村にある市場よりも悪名が広がるほど値段の高い会社の購買店での「際限のない」掛売りがあった。タバコ農園では、労働契約は収穫後一括して行なわれた。こうした期間に管理者からギャンブルが非公然と許可された（積極的に推奨された）。監督官らは農園本部から多額の現金を支給され、労働者に「際限のない」ツケを溜めさせた。両方の策略はこうした負債が払えるように新たな三年間の契約を狙ったものであった。こうした慣行は労働者の募集の費用をいちじるしく引き下げ、アジア人監督官のポケットを膨らませた(20)。

労働者をデリに留めておくこうした手段は、労働者の募集と管理という究極的には両立しない戦略で特色づけられるシステムの大略を示す、と言っておくだけで十分であろう。一方、労働者を留めておくために用いられた強制的な手段がいろいろある。他方こうした事柄は、労働者たちは一過的であり、また彼らは消耗品であることを強調する労働と居住の条件に結びつけられた。窮屈で貧弱な住居、蔓延する疾病、大人と幼児の高い死亡率などは、言葉の上だけでなく肉体的な虐待をともなう（それと暴力的な）労使関係と相俟って、最後には自身の生存のための再生産さえできないシステムの特徴であった。

ファン・コルによると、一九〇〇年の死亡率は、一〇〇〇人中二三八人という高さであった。他の資料によると、この数字は疑わしく、もっと中庸な数字である一〇〇〇人中二七〜六〇人の死亡率を推計しているが、それは当時の農村ジャワの死亡率に匹敵する（がまだ高い）[21]。デリの労働条件が大してひどくないことを示すこの「証拠」には疑問がある。こうした死亡率の数字については、農村部ジャワとの比較が合理的かどうかが問われるべきだ。デリの農園人口は社会学的にも生物学的にも「正常」ではなかった。第一印象では、スマトラの農園での死亡率は全体として農村部ジャワの死亡率よりもいちじるしく低かったはずだと推測する理由がいくつかある。

まず、老人や病気の者は農園の仕事を与えられなかった。それは特に急激な拡大期にそうであった [Schuffner and Keunen 1910:23]。第二に、悪い栄養状態が「通常の」（貧しいという意味）村落部住民の病気や死亡の主要な原因であり、そのなかに土地なし層や極貧層が含まれる。農園では貧困が死亡率に大きくかかわったはずがなかった。というのは、定期的に賃金が支払われ、それに〔給与の一部をなす〕代替米の支給も保証されていたからだ。第三に男性労働者が不釣合いに多いため、出産時の死亡率は農園では低かった。同じ理由で、子供の死亡率も比較的低かった。さらに、重い病気に罹った者は普通出身地に帰された。なぜなら、支配人たちは長引く病院治療で費用がかさむよりも、病気に罹った労働者を送還することを選んだからである [AR:II:Aug. 1912]。

要するに、こうした死亡率の数字の元になっている農園人口は、非常に歪んだ年齢と性の人口ピラミッドを示していて、そこから得られる死亡率にも明らかに歪みがあった。死亡率が低いことは驚きではない――低くあるべきだった。もっと驚くべきことは、その死亡率が以前と同じくらい高かったことである。数年間労働者の死亡率が急激に下がっていると主張する会社もいくつかあるが、一九二〇年代のデリの農園では幼児の死亡率が高く、その原因を特別に検討してみることが必要だ [Straub 1928]。結局、ジャワで募集される費用のかかる労働者の供給は維持され続けた。デリが開設されてからの数十年間は、大多数の会社が健康で永続性のある労働力を維持する投資には乗り気でないだけではなく、ある研究者が中国人の募集の問題で記しているように、「植民者たちは実際には有害となる社会経済的な関係の一類型を奨励していた」ことは明白である [Reid 1970:320]。

農園の外にいる元クーリーたち

農園の規則では契約の切れた労働者はジャワへ送還することが特に規定されていたけれども、毎年数百人もの数え切れないジャワ人労働者が農園の敷地から逃げ出し、ある農園と別の農園の境界間にあるマレー人村落との間に割り込んできた。われわれは彼らの活動についてほとんど知らない。大部分の者は地下に潜り、オランダの行政でもマレー人の行政でも法的には存在していないことになっており、彼らの生活は両当局の綿密な報告書から漏れてしまったと思われる。

われわれが知っているのは、一九〇〇年以前に農園が土地権を得た土地の周辺に秘密のジャワ人居住地があったというレポートのことである。一九二〇年代には、シマルングンで農園の密集している地区に住んでいるジャワ人のほぼ三分の一が農園の外に住んでいる、と報告されている。東スマトラにかんする一九三〇年センサスの数字では、その地域の五〇万人のジャワ人のほぼ半数は農園に住んでいないと推測されていた。他の資料によると、少なくともその半数は、メダン、プマタン・シアンタル、テビン・ティンギ、それにキサランといった急激に成長しつつあった貿易行政都市の都市プロレタリアートの一部になってしまったという。おそらく彼らは、中国人商人の未熟練労働者として働くか、小規模ながらも他の者に依存しない商人であるか、日用品生産者であった。だが、商人とか日用品生産者というのは可能性が少ない。というのも、小規模な商売はすでにマレー人やバタック人が民族的に独占していて、親族関係を基礎に営業していたからである。また職人技のいる製品、あるいは器用仕事も、逃亡クーリーにはとても手が出せないほど多額の資金を必要としていた。

都市の中心部に住んでいない人たちは、後背地で新下層階級を形成していった。マレー人村落に「ムヌンパン *menumpang*」(文字通りには「乗客」を意味する)〔動詞なので「乗る」という意味〕として「借用した」土地に住んでいるので、彼らは居住と村の敷地の利用権の代償として農業を行なった。どこでも彼らは「ジャルラン」〔収穫後のタバコ農園への耕作権〕や他の農地にたいする権利を持つ現地人(普通マレー人)の物納小作人となった。この慣行は一八八八年までは比較的普通のことだったが、その後あるオランダ人係官が、ジャルランをジャワ人や中国人の農園労働者に貸与することを禁じた。それは、(一)農園からの逃亡を防ぐため、(二)かつてよりも深刻な土地不足を避けるためであった [Bool 1903:38]。付加的な個人収入を必死に求めていた地方の支配者のなかには、彼らの領地の一部を元農園労働者に割り当て、収穫された(稲の)三分の二という固定地代を取る者もいた [de Ridder 1935:51]。そうした条件を飲む者は誰でもプランテーション労働を去り、高いコストで土地を借用することを余儀なくされたことは明らかである。

一般的に植民者たちが彼らの農園の境界で何が起きているかを知るのは、その事が出来してから何年も経ってからのことである。二〇世紀冒頭に、またそれから数十年経った後でさえ、土地利用権を得ることのできた土地は広大な処女林からなる土地か(誇張なしに数万ヘクタールにも及ぶ)、あるいは稠密で未耕作の二次林がその典型であった。そうした条件の下にある農園ではジャワ人やバタック人の居住地は、農園の境界やしばしばその内部に見つからないままひょっこり出現しえたし、実際そうだった。五年の歴史しかない「新たに発見された」村がその頃報告されたが、そこの住民は容易に追い出すこともできず、また農園のために熱心に働くということもなかった [Bool 1903:50]。こうした村は、植民者が以下の節で記すようなデリの労働者の理想の居住地を考案した時に、心に描いたものとはまったく違っていた。農園産業は囚われの身である移民の労働力を基礎にして出現してきた。農園産業は今や、いまだに〔農園に〕囚われてはいるけれども、居住する村を持つ住民となり、法的にはもはや何ものにも強制されない移民労働者による、新たな拡大の段階を迎えようとしていた。

新段階、周辺に居住する労働者予備軍の構想

植民者が最初に持っていた開拓者精神は、二〇世紀の二番目の一〇年間〔一九一〇年代〕には疑わしいものになってきた。一つは、ジャワ人の労働力はこうした熱意を共有していなかったためであった。彼らにとってスマトラでの契約労働は、一時的な移民であるか、自分の独立した土地を持つための一つの踏み石としての意味しかなかった。毎年数千人もの労働者がジャワへの帰還を要請した。一九一五年には四万二〇〇〇人以上の新たな労働者がデリにやって来たが、同じ年に一万五〇〇〇人以上がスマトラを離れている。[22]

第二に、豊富なジャワの労働力は利用するには高価で、維持するには困難であった。農園の保持した土地が拡大するにつれて、労働者斡旋業者はますます増える労働者の需要に追いつくのが難しくなった。補充されてきた労働者のなかに「危険分子」とか「過激派」や「望ましくない分子」が増大してくるのに不満を述べ始めた植民者もいた。こうした捉え方がとにかくどの程度正しいかどうかは、次章で扱う。ここで重要なことは、植民者の観点からは、明らかに「消耗品としての」ジャワ人クーリーを使い切るにはコストがかさむということであった。デリの元係官は、物事がこのまま変わることなく続けば、労働者の病気、衰弱、それに高死亡率が、究極的には「農園産業を利益の上がる企業活動にはしなくなる」と述べた[Tideman 1919:126-27]。

いくつかの部署から提出された罰則条項への強い反対を受けて、デリの労働システムは強制的でない外観をとることが必要となった。ファン・デン・ブラントやファン・コルがデリの「野外刑務所」とか「現代的奴隷」と暴露したことに応えて、政府任命の労働査察官（アルベイトインスペクシー *Arbeidinspectie*）制度が一九〇七年に設けられ、労働条件を査察し、労働契約の過剰な誤用をチェックした。だが、査察官制度はほとんど成功しなかった。つまり、農園の支配人たちはたんにその目的に共感しなかったし、労働者は報復を恐れてこうした官製の回路を通して不平を言うのをためらったからであった。要するに、植民者たちは事態のこのような進展を彼らの自治に敵対的で、自由主義的である、破滅に導く脅威だと見ていた。彼らはこうした査察官のご機嫌をとり、あるいは彼らを脅迫してその仕事の遂行を邪魔しようとしたけれども、農園側は後に農園に不利になった情報が外部へ流出するのを止めることはできなかったし、農園が支持していた罰則条項にたいしても後で不利になる情報が流失した。

いくつかの部署からの厳しい批判が出たので、罰則条項と年季奉公労働を徐々に廃止するために、一九一一年に最初の法律が通過した。契約クーリーは「フレイエ・アルベイダース *vrije arbeiders*」（字義通りには「自由労働者」）に置き代えられるはずであった。だが、彼らもまた契約を結ぶことを余儀なくされたが、農園に留めておくことは法的にできなくなった。後に明らかになっていくように、ジャワ人男女が働き続けた実際の条件を考えると、「自由労働者」とはとんでもない誤称であった。

ところで、年季奉公労働が廃止されたことから生じる会社の不都合が何であれ、それを埋め合わすための植民者の言説のなかから新しい〔管理の〕テーマが出現した。「自由で正常な労働市場」「定職を持つ労働者たち」「労働の確実さ」などが、創り出されるべき目標としてしばしば明言された。それはスマトラ東岸に居住する、労働者予備軍を確立することによって実現されるはずであった。植民者の間ではこうした用語は正常にかんする特有のコノテーションを帯びていた。つまり、労働者の供給が需要をはるかに超え、代替となる収入源が非常に限られているような労働市場を正常だと定義し、農園の賃金を低く抑えるような「理想的な」結果にする、ということである。

二〇世紀になって労働者の募集が中国人からジャワ人へ変わるにつれて、デリの労働力のなかに初めて働く家族成員が含まれるようになった。労働力のこうした再編によって、労働者が系統的でかつ内部から成長するのに必要な最小の社会的単位がもたらされた。また、渡り労働者、つまり、実質男だけで、本質的に子孫を増やしていかない労働力――当時植民者が依存していた労働力――にたいする代替物の可能性が初めてもたらされた。一九〇三年には「家族の形成」（ヘジンフォルミング *gezinvorming*）を奨励することがすでに議論されていた。そうしたものは財政的に重荷になるとみて、家族労働者の募集にまだ頑なに反対した会社もあった。他方、クーリーのなかに結婚した女性がいることは、積極的な効果があることを強調した会社もあった。

〔労働者の間で〕結婚と家族の形成が進めば進むほど、状況はもっとよくなるだろう。結婚した女性というのは、小さな菜園を耕し、飯炊き、パン菓子製造、あるいはバスケットの編み手として臨時収入をもたらし、それによって家族の負担を軽減し、福祉を向上させられる。[Mulier 1903:145]

結婚している労働者はほんのわずかしかいなかったので、一九〇三年には家庭経済の緩衝効果はまだ無視できた。だが労働者の扶養費をいくらか軽減するこの可能性は急速に〔資本家の〕中心的な関心となった。

農園労働力を地元に滞留していた労働力から確保する戦略は、東スマトラにおける移住政策と労働者の居住地を設立するかどうかにかかっていた。必要とされる時には利用できるが、不況の時には農園の賃金に完全には依存しない労働者を保ち続ける最も効果的な手段に議論は集中した。植民地の富の源泉としてのジャワの長い歴史は、土地を持たないか土地の少ない村落民という膨大な労働者予備軍を提供できるその能力に基づいていた。そうした人々は、自分たちの意思で（あるいは「原住民」パトロンの強制で）低賃金でも必要があれば働き、必要がなくなれば容易に元の村へ「再吸収された」。デリではそうした村は作り出されなければならなかったし、〔移住労働者の〕入植は好都合な手段だと考えられた。こうした議論の詳細をいくつか記しておく価値があるだろう。なぜならそれは、資本家による農園経済とその中核を囲む周辺部の「自給自足」部門との間に人工的な区別を作り出す根拠だけではなく、土地の割り当てと労務管理の背後にある戦略をはっきりさせるからだ。

一九〇二年に考案された移住政策は二つの目的を持っていた。つまり、ジャワでの人口圧力を軽減することと、外領のプランテーションに地元で確保した労働力を供給することであった。「農園での仕事を求める余剰［人口］」をそのままにしておくと、人口増加から土地不足と貧困が進行するので、地元の労働力をプランテーションに供給することを優先させることは「切実な要求」ではあったが、一九一〇年に曖昧な言葉で提示された。[23] この脚本は数十年後に起きたことを無気味に予言することになった。当面はそのような計画は、差し迫った罰則条項の廃止にともない、多くの植民者が確信していたように、労働力不足を直ちに軽減することがほとんどないであろうという理由で、反対された。

しばらく会社は「労働者の居住地」（アルベイダース・ネーダーゼッティンゲン *arbeidersnederzettingen*）を設営することによる、もっと直接的な解決策を求めた。一方、中央政府は「農業移住政策」（ランドバウコロニサーシ *landbouwkolonisatie*）を提案した。この二つの計画は同じテーマの変異としてみなされるけれども（移住というのは二つの案にともにある）、その優先順位は異なる動機付けのもとになされた。「農業移住政策」は政府当局の圧力を受けて、ジャワでの人口圧力は全蘭領インドで政治的不安定を高めている、ということに関連していた。この計画の下では、移住してきた家族はその生存に十分な土地を割り当てられ、農園労働からは完全に独立するとされた。植民者たちはスマトラの事情についての専門的知識や政治家とのコネを動員して、スマトラ東岸は余分な農民を受け入れる必要もその余地もないと主張して、政府がその計画を採用し実行しないよう、なんとか思いとどまらせることができた。

デリでは労働者が必要であるが、「何も訓練を受けておらず、農園労働に慣れていない」ジャワ人家族の自由な入植は、とりわけ、こうした家族が生きるのに十分な土地を与えられたならば、すすんで農園労働者になろうとすることはありそうもない、と植民者たちは主張した。

住民が土地との引き換えに農園の仕事をするという保証がなければ、土地を与えることの結果は、大部分の価値のある農園の土地も現地住民に譲渡されることになる、ということである。[Lulofs 1920:15]

さらに会社の代表者は、いかなる場合でもそうした割り当てに残された土地は何もないと主張した。土地の譲渡は農業上のさらなる対立の原因となり、そうした土地は「利益を生まない」水田に変えられ、その結果価値のある営利をめざす財産を「減額してしまう」、と彼らは主張した [ibid.]。

政府にたいしてそうした抗議を行なうことで、会社は土地と労働者にたいする彼らの主権を断固として主張した。一九二〇年代と三〇年代に入植の可能性を調査する委員会はすべて同じ結論に達した。すなわち、居住地区は作られるべきであったが、「居住すべき者」はまずクーリーであり、そしてすべてクーリーであるべきであった。彼らは農園の仕事に慣れてはいるが、経済的に農園に依存したままで、同時に農園に役立つことを保証する規定に服従するはずであった。一九一〇年にその概要が示された案では、会社の監督の下で農園内「村落」に住む夫婦には、契約期間中小さな区画を与えることが規定された。後に、割り当てられた土地が減少し、居住者にたいする会社の統制を増大させるという付記がこの提案へ追加された。提案された配分区画は、一家族、家屋・菜園込みで七〇〇平方メートルからわずか一〇〇平方メートルまで幅があった[24]。明らかに植民者は、〔農園での仕事以外の〕農業をめざす移住政策の実現をうまく防いだ。

この程度の広さの土地が四人家族にどのような意味があるかを理解するために、現代のジャワ農村部の家族の指標の数字と比較するのがいいだろう。一九七六年に、二期作と労働集約型の耕作を行なう家族にとって最低限必要とされたのは二〇〇〇平方メートルであった[Stoler 1977b:695]。考察の対象にされているデリの土地の大部分は年一回しか収穫ができず、こうした割り当て計画が生存に必要な広さをとても満たしていないことは明らかである。実際、建設された労働者の居住地は、クーリーのバラックを体よく言い換えたほどの代物でしかなかった。名目的な土地の割り当ては、低い賃金の正当化と、村落生活のまがい物を提供する比較的安上がりな手段の双方を正当化するものであった。

一九二〇年代にはこうした試みはほとんど、会社にとって気乗りのするものではなかった。一日一〇時間働いた後で「自由時間」に労働者は自分の菜園の世話をするのを嫌がっている、と植民者たちは不平を鳴らした。しかも労働者はある部局から別の部局へとしばしば異動させられたので、彼らは植え育てたものを収穫する機会をたびたび失った[Versluys 1938:171]。これまでのバラック住まいに比べて七倍広い土地に建つ個人用住居に分散している労働者の健康管理と労働規律の維持ははるかに困難であると、別の会社は主張した[Tideman 1919:127]。

最終的にはそうした反対意見が勝利し、「クーリー内部での家族生活の発展」は大恐慌までゆっくりとしか進行しなかった[KvA 1927:18]。〔クーリーの生活を〕そうした物質的に妨害する政策は社会的規制によって強化された。つまり、労働者の婚姻手数料は非常に高く吊り上げられたままで、雇用者のなかには結婚許可書を発行するのをあっさりと拒否する者もいた。そうした結合は会社の運営費を増大させるというわけである[ibid. 47]。また、そうした会社は男女の労働者の割合の不釣合いを正そうとはしなかった。性比の不釣合いこそが、労働者の主要でかつ長期にわたる不満の根源であり、家族を基礎とする労働力を求める明白で基本的な必須条件であった。だが、「労働者を連れてくる費用や、住居費や医療費は……ノーマルな性比を創出することによる利益よりもはるかに高くつく」と会社は主張した[KvA 1928:61]。かくして農園産業と政府の長期の利益は、家族労働者の補充を奨励し、それを鼓舞する国内の雰囲気を支持したが、個々の会社は短期的な利害からそのような変化に異を唱えた。家族の形成を促進することは、居住する労働者予備軍にとっていまだに前提条件であった。だから、議論は熱く、また公然と行なわれた。
農業をめざす移住政策が放棄されたにもかかわらず、農園内であれ農園外であれ、提案された労働者の居住地の位置が問題となった。農園の境界内にある居住地では、危機の時には会社は仕事を提供できないし、かといって彼らに責任を取りたくもなかった。土地を労働者に貸与するやり方は数多くのプランテーションで行なわれたが、多くの企業はそうしたコストのかかる冒険を試みることさえ拒否した。農園の外にある労働者の居住地（ランドコロニサーシ *randkolonisatie*）も、農園当局の何人かがデリの基本的な資産とみなしたもの——統一された外国支配に認められた、さえぎられることなく拡大した農園の土地利用権——を破壊しかねないので、危険な企てと考えられた [KvA 1932:43]。にもかかわらず、大恐慌時代の経験を経て、そうした居住地区が「国家の枢要な利益を危機にさらす」ことなく、最小限の地元の労働力を維持するための「危機への対処法」として確立された [KvA 1939:39-4]。

こうした提案をめぐって作られた大量の文書は、このような提案の大部分が実験段階を越えることは決してなく、地域全体では決して実行されなかったという事実に矛盾する。そうした努力のうち最大のことが経済的な危機の時に集中した。つまり、第一次世界大戦中、一九二一－二三年の経済的停滞期、それに一九三〇年代の大恐慌期である。その時、労働のコストを下げることが義務となり、その一部は管理部門とクーリーの人員を大量に解雇することで実行されたが、一部は労働力の維持費の多くを労働者自身に負担させることでなされた。

こうしたプロジェクトには別の目的があった。それは、東スマトラは蘭印のなかで食糧不足が最も深刻な地域の一つである、という事実に密接に結びついていた。地元で生産される食糧は現地人を養うためにも十分ではなく、ましてや輸入米に完全に依存していた農園産業を養うにはまったく足りなかった。都市中心部から遠く離れていたプランテーションは、特にそうしたことの影響を受けやすく、第一次世界大戦中には多くのプランテーションが食糧供給の停止に備えて、その保有地の一部を必須の食糧生産のために当てた(25) [AR]。

その最初期の例は一九一八年にさかのぼる。ラングーンから運ばれていた米の輸送が英領インドの食糧不足のため停まると、一〇〇人の労働者につき三・五ヘクタールをトウモロコシ、キャッサバ、それに陸稲栽培のために農園は確保せよという命令を、政府は緊急に出した［KvA 1919:34-35］。会社側から見るとそうした提案は、貴重な土地と労働者を失うことであった。好ましい解決策として、労働者に小さな区画の土地を与え、労働時間以外の「余った時間」を使って食糧を栽培させたプランテーションもあった。これは緊急用の食糧生産のための農園側の労働コストを軽減するのに明らかに好都合であった。一時的な土地の付与は、この半自給自足プログラムを構成する一つの要素であり、中核となる労働力に危機が過ぎるまで食糧を供給し、有効活用するのに便利な方法であった。

農園産業で操業費用を低く抑える方法は、上記の計画のように労働コストの切り詰めと、そして賃金がいちじるしく増加しないことを保証する一般的な賃金政策にかかっていた。植民者たちは最初ジャワとデリの相違を強調したが、何が「通常の労働市場」を構成するかについての彼らの考えは、疑いもなくジャワのパラダイムから考え出されたものである。つまり、経済的には従属的で、社会的には従順で、政治的には発言をしない労働力である。そして彼らの賃金レベルは市場の需給メカニズムとは無関係のままであった。低い賃金率はいくつかの方法で維持された。「ゴム植民者協会」と「デリ植民者連盟」という強力な二つの植民者協会は、会社間の賃金戦争を避けるために統一の標準賃金を設定した。第二に、賃金は現金と現物で支払われ、現物とは通常、助成米の形をとった。一九一二年のある農園支配人からその本社への極秘のレポートには、こうした賃金形態の背後にある合理性が次のように示されている。

一九一一年下半期の米価の高騰による損失はいまだに相当な額に上っています。だがこの損失を負担するのが望ましいでしょう。なぜなら、そうでなければ政府は、クーリーへ［現金の］賃金を増加させることが必要だとみなしているからです。それはわれわれにとっては確実にもっとコストのかかるものです。高い米価はただ一時的なものですが、一旦［現金の］賃金を上げたら、それを再び下げさせるのは容易ではありません。(26)［AR］

助成食糧の支払いは、かくして賃金が高騰するのを防ぐのに役立った。差し迫った罰則条項の廃止も賃金を安く抑えるのに役立った。その廃止に先立つ一〇年以上も前に、「自由」労働者の導入におそらく付随する賃金の高騰の見込みのために、賃金の上昇は避けられなければならない、と植民者たちは主張した。一八九四年から一九二〇年まで――この業界にとっては最も収益の良かった期間――の大部分の期間は、労働力への強い需要があったにもかかわらず、農園労働者の実質賃金はほとんど増加しなかった(27)[BZ]。

入植論争と一九三〇年の大恐慌が促進した労働政策の急激な変化が明らかにしているように、恒常的な食糧不足は、種々の土地割り当てと貸与計画の背後にある主要な推進力ではない、と結論づけることができる。この世界的な危機が引き起こしたパニックにもかかわらず、農園労働力の構造を経済的、政治的、社会的に植民者がふさわしいと思うように刷新する口実として、デリでは危機を利用することで、植民者たちはいちじるしい恩恵を得ることができた。とりわけ、あの破滅の前夜、デリのプランテーション労働者は三三万六〇〇〇人に達し、会社はもてる全能力を発揮して操業していたけれども、会社が責任を持つ契約に義務づけられた大量の移住労働者政策をも支援していた。第二に、一九二〇年代後半に労働者の集団的抵抗や経営陣への肉体的攻撃が増加したが、組織的に洗練化されていないし、決して頻発したわけでもないし、植民者が言うような政治的な鼓舞をともなっていなかった。にもかかわらずそれは、多くの部署から求められた契約労働の廃止と呼応して、農園産業の管理を強化するのに役立った。

次のようなことがさらに明白になっていった。居住する労働者予備軍の創設は、剝き出しの強制が大した役割は果たさない形式のヘゲモニーを要求した。植民者が説明したように、それは働くジャワ人家族が「満たされ」(スナン *senang*)「くつろげる」社会的な環境の要求である。それは労働者自身の再生産を可能にする医療と社会的設備だけではなく、結婚と生殖を激励するような住宅状況を要求した。

地元の人口増加を促進することに農園産業が関心を持つことによる、健康管理観の変化を考えてみよう。この新しい優先順位によって、人口増加は労働者が自分自身を支え、将来の健康的な労働者世代を生み育てるのに必要であるという認識がもたらされた。一九二〇年代後半の子供の死亡率の研究は、「子供の死亡率を改善することによって、われわれの目標である［地元の］人口増加がもっと早く達成できる」ことを明らかにした［Straub 1928:9］。その調査によると、HAPM〔蘭米プランテーション商会〕における農園クーリーの子供の五〇％以上が三歳までに死んでいた。デリ商会プランテーションでは、同じ死亡率が一五歳までに見られた［ibid. 31］。同時代のジャワでの幼児死亡率は、一〇〇〇人中二二五～二五〇人の間であった［Nitisastro 1970:113］。スマトラ東岸では一〇〇〇人中三七〇人であった。呼吸器疾患が幼児の死亡率の最大の原因であるとされ、アメーバ赤痢が大人の死亡率の主な原因であった。労働者がバラックに閉じ込められ、暗い部屋に住んでいた農園では、こうした二つの疾患はもっと猖獗をきわめていた。スネンバー商会農園で働いていたある医師は、バラックから個々の家族用住居に移行したことで驚くほど急激な人口増加につながったという見解を裏づけた［ibid.］。わずか一〇年前には家族用住居は衛生上の理由で反対されたものだが、いまや会社の見解の変化にともない、科学的な研究が新しい優先順位を確かなものにした(28)。

大恐慌時代の政策変更

植民者たちは何をなしたのか。ヨーロッパやアメリカ、あるいは第三世界で大恐慌に襲われた大部分の産業界と同じく、デリの農園産業は大規模に労働者を解雇した。しかしデリでは、まず契約労働を実質的に廃止することでなされた。契約労働は法的にはすでに廃止されていたが〔一九一一年罰則条項の廃止〕、過去二〇年間施行されてはいなかったのである(29)。スマトラ東岸に「貧困層」が危険なほど拡がってしまうのを恐れたために、政府は、解雇された大多数のクーリーはジャワに送還されるべきである、という法案を作成して植民者たちの動きを強く支援した。一九三〇年から三三年の間に労働者は三三万六〇〇〇人から一七万五〇〇〇人に激減した。かくして労働者のほとんど五〇％が解雇され、その契約が終了した。スマトラ東岸に残った契約クーリーは「自由労働者」に取って代わられた。しかし実際には一人の同じ人間が解雇され、以前の賃金の二五％で再雇用された [O'Malley 1977:134]。職場に留まった労働者には、半日働き賃金も半分、そして給与の支払われない「休日」がしばしばあるというシステムが導入された。会社によれば、こうした労働者は増えた「自由時間」を使って農園側から提供された土地で食糧を生産することで、失った賃金を回復できるとのことだった。

ところで、業界の修正された見解によれば、解雇されることになった一五万人の労働者は注意深く選ばれた。解雇の根拠は家族のいる者を選別することだった。だから独身男性は、中国やジャワの故郷に送還されるべき最初の労働者であった。同じ原則に基づいて結婚した女性は解雇されたが、送還はされなかった。彼らは「世帯の長」（つまり、男性）に捧げる仕事があったので、雇用を保証された夫の被扶養者としてスマトラに留まることを許された [KvA 1932:43]。

一九三四年になって生産の可能性が回復するにつれて、以前は労働者が厄介なほど過剰と考えられていたが、今や労働力不足と思われた。こうした変化にともなって、移住計画や土地貸与計画は棚上げされた。労働者の募集は、妻が労働するしないにかかわらず、夫婦に力点を置く新たな優先順位が与えられた[30]。

労働者の入植地を作るという計画はとうに放棄されたが、そのいくつかの顕著な特徴は残っていて、その一つが、ジャワの村の農民生活を喚起するような居住状況を作ることだった。一九四五年に「擬似入植地」について書いたカール・ペルツァーはこう記している。

> 植民者は高い評価のそれぞれの労働者に一〇分の一ヘクタールほどの小さな畑を与えた。それは「デサ」[ジャワの村] を想い起こさせるには十分な広さであるが、家族のために食糧を作ろうとするには狭すぎた。同時に植民者たちは労働者が規則正しく働かなければ、追い出す権利を留保していた。[Pelzer 1945:201]

そして高い評価とは、世帯の長である一人の男性労働者が農園で五年以上忠実に働くことを意味していた。この新しい家族政策の効率性を立証したのは、一つには一九四〇年には労働者の七四%が地元で補充されたことだった [Boeke 1953:55]。そして一九三〇年代末には農園の支配人や役人などは、「規則正しい農園の労働と規律に慣れた」家族のいる労働者の「社会的静穏」を誉めそやした [KvA 1937:54]。

労務管理の社会的規定要因

本章では、スマトラ東岸において変化してきた農園の労使関係の本質を規定する制約をいくつか取り扱ってきた。取り上げられた論点は、国家と会社自身が論じてきた問題であり、新しい産業の優先性にとって本質的だとみなされた事柄である。それぞれの場合において、労働者の募集、居住、それに賃金形態にかかわる規則によって実現されたこの秩序は、社会的な暴力という要素をともなった。そこでは、性、家族、労使の関係が、可能なかぎり、新しく、変化する規則の拡大をめぐって再構成された。

労務管理と労働者の不満との関連をめぐる諸問題は、さらに論議が展開され、とりわけセクシュアリティの管理とジェンダー特有の役割をめぐる問題に帰し、それを通じて解明された。顕著な「労働者問題」（アルベイダーズフラーハストゥッケン *arbeidersvraagstukken*）の短いリストが示したのは、フーコーが言うように、セクシュアリティとは「権力関係が特に濃密な転換点」――売春、性病、ソドミー、庶子、壊れやすい結婚の絆、女性と家族の稀少性など――[Foucault 1980:103] ということだ。どの観点から見てもすべては、男女の性生活にたいして当局の管理と権威を押しつけるために、会社と国家の方針に結びつけられた社会的な「混乱」であった。

今度はこうした「問題」が、労働者にたいするより詳細な監視と、彼らの生活へさらに侵入することを容認した。一五年間結婚している女性には性病検査が義務づけられた。生理休暇は健康診断を受けないと許可されず、大部分の女性はそれを利用しなかった。農園住民の「交配の型」は顕微鏡の下に置かれ、労働人口の生産と再生産性にかかわるさらなる管理（少なくとももっと効率的な適応）を可能にするデータを生み出した。セクシュアリティとそれにかんする知識は労務管理上の唯一の手段ではなく、使えるものならなんでも使ったようだ。この過程に本質的なことは、農園の労働の需要の変化に一致するよう切断され、再結合されうる、家庭という組織とその他一連の社会関係の融通無碍性であった。従わない者を厳罰に処す厳しい罰則条項に支えられて、資本主義的な産業の拡大に必要とされる、パイオニア的で、進歩的、生産性の増大に必須なものとして、この文化的暴力は合理化された。

ここで明らかになったいくつかの重要なテーマは、その後のデリの労働史について多くの情報を与えてくれる。その一つのテーマである強制について、直接的形式であれより巧妙な形式であれ、強制は時代錯誤的とか一時的な労務管理のための方法ではなく、植民地資本主義の後期においてもその統合的部分であったことを、われわれは確認した。こうした見方から、「契約労働」と「賃労働」との区別は、「前資本主義」システムからの離脱でも、資本主義への参入を特色付けるものでもないことが導き出される。つまり、デリの農園で広まっている労働条件とか生産関係には、実質的に何の変化もなかった。罰則条項とはより広い人心操作システムのたんなる法的な構成要素にすぎず、条例そのものが廃止されたずっと後になっても、その残骸は労働の過程内外の社会関係に広く浸透していた。

植民者の言説によってわれわれは、プランテーションの周辺部に独立した農民が登場することと、本質的には二重経済の登場を導き出すために、最初いかなる手段が採られたかが理解可能になった。この空間的・社会的宇宙が構成されるやり方にわれわれは注目してきた。農園クーリーのために住居を提供するために設立された「村々」、「余暇」に働けるよう提供された土地、「家族の形成」を促し、共同体的な生活の外観を与えるために提供された手当ては、農園の周辺部における自律した生産諸関係の出現を示すのではなく、企業の労務管理の戦略にはっきりと根ざした依存的な関係を示した。この解釈を裏づけるもっと多くの証拠は次章以下で取り上げる。そこでは今日の農園周辺部にある村々の労働者の生活に注目する。二〇世紀初頭の農園産業の目標と、その数十年後に起きたこととの間には強い連続性があるため、この議論をあらかじめここでしておこう。さらに、その資料そのものがいかにこうした構成体が作られたかを明らかにしているために、いかなる学問的な「解釈」も余分なものにされてしまった。

植民者が全知全能ではないような状況においても、彼らをそのようなものとして措定してきた、と私は批判されるかもしれない。あるいは、実際彼らが操作しようとしたものが必ずしも従順ではなかった時でも、植民者は彼らの目標を正確にそして首尾よく構想し計画してきたと私は仮定した、と批判されるかもしれない。しばしば植民者は、計画を立てるようなことはまったくなく、彼らの支配の及ばない制約や力に従属してきたのだ。植民者は、利潤を最大化し、剰余価値をスムーズに引き出すために最も有用な労務管理システムを採用する際に選択肢はなかった。彼らのとる措置と、それへの反作用は、外部からの圧力（国際的な介入と国家の介入、社会批判とナショナリスト運動など）だけではなく、プランテーションの労働力そのものの状況からくる圧力によっても、厳密に制限されていた。

デリでは管理をめぐる戦略の変化がこの対立を反映している。つまり、新しい領域を統合し古い領域を再調整、再編成することで、こうした戦略は労使関係と労働者の抵抗の状態にたえず反応していたのだ。このことは、こうした方法がたんに大衆の抵抗の強さを反映したことを意味していない。次章においてわれわれは、クーリーの村からの潜在的な危険と暴力がいつも新たな抑圧と搾取をどの程度正当化し、実際促進してきたかを検討する。

第三章　抵抗するプランテーション労働者たち――暴力の政治学

デリの契約クーリーたちがその従順さで知られることは決してなかった。彼らをジャワに縛りつけてきた束縛から放たれると、黙認、沈黙、服従を育てる文化的旧弊からも解放された。[1] 一九二〇年代までに、白人職員への攻撃によってスマトラ東岸が全蘭印で悪評となり、そして「法と秩序」(ルスト・エン・オルデ *rust en orde*)〔ルストは安寧という意味だが、原著の訳に従う〕の保たれたこのオランダ領が、困惑するようなレベルに達するまでエスカレートしてきた。前章では、デリをいくぶん資本家の成功物語として描いてきた。この章では、こうした物語にたいする労働者の挑戦を取り扱う。ここでわれわれは、第二次世界大戦以前の農園業界の拡大期における、労働者の抵抗の本質とその激烈さ、また、この地に暴力が集中し、それにともなってその原因にかんする議論が集中的に生み出された条件を考えてみよう。ここで暴力の言説とは、支配者階級で広く定着している行動や態度へのコメント以上の何かである。つまりその言説は恐怖をそそり、それにたいする抑圧手段を促進させる能動的な力の一つを代表している。労働者の行為の見かけと実際に起きた出来事とを区別することで、植民地期東スマトラにおける大衆的反抗の形式と内容を、より詳しく明示できるようになるはずである。

遺憾なことに、多くのスマトラ植民者にとっては、デリのジャワ人は得体の知れない人々であった。植民者は、供給された人々の労働能力が低く、彼らの間に「有害」かつ「危険な分子」が多いことに不満を漏らし、こうした移民ジャワ人労働者は忍耐と従順さという美徳を欠いていると嘆いた。社会的にドロップアウトした者とか周辺者だけが移住しようとする、と不平をもらす植民者もいた。そうした移住者のなかには、スマランやバタヴィアなどの都市中心部から来たやくざもの、殺人者、けちな犯罪者、それに盗人などがいた。なかには、移住者のその変化を社会的移動から必然的に起きた一般的な結果である、とみる植民者もいた。農園の新職員への一九一三年版ハンドブックの著者は、次のような分析を示している。

[ジャワ人労働者は]古い形式と慣習のすべてから切り離され、彼にとってはまったく見なれない環境の下に置かれたと感じている。人々はそこでジャワ語を話さず、彼が親しんできた慣習は知られていない。ジャワで学んだ作法や従順さを捨て去った同僚の間にいると、他のジャワ出身者からは馬鹿にされるので、彼は完全に違った存在になる。彼の振る舞い方は、疑いもなく元と同じではありえない。ジャワから契約クーリーとしてデリにやって来た彼は、もはや「小さき民」としてはヨーロッパ人には見分けがつかないことは少しも不思議ではない。(2)

イデオロギーに満ちた大量の言説がデリの農園労働者の叙述に信頼を与え、彼らを支配するには強制的な手段が必要である、という議論に重要性を加えた。植民地資本主義のイデオロギーについての最近の研究でシェッド・フセイン・アラタスは、怠惰なマレー人、フィリピン人、ジャワ人という「原住民」イメージが、「労働者を動員する際の強制と理不尽な慣行の正当化」のためによく用いられてきた植民地支配の産物であると述べている[Alatas 1977:70]。この用語のなかで、怠惰とはプランテーション労働を嫌がる者をさし、勤勉とは会社の奴隷にたやすくなるような者に適用された。怠惰とはかくして消極性というイメージをともなうが、せいぜいカルヴィニストの(もっと一般的にはプロテスタントの)植民地倫理に脅威を与えるだけで、本質的には「無害な」抵抗の形式であった。この「怠惰な原住民」という消すことのできないイメージは、年季奉公契約書を合理化するために役立ったが、そうした解釈だけでは不十分であった。アラタスの説明は、まじめに仕事をすることを止め、それを避ける「原住民」像(植民者の目による）を欠いているのではなく、強く抵抗し、暴力に駆り立てられる、そのために植民者に警棒を使わせ、あるいは拘束を必要とさせるような「原住民」像を欠いている。

デリでは二つのイメージは重なっていた。一方では農園労働者は「勤勉」で激しい労働に耐えるという。だが他方、彼らは予想もできないほどアモック〔錯乱〕に陥りやすく、手がつけられないほど暴力的になり、外部の力に煽動され、あるいは理解しがたい復讐心に駆り立てられるという。武装警察、情報交換ネットワーク、罰則条項、それに物理的強制力を正当化したのは、暴力そのものではない。むしろ、合法性がかなぐり捨てられ、非合理的で強欲な性向への反応として出現するある特定の種類の暴力である。そうした暴力は合理性の外部にある何か、つまり、西欧的思考の標準に従えば、非合理的な反応として示された。そして労働者による補佐や職長への攻撃の背後に合理的なモチーフがあることが認められるところでは（そんなことはめったにないが）、犠牲者はこうした無邪気な心の奇妙な働きを誤解していた、という理由でたんに注意された。そしてそのことで、恩着せがましく譲歩しながら、彼らは奇妙で迷信的なアジア的心性という規範を再確認するのだった。しかしこの心理には捩じれがあった。つまり、クーリーというものは子供っぽく、彼の文化的奇行は大事にされるべきであったが、彼はまた大人‐子供で、彼の癇癪は無分別でかつ危険であった。いかなる場合でも、こうした戯画化は男子労働者に衝動性という属性を与え、（その延長上に女性クーリーもいて）、そうした衝動性から白人は守られなければならなかった。

このイメージの信憑性は、白人の若い職員に経済的にも社会的にも農園社会内で傷つきやすい地位を押しつけることで生じる労使関係によって、ますます強化された。ヨーロッパから来たばかりなので、彼らはプランテーション農業を学んでいないだけではなく、人種間の公表されることのない付き合い方の規則を自分の従属者よりも往々にして知らなかった。「新人」（あるいは侮蔑的に新客と呼ばれた）は、古参植民者の社会的なサークルからは排除され、無知をからかわれ、「新米」として嘲られ、管理の最も難儀な仕事、つまり現地人労働者と毎日向き合う仕事をあてがわれた(3)。労働者のバラックでの夜明け前の点呼から始まり、クーリーと同じ一〇時間労働に従事し、しばしば義務的な超過労働の監督をすることで一日が終わった。大体五〇〇人の労働者を配下に置き、その管理ができてもできなくても、責任だけは最終的に負わされた。植民者社会の最底辺に置かれていて、報われない地位にいるこうした白人職員、つまり「補佐」には、優越する地位の明白な指標が特に重要であった。彼らの基本給は極端に低く、彼らの稼ぎの大部分はボーナス（タンティエメス *tantiemes*）で、それはつねに彼らが管理しているクーリーの働きによっていた。

種々の等級の補佐（通常は年齢で分けられていた）の下に、アジア人職長がいた。「中国人現場監督」（タンディル *tandil*）や「ジャワ人作業長」（マンドル *mandor*）は、それぞれの出身民族の労働者の管理に当たった。労働者のなかから選ばれたとは言っても、こうして資本家に隷属する現地人は、労務管理の最も直接的な代行者であった。会社のエリートはただ生産の一般的な政策を決めるだけであった。従わない者には罰則をもって規則に従わせながら、日常の仕事を委託されたのがこうしたアジア人職員であった。だから彼らと補佐は、上からくる不満と下からくる不満の主なターゲットであった。

スマトラ東岸は民族的に多様なため、社会的な地位を指し示す複雑で手の込んだ形式をもつジャワ語よりも、そうしたもののない市場マレー語〔訳注四〕が自然とプランテーションの言語となった。荒々しく、ブロークンで、このマレー語の鬼子的言語で命令を下すことを学んだので、新米の補佐はぎこちなく飾りのないコミュニケーション手段を取り入れ、穏やかな指図よりは、あけすけな命令調で話すことを助長された。そして、言語的手段よりは、物理的な手段を強調することは避けられなかった。後年、会社のなかにはヨーロッパ人被雇用者にたいして集中的な言語訓練を強制した会社もあったが、この荒っぽいクレオール語を用いることが、人種間の意図的な距離を示す唯一の指標となったことは明白である。

もっとあからさまな方法もあった。スゼッケリー＝ルロフスの小説、『異世界』では、新しい補佐は年長の同僚から次のようなアドバイスを受けている。

事のついでに、「原住民」とわれわれとの関係のイロハについていくつか教えておこう。……「原住民」は誰でも、白人と出会った時、あるいは会社の建物、事務所、小屋、家屋を通過する時には、乗り物から降りなければならない。そして少なくとも一〇メートル過ぎるまでは再び乗ってはならない。……これを行き過ぎだと思うかもしれないが、われわれ白人は多数を背に一人立っているので、規律と束縛の一形態として機能すべき厳格な規則によってしか、われわれの威厳を保てないことを忘れてはならない。私が言っていることがおわかりか。植民者はまず「原住民」を掌握することが必要であるから、後のことは意のようになる。[Székely-Lulofs 1946:101]

支配の関係は人々の間でルール化され、事物の関係のなかに体現されているが、労働過程にかかわるヒエラルキーをはるかに超えて浸透した。補佐は彼の地位が体系全体のなかではどれほど従属的ではあっても、労働者をいかに管理するかを学ぶだけではなく、若いラジャ〔王〕としていかに振る舞い、植民者寡頭制という威信をどのように維持し、再創造するかを学ばなければならなかった。

こうした教訓が暗に示しているのは、つねに脅迫と不安の存在であった。威信を失ったならば、白人は恥をかき、人と財産への暴力がそれに続くだろう。言い換えると、秩序は混沌へ道を譲り、世界はひっくり返り、白人の優越性と資本主義は危機に瀕してしまうだろう、というものであった。南アフリカ〔アルジェリアの間違い〕でのサルトルの観察は、デリでの出来事を心に留めて書かれたのかもしれない。

宣伝はこの普遍的な暴力を反映し、植民者にたいしておのれ自身の暴力をたんなる雄々しい勇気、包囲された少数者のなにものをも恐れぬ勇気として示す必要があり、また原住民の他者的暴力 violence-autre をいつでもいたるところで植民者を危険におとしいれるものとして全員に示されねばならない。つまり、宣伝はたえず植民者に恐怖を与え、この激しい恐怖を純粋な勇気として示さねばならないのである。〔訳注五〕[Sartre 1976:726]

この観点からすると、不安（あるいはその裏返しが勇気）の持続は、白人への攻撃の実際の頻度と激しさをはかる尺度ではなかった。そうした事件がデリで起こるたびに、それは個人的な復讐だ、あるいは政治的な反乱だ、と最初にレッテルを貼られ、それに応じた報復を受けた。前者は癇にさわるが「管理可能である」とされ、後者だと外国人支配を恐怖に陥れた。農園の拡大の初期の年代には、政治的な背景のある暴力を否定するのに大きな努力が用いられた。というのは武装した政府の支援を要請することは、この時期には物質的にもイデオロギー的にも、特に農園の名声を貶めるものだったからである。クーリーたちが支配下に置かれていないことを認めることは、農園問題に国家がさらに介入してくる口実になっただろう。それを植民者は注意深く避けたのだった。

ときどき会社は、政府による支援が十分でないと不平をもらした。というのも、植民者は一八七七年、法的問題を植民者自身の手で決定できた時よりも、政府の温情主義的監視の下でいまや盗みと殺人がより頻繁に見られる、と告発したからである［Anonymous 1925:71］。だが植民地国家の態度は大部分会社が作ったものだ。デリ開設以来数十年間は比較的自由な統治を任されてきたので、会社はそうした自治を手放そうとはしなかった。会社は年季契約を強化するために国家の保護を欲したが、彼らの慣例を制限されたくなかった。政府の側では投資を促すために十分な裁量の余地を植民者に認めていたが、一般大衆の平和を犠牲にすることは認めておらず、そうした狭い裁量幅の政策を巧みに操ってきた。

こうしたかなり微妙な状況では、会社は大衆の暴力についてある一つの解釈に固執した。つまり、それは犯罪で、個人的な動機に基づくもので、会社それ自身への抵抗の表現では決してない、というものだった。だから一八七六年にある農園査察官は書いている。「繰り返し言っているように、大衆の攻撃の理由は政治的なものではなく、個人的な復讐と貪欲さに基づいている」［Anonymous 1925:15］。同年、グドゥン・ジョホール農園の事務官は、ヨーロッパ人居留地は数多く攻撃を受けているけれども、そうした攻撃は明らかに個人的な恨みに基づくものだから平穏だと、安心させるかのように報告している[ibid. 15]。デリ・バタヴィア商会の二〇〇年にわたる記録は、「危険な」事柄について長く混乱している注解に満ちているが、一八七〇年の二つの事件について次のように締めくくっている。「会社の人間がどちらのケースでも生命と財産を失ったけれども、攻撃が〝敵対的〟とみなされるべきなのか、あるいはたんに〝強奪的〟で〝人殺し〟とみなされるべきなのかわれわれには確かではない」[ibid. 11]。いかなる場合においてもほとんどの農園は、たとえさらされた危険から身を守るためではなくても、その恐怖から自身を守るために兵隊を駐屯させていた。

デリの植民者の記録を読むと、「危難」「危険」「リスク」などの言葉をある場合には否定し、ある場合には執拗に注意を向けている多くのモチーフが見いだされる。危険があると断言することは広く認められる主題である。その反対の表現は内容的には曖昧で、微妙である。ここで植民者たちはその危険を軽視、あるいは否定さえした。なぜなら、デリにおけるそうした「混乱」のニュースが将来の投資に二の足を踏ませ、ヨーロッパ人を新たに雇用する意気を殺ぐことになりかねなかったからである。この言説はより勇敢な態度をとらせ、その野獣〔デリ〕の腹のなかで笑声が響いた。農園の行政官たちは、すべてが安全で管理下に置かれているとして会社の管理職と（彼ら自身を）しきりに安心させるのに熱心で、建設された植民者クラブや作られつつあるテニスコート、あるいは（砦に囲まれた）健康的で白人居住区内のその他の設備について報告している。ここでは社会秩序の混乱は過去時制で引用され、邪悪なものは克服された、将来の予兆ではない、とされた。

危険について一方は大げさに言い立て、他方は沈黙するというこうした並存する主題は、相互に排他的であったのでも、歴史的に別々に存在していたのでもなかった。そうしたものは北スマトラの近代史を通して並存していた（そしてお互いを再生産していた）(4)。デリでは危険に関心を集中させることと恐怖の否定は、強制の手段として交互に繰り返されてきて、強制への反応が加減された。いずれの場合でも解決はつねに同じであった。管理が緩められることは決してなく、管理される領域が置き換えられた。スマトラ東岸での労働者の状態についてのおびただしい調査が管理のメカニズムをいかに変更し、管理の知識により近い人々に新しい権力がどのように与えられたかを、以下見てみよう。

デリの条件下において消極性は通用しにくくなった。「望ましくない人々」とはジャワからもたらされたものだと植民者たちは確信していたけれども、そうした「人々」はデリの社会的・政治的な環境の創造物であることを、多くの証拠は示している。ジャワでよく見られるような、研ぎ澄まされ、生得的な文化的ヘゲモニーがない状況下においては、支配の日常的な再生産（とそれにたいする反乱）がより本質的な役割を果たした。デリの罰則体系の成功について一九一〇年に書いているフランス人植民者は、広大で近代的な刑務所と、デリの植民者が植民者としての最も重要な義務を遂行する速さ、すなわちしっかりと築き上げられた警察力と裁判制度を確立することで法と秩序を維持していること、を絶賛した [Guyot 1910:197]。

一九一五年のクーリー条例（実質上一九二〇年代末までは有効だった）は、この秩序のある平和にたいする攻撃とみなされる違反を明白に概説している。労働者は、労働放棄、逃亡、その他「彼らの契約の意図的な侵犯」だけで投獄されるか、罰金を科されたのではなく、「人々の安全と農園の平和と秩序」を脅かすとみなされたほぼいかなる行為もその対象にされた [Bool and Fruin 1927:34]。「上役を侮辱すること」は二五ギルダーの罰金が科されるか、あるいは最大一二日間の拘留であった。「言葉や身体による脅迫」は一〜三年の禁錮であった。そして、深刻な危害をもたらさない「反抗」は最大三カ月の禁錮とされた。こうした違反のすべてにかんしていえば、反抗は大雑把に定義され、「農園内での良き秩序」を危険にさらすかもしれない、いかなる身体表現をも含むよう緩やかに解釈された [ibid.]。法典と社会的な規準に則って書かれたそのような規定があったので、クーリー条例への違反が毎年数千件に達したことは驚きではない。一九一七年から一九二六年にかけて毎年八〇〇〇件から一万三〇〇〇件の法令違反があった。換言すると、労働者の平均五～一〇％が、毎年少なくとも一つの違反を犯したことになる [KvA 1926:46; Middendorp 1924:37]。

労働者を肉体的に痛めつけることと、管理職の身体への攻撃は、初期の頃から農園の労使関係の一部であった。しかしながら、「デリ植民者連盟」や「ゴム植民者協会」などの統計は、そうした事件は二〇世紀の初期までずっと起きていたことを示している。そしてヨーロッパ人コミュニティが前例のない警戒体制のなかに投げ込まれたと報告された、大恐慌直前に最も高い発生頻度を示した。一九二五年から一九三〇年までの間だけでも白人あるいはアジア人職長への攻撃が、三一例から二二〇例に急増している。そして特にヨーロッパ人へ向けられた攻撃が、同期では二倍に増えている。(5) 外領全体においてスマトラ東岸ほど同種の攻撃がより多く、また広範に起きた所はない。

クーリー条例が撤廃された大恐慌期にそうした事件が劇的に減ったことは、罰則とはスマトラ・プランテーション地帯で「都合が悪い」ことだとしてただ非難されてきたことを示す証拠、として解釈する研究者もいた。この解釈は、会社の慣行にたいするデモ、請願、それに暴動の形で表出された労働者による他の形態の抵抗——罰則条項だけの不公正よりも、他の多くの不公正に向けられていた——の重要性を無視する。

罰則条項が廃止されると同時に、政府と農園業界はこうした労働者の不穏な表現にたいして、それを鎮圧するための厳格で効果的な手段で応えた。彼らの主張によると、クーリーをラディカルな傾向を持った存在にしようと伝えられる共産党の煽動者や、「過激派」、それにナショナリストの厄介者たちに、農園はこっそりと侵入されたという。訓練が十分になされなかった職員や貪欲なアジア人職長も、彼らの「不品行」は「通常の」労使関係の一部というよりは、いささか異常なものであったという点で、非難されるべき一端を担わされた。

二〇世紀初期における東インドの政治運動

デリの農園で労働者蜂起が増大したのは、蘭領東インドでの重要な政治的・経済的変化、特にプランテーション産業でのその変化と軌を一にしていた。まず、ジャワでの政治的風潮は「古き良き時代」（テンプ・ドゥールー *tempoe doeloe*）への郷愁のなかにあるとデリの植民者が理想化していた状況と、ほとんど似ても似つかない状況だった。ジャワでは外国支配への抵抗は、二〇世紀に入った直後に組織化され集団的な行動として現われた。

ブディ・ウトモやサレカット・イスラム（表面的には明確な政治的綱領を持たない宗教的・教育的な結社）などの組織が、市民的自由の制限が緩められたごく短期間に結成された。一九〇八年にインドネシア人による最初の労働組合が結成された。それは熱心なオランダ人社会主義者ヘンドリック・スネーフリートの影響下で、「インドネシア人未熟練・貧困労働者の状態の改善」を実際めざしていた [McVey 1965:14]。その後、港湾労働者、運転手、質店店員、それに植民地政府の公務員などの間で、何十という他の労働組合が組織化された。一九一九年末までにはサレカット・イスラムは二二の労働組合を統合し、七万七〇〇〇人の組合員を擁した(6)。一九一九年糖業労働者が組織化され、一九二四年には農園雇用者の最初の組合、「農園労働者組合」（サレカット・ブル・オンデルネーミンク Sarekat Buruh Onderneming）が設立された。一般的に言うと、一九一九年は労働者の組織化と直接行動が特に活発な時代であった。外国資本が巨額の利益を得ている反面、現地人労働者の実質賃金がいちじるしく減少した。ストライキが頻発し、一九二〇年には八万四〇〇〇人の労働者が労働運動に参加した [McVey 1965:173]。

農園の規模が急速に拡大し、また労働者の募集が加速化されたこと、それにジャワからの新規移民と情報が急にあふれたこととあいまって、デリでの労働者蜂起が目立った。労働者の抵抗のニュースと抵抗の経験それ自体は、植民者が主張していたような、戦略的に配置された「アジテーター」の到着にはおそらく左右されなかったであろう。政治的に活発でよく事情を知っている新規採用者は、デリへ船が着くたびに到着したはずだ。この意味で農園のアジテーターは「外から」やって来た。だがその問題ではプランテーション・コミュニティ全体が同じであった。契約労働者の数が増加してきたことで、労働者に自分の労働条件に異議を唱える正当な権利意識がもたらされたことは事実ではあるが、彼らの不満の原因も同じく外から持ってこられたことにはならない。

スマトラでも、ナショナリスト的かつ社会主義的な傾向を帯びた現地人組織がいささか控えめな形ではあれ出現した。一九〇八年にブディ・ウトモがメダン支部を設立し、サレカット・イスラムとタマン・シスワがすぐに続いた[Langenberg 1976:118-20]。いくつかの資料によれば、一九二〇年までには「活発な反植民地主義運動が広範に起こっていた」[ibid. 127]。残念なことに、いかに、どこで、そしていつ、プランテーション労働者がその運動に参加したかについての証拠はきわめて曖昧である。つまり、どの程度まで白人への攻撃はなされたのか、この時期の集団的な抗議の形式はどの程度まで大衆の政治化の象徴としてみなせるのかという問題である。あるいは、こうした出来事はほとんど政治的な帰結をもたらさない独自な「噴出」であったのか。こうした初期形態の左翼ナショナリスト労働運動はある形をなしたのか、それとも類型とか効果がほとんどない、たんなる孤立した事件であったのか。

デリの農園労働者を直接研究するのではなく、一般的な関心から彼らに言及している文献をいくつか除けば、興味を引く二次的な資料はほとんどない。たとえば、著名なスマトラ史研究家、アンソニー・リードによれば、プランテーション・クーリーは、抑圧的クーリー条例や罰則条項によって政治行動から完全に締め出されていたため、スマトラ東岸で戦前に繰り広げられた政治的・社会的なドラマでは周辺的であったという[Reid 1979:43]。他方ジョージ・ケイヒンは、一九二〇年代におけるスマトラ・プランテーション地帯での共産党の力は特に顕著であったと書いている[Kahin 1952:85]。ランゲンベルグも、一九三〇年代にタマン・シスワとインドネシア国民党（ＰＮＩ）は「プランテーション地帯」の大部分のジャワ人の圧倒的な支持を受けていた、と指摘している[Langenberg 1976:135]。他の資料によれば、メダンの著名な弁護士で共産党員であったイワ・クスマスマントリが同じ年代に、最初は農園に出入りする運転手の組織化から始まり、後には直接農園労働者を組織化するのに成功したという。(7) こうしたいささか矛盾するが人の期待をかきたてる文献は、その主張や他の文献の正しさを立証することはほとんどない。(8)

第二次世界大戦前の労働運動にかんする標準的な資料では、デリの農園労働者は基本的には完全に無視されている。ブルームベルガー、プリンゴディグド、それにサンドラの古典的な作品は、組織労働者に関心があったため、スマトラ東岸で起きたその場限りと思われる行為については目配りをしていない [Blumberger 1931, 1935; Pringgodigdo 1950; Sandra 1961]。プルヴィエが唯一、「労働力の過剰供給がなく労働者は外部から持ってこざるをえないデリでは、罰則条項が強力な労働組合運動が発生するのを妨げた」という事実に触れているだけである [Pulvier 1953:155]。初期のブディ・ウトモ、後年のタマン・シスワやＰＮＩの組織についてはもっと多く言及されているが、それらはすべて契約制の廃止と農園での生活条件の改善を唱導した。しかし、そうした多くのグループが農園労働者の主張を擁護しているという疑う余地のない事実があるとはいえ、労働者自身があまり急進的ではないが、なんらかのナショナリスト的反植民地主義闘争に実際参加していたということにはならない。

農園労働者を縛る抑圧的な労働契約や、ストライキの禁止、その両者を強化するのに用いられた法的装置の威力がたとえあっても、彼らがこうした組織化された運動に集団的かつ意図的に統合されているものとみなすことはほとんどできない。けれども彼らは、業界の利益を潜在的なあるいは実際の暴力で脅し、企業の労働政策と労務管理戦略に直接影響を与えることで、それだけで一つの社会的勢力を形成した。植民地政府と会社の係官によるデリの労働状況の分析は、政治的なものの定義で決められた。だがその定義は、つねに外部から誘導されたものに等しかった。われわれは以下のことに注目する。つまり、この「外部の」スケープゴートが、農園内労使関係そのものの内部に埋め込まれ、またそれによって生み出された人種的・階級的対立を隠蔽していることを、さらに多くの証拠が示しているのである。

口頭の記録であれ書かれた記録であれ、デリ農園の労働史を詳細に記す先行する社会学的な試みがまったくないので、われわれは利用できる一次資料――『労働査察官報告』〔以下『報告』と略す〕、植民者協会の編年史、オランダに保管されている植民地政府のレポート、現地人およびヨーロッパ人双方の新聞記事など――から始めなければならない。こうした種類の記録を残したそれぞれの集団は、それぞれ労働者蜂起については一つの解釈を提示し、その原因についてしばしば敵対しあい、公然と衝突していることが、本章の分析の重要な焦点になる。

たとえば、メダンにあるヨーロッパ人新聞と現地人新聞の間での攻撃的で長期にわたる論争は、農園に共産主義者やナショナリストのアジテーターがいるかどうかにかかわった。政府と植民者当局との間で他に長く続いた論争は、「プランテーション地帯」において反乱や殺人が増加した責任をどこが負うかにかかわっていた。こうした記録が交錯し、矛盾を犯し、互いに回避しあっている論点を検討することで、ある解釈の信頼性を問うことができるし、はなはだしく虚構化された記録を見抜くことができる。政治的な行動と労働者蜂起との関係にかんする問いは、（第二章でのジェンダー差別への問いと同じく）われわれだけの問いではない。こうした論争は、外国支配を支持する側とそれに挑戦する側の双方にとって中心的であった。「外部からのアジテーション」の事実が、「論点を逸らすもの」としてここでみなせるかどうかは的外れである。この論争が労働条件の詳細に踏み込んだ対話を育て、プランテーションでの生活における社会的な対立に実質感を与えた。

「危険分子」（ヘファールッケ・エレメンテン *gevaarlijke elementen*）と「クーリーによる襲撃」（クーリーアーンファレン *koelieaanvallen*）への言及はデリ開拓時代にもなされてはいたが、当時そうしたものは本当に稀であった。一九〇〇年以前、農園は非常に隔離されていた。クーリーへの攻撃とクーリーによる襲撃が報告されることは稀であった。われわれが後の時代の資料から知るこうした事件は、通常農園側で処理され、自分のクーリーが「支配下に」ないことを知られるのを望まない行政官によって、ないことにされた。外国人投資家の主要なニュース機関である『デリ・クーラント』(*Deli Courant*『デリ新聞』)紙を読むと、混乱は稀ではなかったことがうかがえる。白人を殺した労働者を捕まえた者へ提供される謝礼のことが、身代金通知に出ている[Said 1976:35]。至るところで「危険分子」への言及がなされ、また夜農園を襲撃し、昼間はジャングルで暮らす移動を繰り返す不法者、ときには元契約クーリーたちについても言及されている[Anonymous 1925:66]。一九〇三年にファン・コルはアジア人現場監督への「死をもたらす襲撃」(モールドアーンスラーヘン *moordaanslagen*)が稀でない事実を述べている。そうした攻撃で訴追された労働者の数は、一八九四年の一四八人から、一九〇二年には二〇九人、あるいは「一〇〇〇人のクーリーにつき二人」に跳ね上がっている[van Kol 1903:99]。ファン・コルはこの状況を軽減するために契約労働の廃止を主張したが、他の人々は厳しい警察の管理と、武装した白人スタッフによる解決を求めた。

後者の提案を支持して、元補佐のA・ハネグラフは、次のような出来事を紹介している。

> キサランにあるNATM農園は最近凄惨なドラマの現場となった。補佐のOが朝五時に仕事に向かっていると、いかにも不本意だという態度のクーリーの一群に出会った。彼がその男たちに話しかけ命令を与えると、彼は鍬の柄で一撃を食らい、溝に倒れこんだ。直ちにこの男たちの何人かが彼に殺到した。もちろん友好的な意図を持っているのではなかった。幸運にもOはリボルバーで武装していたので、彼は獰猛な敵の一人を撃ち殺した。その男たちは思いとどまるのではなく脅迫的な姿勢をとり続けたので、補佐は二番目の攻撃者の命を奪い、三番目の攻撃者に重傷を与えるまで武器を使わざるをえなかった。その時になって初めて彼らは最終的に退却した。[Hanegraff 1910:18-19]

こうした説明は、それが答えるよりももっと多くの疑問を提出する。つまり、そうした労働者たちはなぜ「不本意な態度」をしたのか。襲撃は計画的なものだったのか。彼らはその補佐を殺そうとしたのか。彼はなぜ二人を殺す以外の手段はないと思ったのか。その補佐と彼の事件を支持するコミュニティの観点からすれば、それは正当防衛であると正当化できることを、われわれは知っている。彼が武装していて、だから命を奪われなかったという事実は、もっと多くの白人スタッフが武器を与えられるべきだという根拠になった。

農園の支配人のなかには銃を所持している上司がいることは、暴力を防ぐよりももっと多くの暴力を引き起こすと見ていた者もいたが、すべての白人従業員が銃による安全を諦めようとしたわけではなかった。アサハンの農園支配人から本社への一九一三年レポートのなかで、ある補佐の解雇がこうした理由で説明されている。

> 顧みるに、Eは中国人クーリーの仕事を査察に行った例がないようだった。それはもし彼らの仕事を批判したら、彼らから暴力で報復されるのを怖がっていたからである。Eが肉体的には屈強であっても、勇気がないことはデリで知れわたっていた。これまでトラブルを起こしたことがない客家《はっか》のなかにさえ、これ見よがしにリボルバーを身につけていないならば、Eは［彼らの働く］畑に決して行こうとはしなかった。[9] [AR]

アサハンのような離れた地域にいる客家人クーリーがトラブルを起こしたことがないということをたとえ信じるべきだとしても、これはどこにでも当てはまる例ではなかった。白人職員への襲撃数が増えているという複数のレポートがスマトラ東岸の他の地域から同じ年に出されている。地方に住む植民者コミュニティのあるメンバーは、それは白人への襲撃が実際増えたためか、あるいは当局へのレポートが増えたためかを問題にしている。彼は、後者のケースが当てはまると主張して、以前はそうした事件は公表されることはなく、地方新聞の関心を買うこともなかった、と述べている [Dixon 1913:59]。そうした事件をそのせいにできる新たなスケープゴートが登場したが、報告された襲撃数が増加したこととはほとんど関係がなかったであろう。一九一三年にサレカット・イスラムがデリ支部を開設したと報じられるやいなや、彼らがクーリーによる農園職員への襲撃を工作した、とヨーロッパ人新聞では非難された。モハマッド・サイードは、北スマトラの新聞の歴史のなかで、「オランダ人の新聞が問題をいかに見るかによって、彼らがニュースをいかに処理するかが決まる」と記している [Said 1976:43-44]。

より手近に他のスケープゴートがいた。植民者は「クーリーによる襲撃」に対抗するためにもっと警察の統制を強化するようロビー活動をする一方、政府に任命された労働査察官の一団が、ファン・デン・ブラントとファン・コルによって一〇年前に悪名高いとされた労働条件を精査するためにプランテーション地帯を徹底的に調べた。植民者の聖なる土地へのこうした侵入にたいして、労働査察官は農園の規律と白人の威信をともに害している、と彼らは非難した。後年、査察局がその人員と査察を拡大したため、こうした批判は加速された。一九一三年には告発は曖昧かつ用心深くなされたままで、たとえば労働査察官が労働者の不満を監督や通訳を通して述べさせたことに向けられた。会社はそれにたいして、彼らは事実を捻じ曲げ、労働者と管理部門の緊張を高めていると、主張した [Dixon 1913:62]。

初期の年代には労働査察官に与えられる情報は注意深く制限されていたため、彼らは最小限の影響しか持たなかった。査察官は労働者に直接話しかけるよう努めていたけれども、大部分の支配人はその聞き取りに同席し、いかなる不満の陳述にも厳しい非難を浴びせた。たとえば彼らの家の屋根に多くの穴が開いているという明白な事実にもかかわらず、雨漏りはしないなどと、そうした状況では労働者は答えるのである [KvA 1913:8]。思い切って事実を話す労働者は、監督にひどく叱責されるか直ちに口を封じられた。他のケースではそうした労働者は賃金の少ない仕事に降格させられた [ibid. 8]。けれども、監督が、酷使、強制的な超過労働、劣悪な家屋など、その他さまざまな手段によって労働者の稼ぎをピンはねし、私物化したとの情報は徐々に流出してきた。

労働査察官制度は、情報収集サービスであって、変化を媒介するものではなかった。労働査察官の効能に懐疑的であったため、農園労働者のなかにはもっと直接的な方法で、自分の不満を正式に提出した者もいた。以下は一九一三年のそうした事件の、いくぶん冗長な記録を短くしたものである。

数年前タバコの選別作業の季節に数人の首謀者が、農園を完全に混乱状態に陥れた。三〇〇～四〇〇人の中国人クーリーのすべてが働くのを拒絶し、彼らは十分な支払いを受けておらず、現在の支払い基準は再検討されるべきだと訴えるために、支配人の事務所に行進した。会社の会計係は、支払い基準は適切で平和裏に仕事に戻るよう、彼らに申しつけた。次の日の午後、労働者たちは仕事に戻り、支払いを受けた。夕方の五時に彼らは家に帰るが、まだ何も起きなかった。彼らは行動を起こすにはまだ十分には組織化されていないようだった。

まだほの暗い明け方だった。ベンガル人夜警が支配人の許にやってきて、「主任監督がそこにいて、支配人に話したいことがある」と伝えた。謀議が露見した。支配人は今や首謀者の名前を知ることになった。六人のグループで、支配人に特別の恨みのある連中だった。一人の合図で［タバコ選別小屋に］いた誰もが起ちあがり、支配人を攻撃する手はずであった。前の晩に、彼らの目論見を確実なものにするために一羽の鶏が殺された。クーリーたちは、混乱の最中には本当に誰が襲撃をしたかを誰も見ていないだろうし、だから誰も罰せられないだろう、と高をくっていた。朝クーリーたちが選別場に入った時、首謀者たちは一人ずつ［農園警察によって］狙い撃ちされた。彼らのリーダーが死んだのを労働者たちが悟った時、彼らは行動への意欲を失い、自分たちの仕事を続けるのみだった。［Dixon 1913:52-58］

こうした記録から何を知るだろうか。第一に、アジア人監督が労働者の暴動を防ぐ際に中心的で、それを破壊する役割を果たしたこと、第二に、暴力に頼るのは最初の非暴力的な抗議に効果がないことがわかった後であること、第三に、抗議への大衆の支持は「その行政官に恨みのある」たった六人の「首謀者」によってあっという間に作り上げられたものである、とわれわれは信じるよう導かれたことを知る。後半の説明では、個人的な恨みに繰り返し言及され、彼らの要求が同意の上であることが否定された。

その後の数年間に、襲撃と労働者蜂起の、いわゆる増加にたいして政府主導の調査が続けられた。一九一五年、次のような勧告がなされた。㈠補佐たちがクーリーを殴ることの禁止、㈡将来のスタッフの適性を評価するもっと慎重な選別過程を採用すること、㈢補佐は労働規則に精通していることを確認すること、㈣労働者が金銭的に監督や職長などの恩義を受けないよう彼らの活動を厳しく管理すること、(五)労働者の賃金を改善すること、(六)ヨーロッパ人補佐と女性の契約クーリーとの性関係を厳しく禁じること。これとの関連で、結婚したヨーロッパ人スタッフを追放した政策が廃止された(10)。

アジア人労働者にたいする改善された労働条件にはそうした勧告が名目的には含まれていたけれども、ヨーロッパ人補佐の「質の管理」にもっと多くの関心が寄せられた。その数年前に、ヨーロッパにある理事会からの強い反対にもかかわらず、デリ補佐組合が結成された。ジャワにいるある政府高官は、その組合は農園の人間関係の「堕落」の象徴であり、「ゆすり」と紙一重だと述べた[OvSI 1917:39]。この「ゆすり」が実際何のことかはよくわからない。補佐たちのニュース機関紙『デ・プランテル』(*De Planter*『植民者』)には、賃金、ボーナス、休暇、法的保護(労働者を暴行した際の)、それに一般的な労働条件にかんする苦情が寄せられた。しかしこうした要求が労働争議に転換されたかどうか、あるいはその組合は会社のエリートに本当の挑戦をしたかどうかについてはほとんどわからない。にもかかわらず、デリのヨーロッパ人居住者「統一戦線」は、その精神においては少なくとも弱体化した。

一九一七年と一八年に、監督要員にたいする襲撃が頻繁になされる原因についての公的な調査が再開された。労働者にたいして「すぐかっとなる」「機転のきかない」行動のため、またアジア人従属者に呼びかける「粗野で」「がさつな」言葉遣いのために、補佐たちは再び叱責された[Heijting 1925:56]。学識のある観察者のなかには、よく訓練され、経験豊富で、「機転のきく」管理職員が調和のとれた労使関係を作り出すには必要で十分な条件であると勧告していたが、植民者の大部分を改心させるのはたやすくはなかった。「労働者のなかでただ処罰への恐怖からのみその義務を果たすよう強制できる連中」にたいしては、より予防的で強制的な手段がとられた[OvSI 1918:66]。それと彼らが武装していないことを確かにすることも不可欠だった。一九一六年のスマトラ東岸研究所のレポートはこう報告している。

クーリーは仕事中に先の尖った武器を携行するのが禁じられた。この禁止は必要なものであり、この禁止事項を強制するかどうかは農園職員に一任されていたのは残念である。多くの植民者は恐れていないことを示す必要があったので、そう［強制］しなかった。これは完全に誤った大胆さであり、取締役たちはこの規則が厳しく強制されるべきことを農園支配人たちに周知徹底させたいと望んでいたであろう。［OvSI 1917:36］

翌年このアドバイスが注目された。「武器の禁止」（ピソブラティ・フルボット *pisoblati verbod*）によって、契約クーリーが仕事中に雇用者の許可なく武器（あるいはいかなる種類の先の尖った物）を携行することが法的に禁止された(11)。そうした努力は補佐とクーリー間の衝突の本質を変えるようになされたものであるが、衝突そのものをまったく回避させるようなもっと直接的な手段が捜し求められた。夜明け前の点呼（その時多くの襲撃がなされた）が廃止された［OvSI 1917:35］。作業工程や上からの指示は、アジア人監督を通してのみ伝達されるようになった。そのために、そうしたアジア人監督はヨーロッパ人に代わって、集中砲火を浴びることになった［ibid. 57］。さらに、管理部門と労働者の関係を仲介する「仲介者」（トゥッセンペルソーネン *tussenpersonen*）――支配人によって頼りになり信用できると思われた労働者のなかから選ばれた――を作り出す最初の計画が作られた［ibid.］。

多くの評者が当時記しているように、こうした手段は大部分一時しのぎのものであった。一九一八年の労働査察官の深刻なレポートのなかに、説明のやり方が驚くほど変わっているのに気づく。つまり、たんに「混乱」や肉体的襲撃にとらわれているのではなく、生産関係そのものに埋め込まれた暴力の構造的な特徴を考察する試みに変わっているのである。労使関係の指針にコメントをしながら、その著者はこう言っている。

要するに、両者の関係は次の通りである。つまり、一方では、助力者、すなわち補佐のいるよく組織化された雇用者と、他方ではいまだに彼らの力に気づいてはおらず、自らを防衛する手段を欠く労働者の大集団がいる。そうした人々には雇用者の権利（利益ではない）を法的に保護するためには、罰則が最高の武器である。ストライキの権利は労働者には禁じられていた。

雇用者の集団が二つの植民者団体〔「ゴム植民者協会」と「デリ植民者連盟」〕に強力に組織化されていることは承知のところだ。そうした団体は労働時間、仕事、最低賃金などにかんする法律や規制によって制限されている。しかしながらこうした制限のなかで、当団体は未組織労働者の労働強度をできるだけ増大させ、賃金をできるだけ抑える権利を持っている。雇用者が規定された労働契約に強く従っている限り、クーリーは自分に課された最大限の要求を避けることも、抵抗することもできなかった。なぜならば、彼は個人としてもあるいは集団としても、自分の労働に法的に強制された要求を断わる権利を持っていなかったからである。[van Lier 1919:202]

こうした条件下で、ストライキという武器に頼ることなく効果的に生産を減じさせる抵抗の方式に労働者は頼った。同レポートは続ける。

ある程度思うままにやれ、完全に利用された手段は、ゆっくりと手抜きをしながら、あるいは注意を散漫にして、指示に従わず、産物を破壊しながら〔たとえば水をラテックスのなかに混ぜるなど〕働くことによって、雇用者の要求に受動的に抵抗することである。要するに、自分の個人的な利益を促進強化する種々の手段――絶対的な最低賃金にふさわしく実際の労働を絶対的最少にすること――によって抵抗するのである。[ibid. 202]

労使対立の火に油をそそぐと同時に、生産増加を鼓舞するような条件を、そのような正確さで記述している当時の記録はほとんどない。補佐の収入は主に二つあった。つまり、極端に低い基本給と、それにタンティエメスと呼ばれたボーナスである。このボーナスは毎年極端に変動し、世界市場での農産物の価格の変化を反映している。しかし、一人の現場補佐の許にいる平均五〇〇人の労働者の労働の成果をより密接に反映している。だから『労働査察官報告』は、補佐の基本給を改善しても、クーリーと雇用者の関係は実際のところ変わらずに残るから、労使の緊張を軽減することはないとみていた[ibid.]。新しい保護的な手段が補佐の一般的な生活条件を改善し、彼らの労働にたいする過剰な要求をチェックした。だが、もっと重要な構造的な関係の要素は変わらずに残った。つまり、「補佐の財政がよくなるためには、クーリーの労働実績を可能な限り大きなものに据えておくことが必要であった」[ibid. 209] ということである。

補佐が昇進し収入が増えるためには、明らかにクーリー労働からのさらなる搾取が不可欠であった。だが同時に、そうした法外な労働の要求は、さらなる憎しみを生み出し、しばしば補佐への暴力や死を招く襲撃などの形で噴出した。こうしたダブルバインドに囚われているので、補佐たちが部下への圧力を進んで和らげるのは、ただ「過剰な労働を要求したというぎりぎりのケース」においてのみであった [ibid.]。つまり、もっと厳しい強制取り立てをすれば、補佐自身の生命を危険にさらすと彼らが感じる場合であった。

> 現行の労使関係を緩和させる何かは期待できるが、現行のシステムそのものは本質的には不変のまま残るだろう。［なぜならば］こうした労使関係の基礎は、クーリーの労働力が不正に使われていることから生じているからである。それは、雇用者の必要にクーリーの労働力を従属させるような労働契約に基づいている。[ibid.]

ジャワの一部では、組織化された労働運動がヨーロッパ人とアジア人労働者との提携によって出現しつつあったが、デリでは企業へゲモニーへの脅威はすばやく回避された。補佐の運命を改善する新たな統治のやり方を導入することで、会社はより強力にそうした両者間の提携を封印した。けれども補佐の命を狙う襲撃は続いた。一九二四年に一五年間その仕事を続けている補佐のうち三%は労働者に殺され、少なくとも五〇%が肉体的な攻撃を受けた可能性があった [Middendorp 1924:4]。

ヨーロッパ人監督とアジア人監督への襲撃数にかんする統計は稀で、二つの異なった資料がある場合にも、互いに一致することは少なかった。アジア人監督への襲撃数は、一九二五年までは集計されることさえなかった。ヨーロッパ人職員にとってそうした統計はいささか完備しすぎていたが、それでも問題があった。たとえば、ある資料では一九一九年に一三人のヨーロッパ人が襲撃されているが、別の資料ではその二倍の数になっている。労働者数が二〇万人に達した一九一四年から一九二三年までの間では、襲撃数は毎年二五～三五件の間に分布していた。

農園での労働者蜂起にかんするテキスト、論文、レポートが豊富にあっても、プランテーション用地内そのものにおける襲撃数とは関係がなかった。この問題への関心が、農園の外での反植民地主義、ナショナリスト、急進的な政治運動の一般的増加に結びつき、それに罰則条項への告発がますます表明されるようになったという事実に結びついたことは驚くべきことではない。一九一六年の『スマトラ東岸研究所年報』は、一二の「原住民」組織について触れているが、それらを「オランダの権威には何の脅威にもならない」と切り捨てている [OvSI 1917:54]。だが、その後の数年間にはそんなに軽くは扱われてはいない。「経済的な動機」が明白なのに、その動機は「政治的に基礎づけられたもの」とされた組織に特別な関心が向けられた [OvSI 1918:41]。「革命的で社会主義的な観念」を説明する中国語やマレー語の多数の新聞について、それに「ビジネスについては何も書いていない」論文について、特別な注記がなされている [OvSI 1918:47]。

一九二〇年のデリ鉄道会社労働者のストライキには自由労働者と同じく契約クーリーも参加したので、植民者が恐怖する原因となった。罰則条項を執行すると脅されたので契約クーリーが行動から撤退し、そのために、ストライキが終息したと一応は言える。しかし結局は、彼らが参加したという事実は、彼らを管理下におく領地でそうした状況が発生する可能性について、プランテーション産業に深刻な問題を投げかけた。この点で一九二〇年に『労働査察官報告』は次のように書いている。

こうした種類の契約労働者の欲望や激情が容易に喚起されやすいという事実を考慮すると、結局はそうした労働争議が契約労働者にも起きるという可能性は排除できない。そのような場合、雇用者との対立は避けられない。一般的に、いわゆる労働者の「力の位置」［マハトポジシー *machtspositie*］は最近数年間で増大していて、いまだに眠っているプランテーション労働者の「力の位置」も出現することが考えられなくもない。[12] [KvA]

鉄道ストの原因を分析して、それは後年再発するという立場を、『報告』はとった。すなわち、労働者の経済的な要求がそのストライキの背後にあり、それは「本当の」理由として受け入れられるべきではない、と言うのである。同様な警告が農園クーリーについてなされている。

> ジャワ人の無関心と従順さを考慮に入れると、彼らの運命を財政的に改善すること以外の理由がそのストライキの根本にあるはずだ。この［財政的］観点への労働者の欲望はそんなに大きくはない。だから他の要因が働いたに違いない。なんらかの理由でそうした行動を招来することが自分の利益だとみなしている労働者集団の外部の誰かの先導によって、しばしば労働者たちはストライキに参加する。そうしたリーダーが容易に成功するのは、労働者が自分の処遇に不満を持っている所である。……それだから雇用者は労働者の不満に最大の関心を払うべきである。[ibid.]

このため雇用者は、より大きい（が、まだ限定的な）関心を払うようになった。一九二〇年に『報告』は、管理部門への労働者の襲撃数とその原因――その逆のケースも――を初めて挙げている。それによると三九人の農園支配人が、クーリー条例違反、なかでも十分な住宅を供給しないこと、不定期な賃金支払いや賃金のピンはねなどによって起訴された。さらに、監督から労働者へ「加えられた殴打」九〇例が挙げられている。

デリ鉄道ストが起きたことで、危険な状況の可能性を取り除くための他の戦略がとられた。「仲介者」を設けようとする先の提案は「労働協議会」設立の基礎になった。そこでは注意深く選ばれた労働者の代表、いわゆる「リエゾン・メン」（フェルトラウヴェンスマネン vertrouwensmannen）が労働者の不満を話し合うために（小さな協議会では

「政治的な意図を避けるため」）毎月農園の行政官に会った。その計画はほとんど成功しなかった。アドリナ農園ではこうした実験は労働者の要請で停止された。ララス農園では一三人のリエゾン・メンのうち自分がやろうとしていることを理解している者は二人しかいない、と雇用者は労働者から報告を受けた[KvA 1923:28]。そうしたいくつかの失敗の後、その案は棚上げされ、数年後、農園課報機関のネットワークがまた出現した。

白人職員への襲撃数は、一九二〇年代初期から中期にかけては比較的一定であった。しかし労働者蜂起という暴力的な表出は同時期に明らかに増えている。一九二四年、多数の労働者反乱が文献では現われている。そうした反乱で労働者は、タバコ選別所、農園事務所、ヨーロッパ人職員邸へ集団で行進し、建物を破壊し、居住者の生命を危険にさらした。つまり、「そうした大衆的抗議運動の多くの例の一つが、一九二二年末タンデム農園における事務所と発酵小屋での異議申立てであった。その後、同夜のうちに何十人というクーリーが逮捕され、最高三カ月間拘留された」[Middendorp 1924:23]。一九二〇年代半ばは、労働者の抗議と大衆の抵抗一般にたいする植民地政府と会社の反応の性質の点で、転換点となった。労務管理がより抑圧的な戦略へ変わったことは、全蘭印で市民権と政治的表現が制限される先がけとなったが、デリの農園でとられた特別な抑圧策は非常に厳しい内容であったため、後年それはプランテーションにおける大衆に基礎を置く大部分の抵抗を防ぐのに役立った。

労働者の抵抗と政治的抑圧の法的メカニズム

早くも一八五四年には、市民権の抑圧が東インド法のなかで規定されていたが、特に政治的結社や公共の秩序に危険をもたらすと思われる集会が厳しく禁じられた(13)。一九一五年の新しい法案は、集会と結社の権利を形式的に認めていたが、その三年後に細則が規定され、施行された。けれども、この一九一八年布告は秘密裏の組織や集会を厳しく禁じていた。屋外での限定的な（つまり会員だけの）集会は許可なしでも認めていたが、誰もが参加できる野外で行なわれるすべての集会は、地方当局の事前の許可がなければ禁じられた。一九一九年にさらに制限が認められ、「警察官や警察の使用人」は集会へ自由に参加することができるとされ、参加者限定の集会では五日前に通告がなされるべきだとされた。一八五四年の時のように、総督は公共の秩序と対立するとみなされるいかなる結社も非合法的だと宣言する権利を付与された。

この期間〔一九一〇年代後半〕のジャワにおける労働運動が政治性を帯びていたのにたいして、この一九一八年法案はいかなる形の集団的行動も実質上追放することになった。一九二〇年代のストライキの期間に一九一五年の罰則条項を利用したことにコメントしながら、ある米労働省レポートはこう記している。「労働組合に適用可能なその罰則条項の規定が曖昧で、広範な裁量権が当局に委ねられている。労働者の苦情を取り扱うために、ストライキを組織する最初の試みでさえ処罰された」[US Department of Labor 1951:134]。その後の数年間に、政治的行動を、つまりあらゆる種類の労働争議をさらに制限するために数多くの細則が付け加えられた。一九二三年、クーリー条例、つまり罰則条項が施行されていないジャワで勃発したストライキの高まりに、ストライキ行動の煽動を特に禁じる修正を政府は行なった(14)。その解釈の容易さのために「ゴム条項」(アルティケル・カレット artikel karet)として知られているこの罰則条項一六一条第二項は、労働者の抗議や左翼のデモを止めさせ、さらにナショナリストの出版を抑圧するために用いられた主要な道具だった。表向きは過激な政治的な煽動を禁じることを意味していたが、それははるかに広範な結果をもたらした。

政府が、政治的な煽動と刑事犯罪、あるいは労働争議と政治的な鼓舞とを区別するのを拒んだことは、たとえばたんに労働者に話しかけることなどの言葉の上だけで作業停止支持を表明する者は誰でも、刑事訴追を受けることを意味していた。農園労働者にとって、怠業はクーリー条例下の労働契約への深刻な違反行為と長くみなされてきた。一九二〇年代には、経済的な要求は政治的な行動として分類され、刑事犯罪として取り扱われてきた。一六一条第二項の意味に言及して、ヴァージニア・トンプソンはこう書いている。

公共の秩序を攪乱したり、労働契約に違反したりする傾向のある労働者のいかなるアジテーションも法的処罰の対象にされた。理屈の上ではこの法令は、政治的なアジテーターによって経済的な問題が無効になるのを防ぐことをめざしていたが、実際にはその条項はいかなる組織のストライキも禁じるように適用された。[Thompson 1947:160]

ルス・マックベイも、政治的問題と経済的問題を政府が結合することに疑問を呈している。一九二三年の鉄道ストについて彼女はこう書いている。「ストライキは政治的な動機で引き起こされたのであって経済的な動機ではないとして、政府はその厳しい政策を正当化している。ストライキはリーダーたちによって労働者が煽動された、と主張することはほとんどできない。というのは、政府自身のレポートが指摘しているように、その反対の場合が明らかだからであった。組合の要求は非政治的なものであり、大部分の場合正当だと認められた」[McVey 1965:153]。

何が政治的アジテーションで、何が経済的な不平であり、それゆえ何が刑事犯罪であるかについて行政当局は曖昧な見解しか持たず、ジャワでの反植民地主義的抵抗を政府が抑圧するための基礎となった。一九二〇年代の半ばから終わりにかけてデリで生じたこの論争にかんして、この法的でイデオロギー的な正当化を心に留めておくことは重要だ。それは労使関係の行方と、何が想像上の反乱であり、何が現実の衝突であるかを解釈するのに影響を与えた。

警戒する植民者

一九二五年、共産主義者に指導された港湾労働者組合が、ジャワの港湾都市のスマラン、スラバヤ、それにメダン外港のベラワン港でストライキに入った。その三つのストは基本的にすべて鎮圧され、共産主義者の嫌疑を受けた参加者がブラックリストに載せられ、共産主義者が主導する組織にたいして集会権を禁じる結果となった。しかしインターナショナルがデリで歌われ、知事公館に行進した三〇〇〇人規模の男女の存在は、植民者団体に広く知れ渡り、地方新聞の報道の対象になった[Said 1976:126]。その港湾ストに触れて、その年の『クロニーク』〔『スマトラ東岸研究所報』〕はこう主張している。「それは経済のストライキではなく、共産主義者に煽動された多少は政治的な性質を持ったものだった。そのストライキが急速に拡大する原因となったのは、大部分こうしたリーダーたちによる恐怖の植えつけであったに違いない」[OvSI 1926:29]。

『クロニーク』が「政治的煽動と平和の攪乱」に特別欄を当てたのはこの年が最初であった。共産主義者のプロパガンダはいくつかの農園からも報告されている。そこでは首謀者と目された人物が直ちにジャワに送還された。ランカットとシアンタルでは、多数の農園職員が「共産主義にかぶれている」という理由で解雇された[ibid.]。それにベキウン、クランビル・ラマ、クアラ・ビンジェイの農園では深刻な反乱が起きたが、とりわけある警察隊長が負傷した。イギリス人補佐が襲撃されたタンジョン・ブリンギン農園では、反イギリス感情がこだましたと報告された。こうした反乱は以下の一般的な所見に照らしてみると、特別に言及された唯一のケースである。

> 平和の攪乱は他の農園でも起きているが、根本的な原因が政治的なものであるかどうかは定かではない。というのは、そうした反乱は異なった農園で数日間の間隔をおいて起きているからである。それからしてこの反乱は組織的なアジテーションであると推測できるかもしれないが、事実が示しているのは、そうした反乱はただ個別に起きた事件であるということだ。[混乱は]タバコ選別場での労働者の仕事ぶりについてのある補佐の記録に何人かが腹を立てたことと、賭場に警察が踏み込んだことへの憤激に関係していた。[ibid.]

同年、『労働査察官報告』は混乱の性質について事実に基づく記述をなしているが、共産主義者のいかなる影響にも言及していない。報告されている三〇の襲撃のうち六例は「集団による攻撃」(マッサ・アーンファレン *massa-*

aanvallen）である。ここで初めて集団的な労働の拒否が「ストライキ」のレッテルを貼られた。ある農園での労働の拒否は、ある職長が二人の契約クーリーの結婚を妨げたことに不満が噴出したためである。他の農園では一人の中国人労働者の賃金がカットされたことで反乱が起きた。おそらくその労働者の労働の質が標準以下とみなされたのだろうが、彼はその決定を受け入れるのを拒絶し、仲間とともにその補佐と主任監督を襲撃した。秩序回復に出動した警察は、その作戦で一人の労働者を殺した。労働者を繰り返し殴ることで自分の命令を徹底させようとする補佐がいる所では、抗議のため仕事場から立ち去る労働者もいた。その補佐が職場を移されて初めて、労働者は職場に戻ってきた。他の農園では理不尽に厳しいとの不満が集中した補佐にたいして、労働者は大挙して不平の声を挙げ、レンガを投げつけた。

二つのタバコ農園では、その年の所得が減額されたことに抗議して、中国人労働者の間に深刻な混乱が勃発した。警察との短い乱闘の後、秩序は回復されたと報告されている。他の農園では、行政官と最近任命された監督が免職されるまで、労働者はその賃金を受け取るのをただ拒んだ。ここで彼らはナイフ、斧、棍棒などで武装していたが、ここでも警察によって秩序が回復された。ここに政治的争点を持つ唯一の反乱のケース――最近解雇された職長によってておそらく煽動された――がある。『報告』が最後に挙げた事件は、あるタバコ農園での反乱であった。最近襲撃された補佐が労働者の一人を殺そうとしているという噂を、数名の新米中国人労働者が仲間におそらく流したのだろう。ここでも、「平和」は急速に回復されたものの、その前に会社の財産へ大きな損害が及んでしまった。

『報告』はいくつかの事柄を示唆している。まず、中国人労働者による抵抗事件の異常なほどの多さである。彼らは当時全労働力の一〇分の一しかいないが、上司への襲撃の三分の一を引き起こした。次に、大部分の反乱は、古い地区のプランテーション地帯にあるタバコ農園で起きていて、そこに大部分の中国人労働者が雇用されていた。

反乱がこうして集中しているのは、この時期にタバコの平均価格が変動したことと密接に関連していると思われる。

一九二五－二九年の間にデリのタバコの価格は、世界市場で半額になった。それは一九世紀以来、最も劇的な下落だった。それに関連してタバコ労働者の賃金は数十年来初めて引き下げられた。補佐のボーナス収入は減少し、補佐と労働者双方の内部で（それゆえ両者間で）緊張が増えた。

さらに、労働者蜂起にかかわる事件は、政府の司法機関が近くにあるメダン近郊で多く報告された可能性があった。とにかくタバコ農園にいる中国人労働者の間でそうした事件が頻繁に起きたということは、混乱はジャワ人新参者の間で頻発した、とする会社の多くのスポークスマンの主張に疑問が生じる。彼らは、メダンを取り巻く古い中核的な農園ではなく、その外部にある急速に発展する農園に補充されたからだ。

一九二五年に労働者によって提起された不平や要望はもっと頻繁であったが、その内容は変わらなかった。そうした不平や要望は義務的な超過労働や、家族と離れて他の農園に移されること、会社が経営する店の法外な値段や、それといつもながら会社スタッフによる身体的虐待にかんするものだった。『報告』はこうした不満の大部分は事実無根で、「自分は表に出て来たがらない人々の影響下にある人間によって」申し出された見解だとみなしていた［KvA 1926:63］。

一九二六－二七年には、アジア人監督への実際の攻撃数は劇的に増加しているけれども（二四例から六一例）、労働者蜂起と農園での襲撃への関心は『報告』でも『クロニーク』でも最低の数字を示している。この二年間は罰則への強い反対があった年で、「上司から加えられたクーリーへの殴打」（クラップザーケン *klapzaken*）にかんするレポートが増えたのは、罰則の廃止を求める人々の言い分に重要性が増したに違いない。一九二六年から二七年には「クラップザーケン」は七〇％増えている（三〇三例から五四八例）。『報告』はこの原因を、新規補充労働者のなかの「悪い連中」（スレヒテ・エレメンテン *slechte elementen*）のためだとしていて、補佐たちが責任を負うべき事柄をごまかしてしまった。

しかし、マレー語の新聞で完全に暴露されたあるケースは、植民者でも無視しえないほどの凶悪さが進行しつつあることを明らかにした。「プラウマンディ・スキャンダル」は、アサハン地区のゴム農園において日本人補佐が労働者を残虐に取り扱った事件である。法廷での全手続きは『ブニ・ティモール』紙（*Benih Timor*〔訳注六〕メダンで発行されているマレー語新聞）〔『東方の種子』紙〕の一九二六年一〇月に連載で掲載されている。その事実はこうである。(15)

> 補佐のコーゾー・オリウチ《（ママ）》は一二の訴因で訴追され、有罪とされた。彼は籐製の棒で労働者を頻繁に叩き、彼の下にいる監督にも同じことをさせた。労働者を縦横高さ二メートルの小屋のなかに数週間にわたって（労働時間以外は）直立させて閉じ込めた。彼らは裸にされ、体に馬糞を塗られ、馬糞と人糞を無理やり食わされた、と証言した。オリウチは会社を解雇され、植民者協会はプラウマンディ農園を直ちにその会員から放逐した。いくつかの会社がその支部に回状を回し、そうした虐待で有罪とされるような補佐は馘にすると警告した。[OvSI 1927:32] オリウチは最初三年半の実刑判決を言い渡されたが、二年半に減刑され、怒りが静まった後全期間を服役する代わりに、最終的には罰金を払った。[Said 1977:153]

外部の世界が抱くデリの汚れたイメージを払拭するために、数カ月後に植民者団体は農園労働者の生活条件を検証させるべく、ジャワ人県知事の訪問を支援した（その費用を払った）。〔植民者の〕計画通り、彼らは公的には労働者が生活している模範的な物質条件を誉めそやした。『プワルタ・デリ』紙（*Pewarta Deli*『デリ・ニュース』紙、一九一〇年に創刊されたメダンのナショナリスト新聞、大胆でウイットに富み、舌鋒鋭い編集部員を揃えていた）は、こうした特定の観察者の客観性に疑問を提起した。つまり、農園のことによく通じてはいても、「会社とまったく関係のない」「ブミプートラ」（*bumiputra* 東インド現地人）の代表団だったら、労働者の置かれた状況をもっと現実的に評価できたであろう、とコメントした[*Pewarta Deli*, 15 Mar. 1926]。

一方、デリでも東インドの他の地域でも、政府のエネルギーのほとんどは「共産主義者の脅威」に集中していた。一九二六年四月に罰則条項第一五三条第二項と第三項に新しい規定が付け加えられ、報道の自由がさらに制限され、

「書かれた表現であれイラストレーションによる曖昧な形であれ、あるいは条件つきで書かれたものであれ間接的な表現であれ、言葉によって公共の平和を攪乱することに意図的に賛意を示す、あるいはオランダ、東インドにおける確立した権威を転覆し妨害する、あるいはこうした事柄に有利な雰囲気を作り出した」者は、最高六年の禁錮というより厳しい罰則がさらに規定された [McVey 1965:326]。この新しいゴム条《アルティケル・カレット》例により、当局は公式にインドネシア共産党を同年五月に追放し、共産党支配下のジャワでの労働組合は「主要な革命的な推進力であったが、崩壊状態になった」[ibid. 327]。〔一九二六年の〕共産主義者の反乱は、それが始まる前に実質的に失敗することが確実になっていたが、潰され、二六年一二月までに共産主義者とそうであると目された者すべてが大量に逮捕され、共産主義運動は（一時的に）確実に衰退した [ibid. 345]。

ジャワでの共産党蜂起のニュースがスマトラに伝わるや、植民地国家の役人や、警察、植民者、マレー人スルタンなどのデリの権力機構の中心にいる人々は警戒態勢に入った[16]。「諜報機関員は二倍警戒し」、家宅捜索と逮捕の結果何十人という「共産主義者アジテーター」が生み出された。セルダン地区では、ある共産主義アジテーターは一年半の禁錮を言い渡され、ビンジェイ地区では一〇人の共産主義者が二年から四年の実刑判決を言い渡された。だが農園そのものでは政治的煽動事件はほとんどなかった。一月に三人の共産主義者と目された人物がデリ・タバコ会社のタバコ選別所で逮捕され、ジャワに送還された。他の場所でも、同会社の何人かの労働者が共産主義者の宣伝を流布したとして解雇された [ibid. 34]。

共産主義者を逮捕し、地方新聞を抑制するためにとられた数多くの抑圧的な手段にもかかわらず、あるいはそれゆえに、『プワルタ・デリ』〔『デリ・ニュース』〕紙はかつてないほど大胆な記事を載せた。「新聞の口にさらなる轡」と題する記事は、一五三条第二項をあからさまに批判した。また「共産主義者の嫌疑を受けた者と泥棒とどちらがより危険か」と題する記事では、平然と地方の「警察助手」（レシュルシュールス *recherchers*）の活動を嘲った。共産主義者であるという些細な証拠で逮捕された床屋と小商店経営者の話を伝えながら、『デリ・ニュース』紙（一九二六）はこう書いている。

この著者が当惑させられるのは、彼らは共産主義者として逮捕されたのか、それとも共産主義的であると伝えられる新聞を読んでいたために逮捕されたのか、という戸惑いである。もし後者が正しいのであれば、窃盗のことを話す者は強盗を働いた、として責任を追及できる。なんと驚くべきことか！

共産主義者を一人逮捕するたびに警察助手は二五ギルダーのボーナスを与えられるということを記した後、それは何の証拠もなしに誰でも共産主義者というレッテルを貼ってしまうような恐れ入った奨励金であると、『デリ・ニュース』紙は主張している。こうした逮捕は急成長を始めた本格的な自警団運動が起こしたごく初期の活動であったが、それはジャワでの共産主義運動が首尾よく鎮圧され、地下に潜らざるをえなくなった年から一年以上経った一九二八年のことだった。

一九二八－二九年の労働者の抵抗の再評価

一九二八年に白人職員への襲撃は、三六例から五四例へと上昇した。またアジア人監督にたいして労働者が申し立てた苦情はかなりの数に上った。その前の数年とは対照的に、『報告』と『クロニーク』〔『スマトラ東岸研究所報』〕はその原因を監督要員の不適当さだけに帰せられないし（そうすべきではない）、と直ちに指摘した。『労働査察官報告』は、アジア人監督への苦情の増加の原因を、「この地域の労働者は以前ほど彼らの苦難に沈黙しなくなった、また労働者はなんとなく好きでない作業長への怒りのはけ口を見いだすために攻撃を行なっているという事実」に求めている [KvA n.d. Detriende:99]。そして白人職員への襲撃にかんして、次のように述べている。

攻撃する側が直接的あるいは間接的に過激派の影響を受けている場合、襲撃は労働者の状況と関係が絶対的にない。それを除けば、大多数の襲撃の深い理由として、攻撃する側の労働の成果に原因があり、それが期待されるよりも質と量という点で劣るからだ。[ibid. 95]〔強調はストーラーによる〕

『クロニーク』もこうした攻撃は補佐たちの行動が原因であることはほとんどなく、「他のもっと深い原因」の結果であると述べている[OvSI 1929:45]（これが何であるかはいまだに曖昧なままにされている）。ヨーロッパ人新聞も、プランテーション住民の間で新しい潮流が流れているという不安について述べている。農園補佐組合によって発行されている『植民者《デ・プランテル》』紙は、クーリーの攻撃は必ずしも労働者の責任ではないとしばしば述べているが、「外部からの破壊的な影響」が、昨今及んでいることをますます確信するようになった[Said 1977:160]。そして、がちがちに保守的である『デリ新聞《デリ・クーラント》』は、襲撃は個人的な恨みによるのではもはやなく、外部の情報源によって唆された新しい「意識」の結果である、と主張した[ibid. 161]。

一九二八年の初頭、メダンにイワ・クスマスマントリが来たことによって、問題は悪化した（あるいは、ある人々が主張するように悪化された）。独立派ナショナリストの著名な中心人物であるスマントリは、ライデンで教育を受け、急進的な学生運動の活発な活動家であった。オランダを離れた後、彼は一九二五―二六年にモスクワのアジア人革命家向けの学校で、特に蘭領東インドにおける帝国主義の搾取と農民運動にかんする教科を教え、政治的なパンフレットを書いた[McVey 1965:221,241]。メダンに着くや、スマントリは弁護士業を開業し、農園の内外で労働者を組織しだした。そしてすぐに、ヨーロッパ人社会のなかで労働者蜂起を煽る、狡猾で影響力のある煽動者とみなされた。スマントリ自身の説明では、彼は労働者の運動を擁護しただけではなく、労働者の募集と組織化を積極的にやろうと努めた。地方当局の警戒によって、彼のこの仕事は容易には進まなかった。農園労働者に直接接触するよりも、スマントリは、その職務上農園に自由かつ容易に近づけ、そしてある地区から他の地区へ情報を伝達でき、便利な情報配達人として活動できる運転手を戦略的な観点から組織化した[17]。メダンでのスマントリの滞在期間は短期間で終わった。一九二九年七月、蘭印でナショナリストが一斉に検挙され、その際彼は逮捕された。彼がデリで過ごした時期は襲撃数そのものではなく、農園を基礎にする集団的な暴力が一般的に増加したと主張されている時期に一致する。そしてヨーロッパ人新聞はすばやく因果関係を引き出した。

スマントリがいてもいなくても、一九二〇年代における農園労働者は一〇年前と違ったものとみなされていた。彼らは自分たちの法的な権利に目覚め、自らの不満を物理的かつ言語的な手段で表現するよう急速に準備しだした。労働者蜂起と過激派の煽動との間の正確な関連をまだ慎重に考慮しながらも、支配者階級である政府・植民者は、東インド全体から破壊的な分子を除去する試みに共同で乗り出した。

一九二八年に二つの強力な植民者団体である「デリ植民者連盟」と「ゴム植民者協会」は、東インド情報局（ＰＩＤ）と協力して農園住民の政治活動を詳しく監視するために協調的な組織を作り、それを実行した。その組織は農園の情報機関がＰＩＤの下にある公権力である正規の警察の監視を受けるのを可能にさせたが、その費用は植民会社の負担であった。そのことは植民者と公権力双方にとって望ましいことであり、好都合であった。つまり、植民地政府は、東スマトラで拡大する政治活動の監視を維持し続けるための、人的資源も財政上の裏づけも持っていなかった。一方植民者は、政府のスパイ網にとにかく公務上参加できたことを歓迎した[Said 1977:159]。さらに集められた農園労働者にたいして実施されたより組織的な指紋押捺制度が、「望ましくない分子」（ジャワに送還されたことのある者）が他の農園に帰ってくるのを防ぐのに役立った。刑務所の設備が拡大され、共産主義者の嫌疑を受けた数多くの者が収監されるか、ニューギニアのボーフェン・ディグルに流刑処分となった[OvSI 1929:27-30]。

農園労働者に作用する外部の影響については多くの伝聞情報があるのに、共産主義者の一斉検挙を伝える一九二八年の『クロニーク』の記事の大部分には、プランテーションそのものでの政治的な活動についてはほとんど証拠は挙げられていない。名前を挙げられている人々のなかに、契約クーリーとして働いていた二人の「過激派」がいた。報道機関が流した噂では、共産主義者の新たな活動が計画されているとのことであったが、その計画が実現されることはなかった。また、クルンパン農園における二〇〇人の労働者の反乱では、警察が秩序の回復のためにやって来たが、その政治的な動機には何も言及されていない。

その年の混乱について『報告』では、一〇〇人のジャワ人労働者が経理部長の家に押しかけ、正当な賃金を受け取っていない、と抗議したほか、小さな不満、小さな要求の申し立てがほとんどであったことを暴露した。問題となった農園の所有者が最近代わったことや、新しい所有者が二日前に古い帳簿の決算を終えたことが明らかになると、その事件は終結した。他の農園では、中国人労働者の秘密結社（その表向きの目的は相互扶助であったが、その動機が「純粋」でなかったことが判明）が解散させられ、首謀者は中国へ送還された。他に三五人の中国人労働者のグループが作付けの規則に従わなかった。その監督がそうした行為を唆したことがわかると、彼一人だけが罰せられ、中国へ送還された。またさらに別のタバコ農園では、中国人労働者の一団が通常のボーナスが支給されるまで働くのを拒否した。ボーナスは労働の質が悪いと減額されていたので、煽動者は罰せられ、中国へ送還された。

われわれはこうした出来事のどれもが、「外部の分子」や政治的な動機に明確には結びついていないことに留意すべきだ。こうした背景からすれば、デリのヨーロッパ人コミュニティの間で、「農園の危険性」について一九二九年に関心や不安が爆発したのを理解できない。農園の労働者蜂起を過激派のアジテーションに関係づける新聞の発行部数や政府のレポート、回状の増加は、量だけでも過去一〇年間の総量をはるかに上回った。たとえば、一九二八年の『デリ・ニュース』紙を急いで調べてみても、罰則条項や農園に関連する問題にかんする記事は数本にすぎない。他方、一九二九年には数日おきに、ときには毎日、農園の住民の逮捕や彼らによる労働争議を含む裁判が第一面の見出しに踊った。『東方の種子《ブニ・ティムール》』紙が一九二六年のプラウマンディのスキャンダルでやったように、『デリ・ニュース《ブワルタ・デリ》』紙はヨーロッパ人補佐を殺したあるクーリーの裁判のきわめて詳細な記事を掲載した。別のクーリーの絞首刑は身の毛もよだつような迫真の詳細さで報じられた。

次第に増加するクーリーによる襲撃の総数が『クロニーク』と『報告』に見られる。もっと多くの情報が集積され、労働者の状況についての情報はヨーロッパ人や現地人の識字階層には利用可能になったので、スマトラ東岸の農園の状態について無知を装うことはどのグループもできなくなった。こうした記事の増加の原因はまだ解明されていないが、当時深刻な問題とされた。会社と植民地政府当局は、襲撃数や集団的な労働争議の増加に警告を鳴らしたが、労働争議にかんしては統計がまったく取られていなかった。襲撃の統計では実際の数字の幅が大きい。いくつかの資料では一九二八年から二九年に白人職員への襲撃数は四三例から六三例に増えたとされ、別の資料は五四例から六一例だという [KvA n.d. Veertiende:109]。こうした不一致のいくつかは、計数方法の違いで説明できる。後年、実際の肉体的な襲撃だけではなく、「脅迫」も含める計数法もあったと見られる。

さらに、一九二五－二九年の間に農園労働者はその前後に例がないほど急激な増加をみた。その五年間に五〇％増加し、一〇万人の労働者が増えた。全労働者数にたいする襲撃数の実際の増加率を見ると、一九二八－二九年の間の増加率は一九二五－二九年の五年間では最小の増加率である。しかし権力を持っている側は絶対的な増加数に関心があって、相対的な増加には関心がなかった。計数法の違いによる不一致があったとしても、一九二九年には明らかにそれ以前のどの年よりもそうした事件がもっと発生した。実際、『報告』は、一九二九年の数字はひどく過小評価されていると記している。少なくとも二四例の襲撃と二二例の脅迫が当初報告されていなかったが、後で注目されるようになった [ibid. 108]。

デリやその他のヨーロッパ人支配層にとって、肉体的な暴力が頻発することは労使関係のより一般的な変化の兆しであり、支配的な社会秩序への新たな脅威であった。農園労働者の状態を査察するために一九二五年に設立された、常勤労働者委員会によって提出された一九二九年の報告では、植民者と植民地政府の態度が明確に表明されている。

大多数の襲撃の主な原因は、労働者の今日の精神の内部で……深く探求されなければならない。彼らの精神は一部無意識的に形成されるのであるが、一部はアジテーションや東インドの新聞による破壊的な宣伝――ジャワから波及したか、この地で生まれた――によって明らかに助長されている。[Treub 1929:22]

当局は「普通の犯罪者」と「破壊的な活動家」とを区別すると口では言っているが、実際は両者とも「悪い連中《スレヒテ・エレメンテン》」、つまり農園業界にたいして経済的あるいは政治的な障害となるとみなされた漠然としたカテゴリーとなった。その委員会はさらにアドバイスを続けている。

二つの要素は分けられねばならない。いやいや働き、つねに反抗する犯罪者がいる。また、覚醒しつつある意識による精神構造の大きな変化を受けた人間もいる。この精神構造の変化が、無法性、自分の義務を果たすのを理由なく拒絶することをともなう限り、またこの不服従が雇用者への反抗の表明であるかぎり、それにたいして最も強い処置がとられるべきである。警察と裁判所は、過激な者や行き過ぎた行為をなす者、あるいはそうした傾向の恐れのある者にたいして、協力し合わなければならない。……今日のクーリーがより良い待遇を要求している限り、こうした精神構造は無視できない。……これは一〇年前二〇年前に常態と考えられた処遇を、クーリーがもはや受け入れないという事実と軌を一にする。この変化した態度こそ政府と植民者がまず考慮に入れるべき要素である。しかしながら業界の活力について何も恐れる必要はない。なぜなら、望ましくない人物や犯罪者が排除されれば、自分の仕事を平和的に遂行する多数の労働者がつねにいるようになるからである。しかしこうした稀有な人材でさえ近年ますます自覚的になってきた。一九二八年の契約クーリーは、一九一五年あるいは一九二〇年の彼らとまったく異なる。このことは、クーリーたちがこれまで当たり前と思われてきたこととは違ったやり方で、将来対処されねばならないことを意味している。[ibid. 22]

労働委員会の勧告の後半の部分には、少なくとも当面は、誰も聞く耳を持たなかった。警察、政治家、それに植民者はこの新しい「意識」を認めようとしたけれども、その原因についての彼らの調査は厳しく制限されていて、状況そのものの発火しやすい背景に力点を置く調査よりも、この暴力に火を点けた火の粉に限定されていた。

かくしていくつかの重要な疑問が答えられないままに残った。多くの資料が労働力の戦略的な再配置を仄めかしているが、そこでは一〇年前に起きたこととはその範囲も内容も異なる、質的に新しい形の労働者の抵抗は邪魔にならないのだろうか。そうした事件はある地域に集中しているのか、あるタイプの農園に集中しているのか、労働争議の要求あるいはその帰結にある類型があるのだろうか。外部のアジテーションは別にして、こうした年代の労働者に共通した自己意識の基礎とは何か。最後に、どの程度まで労働者の抵抗は植民者の権力を蚕食したのか、既存の支配的な経済的社会的関係を転覆させたのか、あるいはそのたんなる変更ではなく変革を求めたのか。こうした事件とその言説には話の本質に関係がないほど詳細で、また大きな欠陥があるにもかかわらず、理解可能な類型が確認できるので、以下私はそれを分析する。

労働者の抵抗と植民者のパニック、共産主義の脅威の鎮圧

「農園の労使関係に何か不具合なことがある」。[*governor of Sumatra's East Coast*, 1929]

一九二九年一月、九人の補佐と一人のアジア人監督が、バスンブ、パガール・マルバウ、メンダリス、クノパン・ウル、ブキティンギ、アエック・パミネケ、バタン・セラン、スンゲイ・ブハサ、それにチンタ・ラジャの農園で襲撃された[OvSI 1930:48-51]。二月には一時的な小康状態があったが、インドネシア共産党〔ＰＫＩ〕の指導者やナショナリストと目された人物たちの一斉検挙が続いた。三月には、ロボ・ダラム、クランビル・ラマ、スラポー、グド

ウン・ジョホール、マバール、プル・ランブン、それにリマウ・マニスの農園で、六人の補佐と四人のアジア人監督が襲撃された。タンジュン・モラワの農園では三三人の中国人クーリーが一人の監督を襲撃し、負傷させた。スカランダ農園では補佐のアルブマン・バーグが襲われ、殺された。同月末、スンゲイ・プティ農園で作業長による虐待に抗議して、一一人のクーリーによるストライキが起こった。

四月には、さらに一四件の襲撃が報告された。マリエンダルではある補佐が一人の中国人クーリーに脅された。タンジュン・クブでは一人の補佐があるクーリーに襲撃されたが、その男は拳銃で武装した補佐に取り押さえられた。パバトゥとスンパリ農園ではある中国人監督が一人の中国人クーリーに襲われ、負傷した。タンジュン・モラワではある労働者が作業長と女のことで言い争い、彼を負傷させた。シンパン・アンパットとスンゲイ・ブハサでは、複数の労働者が一人の補佐を襲撃した。ブル・チナでは一人の中国人労働者が、ある監督を「手荒に扱った」。アドリナではあるジャワ人女性労働者が一人の女性監督を脅したが、取り押さえられた。クルンパン農園では一四人の中国人クーリーが監督長を殺そうとしたために、一年半から八年の実刑判決を言い渡された。バンダル・クワラではあるイギリス人補佐が、一人のジャワ人クーリーに重傷を負わされた。タンジュン・ジャティ、タンジュン・ブリンギン、バンダル・クワラのプランテーションでは、補佐たちが中国人、ジャワ人労働者に脅迫された。

五月には、パジャ・バコン、シンパン・アンパット、ベキウン、それにナム・トラシの農園で三人の監督が脅され、襲撃された。六月にはさらに六人の監督と四人の補佐が襲われた。七月には二〇人のクーリーがある監督を脅し、パルナボラン農園ではある補佐の妻が殺された。この事件のニュースは全蘭領インドに拡がり、現地人にたいして政府は寛大だとみなされる施策を日頃批判していた人々には有名な裁判事件となった。同月、アドリナとスンパリの農園で二人の補佐が脅され、襲われた。八月には二人の補佐が脅された。九月には何も事件は報告されていない。一一月には二人の補佐が襲われたが、一つのケースは作業長による事件であり、二人の監督が襲撃された。最後に一二月には、日本人補佐、イギリス人補佐、それに事務官兼補佐が襲われ、主任作業長が殺された。

合計すると六五の農園でそうした事件が起きている。そうした農園をスマトラ東岸の地図上にプロットしてみると、隣接することなく広範に広がっていることがわかる。プランテーション地帯の南と北の端にまで広がっているが、メダンを囲む農園にやや集中している。前にも指摘したことだが、そこでは混乱はすぐに報告される傾向にあった。襲撃は多年生作物を作る新しいプランテーションだけではなく、古いタバコ農園でも起きた。また同じ農園で繰り返し襲撃が起きたこともあるが、特に普通ということではない。一一の農園で二つの事件が報告されているが、三回の攻撃が報告されている農園が一つだけある。襲撃が頻繁に起こることは普通ではなかったということを示しているが、確かではない。他方、『クロニーク』誌から得られた数字は補佐への四三の攻撃例と、職長への攻撃が三〇例記録されているだけである。だが、『労働査察官報告』は、同じ年にそれぞれ六一例と一四三例の攻撃例を挙げている。同報告では関係している農園の名前は出されていないので、少なくとも補佐への一八例の攻撃と職長への一一三以上の攻撃が起きたこと、また同じ農園で頻発しえたことを意味している。

この頃、ヨーロッパ人と現地人の報道機関はこうした事件のいくつかを取り上げ、既存の労働状況にたいする不満をそれぞれの立場から公的に広めるためにそれを利用した。罰則条項廃止を擁護する機関は、ある補佐を殺したと告発されたクーリーの三月の裁判を利用した。それと同じく、その数カ月後にパルナボラン殺人事件がその反対者に利用された。法廷での供述書に記録されているように、労働者のジュマディは、仕事の終わる数分前に帰宅しただけだったが、労働者は与えられた仕事が終わるまでは帰宅してはいけないという少し前に改定された規則を盾に、補佐のアルブマン・バーグは彼の賃金を削ってしまった。自分が処罰されたことを聞いて、ジュマディはナイフでバーグを刺し殺してしまった。

ここ数年の襲撃事件の多くのケースのように、この事件の直接の引き金はつまらないことであり、たしかに殺人を容認することはできない。おそらくこの理由で『デリ・ニュース《プワルタ・デリ》』紙は、この事件を取り上げて公的な調査をなし、法廷でのすべての議事録を連載形式で公刊した[18]。バーグを殺したのは実際にはジュマディではない、また本当に悪いのは補佐のバーグではない。ジュマディの爆発は不正な支配とみなされるものへの、多くの労働者の怒りであり憤りであった、と同紙は社説で主張した。『デリ・ニュース』紙のその後数日間の見出しを読むと、彼らがいかにその批判をおおっぴらに浴びせたかが読み取れる。

罪を犯したのはクーリーのジュマディではない、補佐のバーグを殺したのは罰則条項である。
罰則条項は殺人者になってしまった。

しかしながら、ヨーロッパ人コミュニティではその襲撃は、バーグとジュマディの「個人的な問題」によって起きた、とまだ理解されていた。『デリ・ニュース』紙はこの結論を受け入れるのを拒否し、手近にある本当の問題から関心を逸らせるために、植民者によってしばしば発動された正当化だと主張した。最終的にジュマディは絞首刑ではなく、一五年の禁錮を宣告された。それはヨーロッパ人には最悪の評価を受けたが、インドネシア社会からは熱烈に評価された。法廷の判決が読み上げられた翌日、『デリ新聞《デリ・クーラント》』はインドネシア人がその殺人事件を「忍び笑いしながら」受け入れていると警告した。『デリ・ニュース』紙はヨーロッパ人報道の歪曲を告発することで応えた。そして、「危険分子」（ヘファールッケ・エレメンテン、マレー語ではなく、意図的にオランダ語で書かれている）と題する記事で、特定のクーリーたちよりもヨーロッパ人報道の方がその使い古されたレッテルにぴったりだと主張した [*Pewarta Deli* 3 Apr. 1929]。

植民者は暴力の蔓延を恐れていたが、もっと正確にはその集団的な性格を恐れていた。だが、『クロニーク』のレポートから明らかなように大多数の襲撃は個人によって起こされている。二〜三人しかいないのは五つの事例のみで、一〇人以上が含まれているのは八例あった。他方、すべての植民者の恐怖に根拠がないわけではなかった。労働者によってなされた集団的な行動があったが、ほとんどの場合には物理的な襲撃よりは、労働拒否という形をとることが多かった。共産主義者がその根底にはすべている、と植民者の間でマッカーシーのような確信を呼び起こしたのは、こうした集団による行動、とりわけ以下のケースのような一貫した抵抗であった。

メダンの北西、ビンジェイの町の外にあるタンデム農園のクーリーの間に、一九二九年四月初め「不穏な雰囲気」が増しているると報告された。前年の共産主義者の反乱を煽動したと批判された五人の同僚の逮捕に抗議して、少なくとも三七人の中国人労働者がメダンまで行進した。抗議した労働者たちは直ちに本国へ送還された。一方、警官が農園をパトロールするために派遣された。四月末にもまたトラブルがあった。一〇三人のクーリーが、ある職長が解雇されるまで仕事を拒否した。法廷は彼ら全員に一カ月の拘留を宣告したが、その後六〇人以上の労働者が中国に送還された。残った労働者が農園に戻り、再び労働拒否をやると、彼らは禁錮三カ月以上の実刑判決を言い渡された。六月には、六〇人の労働者が再び労働拒否を行ない、それは警察に鎮圧されるまで続いた。厳しい監視を続けた結果、ある「秘密組織」がタンデム農園で発見され、法廷はメンバーだと申し立てられた二六人に四年の禁錮を科した。[OvSI 1930:30-31]

タンデムでの事件にかんするヨーロッパ人新聞の報道は、それを共産主義者による暴動の温床だと書いた。しかしながら、『デリ・ニュース』紙はいくらか異なった見解を示し、オランダ人新聞は自分たちの利害に適合させるためにその事件を大げさに報道していると非難した。「クーリーの間の共産主義」と題された一九二九年六月以降の記事で、タンデムでの行動は異なった観点から報道されている。

タンデム農園の今日の状況はさらに悪化している。クーリーたちが手に負えなくなってきたので地区警察の一分隊がそこに駐屯した、とわれわれは昨日報じた。何十人という労働者がすでに拘留され、騒乱状態を煽動し、トラブルを助長し、労働を拒否していると非難された。農園労働者の間に中国から来た煽動者がいる、とオランダ語新聞は報じている。おそらく彼らは、労働者蜂起を煽動する意図で共産主義のプロパガンダを行ない、秘密結社を組織しているのだろう。こうした煽動者でリーダーたちはずっと逮捕を免れてきて、いまだに特定できていない。警察は今、クーリーのなかで誰が首謀者であり、誰が彼らを抵抗に駆り立てているかを見いだそうとしている。農園の安全は深刻に脅かされてきた。拘留された何十人という労働者がいるけれども、クーリーたちはいまだに当局とあえて闘おうとしており、進んで仕事をしようとはしていない。かなりの数のクーリーがすでに逃亡し、捕まった者は少ない。

そうしたことは農園の安全性にかかわるニュースである。こうしたクーリーたちは社会的な存在であり、彼らは幸福な状態とトラブルの違いを知っている。……もし彼らが逃げてしまって、これまでのような混乱をもたらすならば、彼らは面倒なことに引きこまれ、プランテーションでは安全ではないということを知っているはずだ。数十人のクーリーが最近地区法廷に召喚された。彼らは労働に積極性が欠けることや、命令無視で告発された。クーリーたちはある職長の下で働くことに満足していない、農園の仕事に戻るくらいなら監獄にいることを選ぶとはっきりと弁明した。彼らが申し立てた理由によれば、職長はクーリーをよく殴り、過度に厳しく、不適切な仕事を課した。職長は以前あるクーリーを殴り、そのためクーリーはその後死んだ、とクーリーたちはさらに告発した。この殺人事件はその後当局によって調べられたが、職長を起訴するのに十分な証拠はなかった。われわれは警察を批判していない。捜査はなされたのである。[訳注七]憲法によれば、証人や証拠無しには判決は出せない。だから、職長は裁判にはかけられなかった。彼に判決が下りなくても、証拠がなくても、一つのことは確かである。つまり、クーリーたちはその職長の命令を受けたくないということである。確かにクーリーたちは頑固で、闘うのを好むし、秘密結社を組織したとしても、後一つのことは確かである。つまり、彼らがこうした行動を起こした理由は、この職長の下では彼らは不安であるということだ。

クーリーたちは訴追され、同職長はタンデム農園で職長として留まった。これがあらゆるトラブルの根本にあるものだ。すべての悪事はクーリーたちが負わねばならないのか。農園当局者の責任は免れたままでいいのか。農園が同「職長」(タンディル）を追放していたならば、あるいは彼を労働者との接触から引き離していれば、農園での共産主義者のプロパガンダのことを聞くことはなかったであろう。また二五人の地区警察を派遣する必要もほとんどなかっただろうことは確かである。また政府当局と警察が農園問題で時間を浪費する必要もなかったであろうことも。

農園でのそれぞれの騒動には一つの原因があるものだ。クーリーは、補佐、職長、それに他の管理者から取り扱われるやり方に不満を持っているということだ。混乱はこうした造反の感情が無視されるから起きるのだ。農園管理者は彼らの背後にある罰則条項の行使権を持つがゆえに、またクーリーたちにたいしてとてつもない権力を持つために、彼らの不満を無視できる。この法的な権利は「農園支配人」（トゥアン・クブン）がクーリーを襲い、彼らにトラブルを起こさせる原因となっている。

これが農園での一般的な状況であり、タンデム・プランテーションで起きたことである。クーリーたちは要求が無視されると、苛立った。この感情が大きくなり、暴動へと突き進んだ。こうした混乱が起きた時に、人々はそれを共産主義だと呼んだ。わが植民地国家で共産主義者とレッテルを貼られることに多くを要さない。共産主義者であれ、過激派であれ、あるいはたとえどんな「主義者」であれ、正義と真理だけが平和をもたらせる。それがすべてのトラブルを解決する「鍵」である。［*Pewarta Deli* 28 June 1929］

『デリ・ニュース』紙のスタイルは、いくつかの点で典型的である。特に政府と農園当局にたいして主張を行なう時に、現地人のメディアに頻繁に用いられた、皮肉、あてつけ、無遠慮さの使用の点で典型的である（しかしそれほど巧みな主張をなした例はほとんどない）。その敵対者と同じく『デリ・ニュース』紙は、農園から発生した共産主義運動が実際のところあったかどうかという疑問を周到に取り扱った。あるかないか断定する代わり、同紙は植民者の恐怖感につけこんだ。つまり、共産主義者という言葉は、労働システムの不正から関心を逸らすために採用されたレッテルであるというのだ。また同時に、罰則条項が廃止されなければ、共産主義者の脅威にたいする植民者の恐怖が現実へと転換されるであろうと主張した。

植民者と同じく『デリ・ニュース』紙も、しばしば自分の主張を大げさに述べている。たとえば、その職長が適切に訓練されていたならば、タンデム農園には問題がなくなるであろうと主張している。しかし記事の主要な論点はこうである。「争議に共産主義、過激派、あるいはたとえどんな〝主義〟のレッテルを貼り付けたとしても、労働者蜂起の主要な原因は外部からのアジテーションという幻影のなかではなく、社会関係（生活と労働）によって作られた緊張のなかで解決されなければならない、ということだ。

全面的にではないが、植民者と政府の役人はこのことを認めている。この時期に書かれた多くのレポートが、労働者のより良い処遇、より高い賃金、住宅の改善、もっと多い自由時間――妥当な範囲内では当然のこと――それに男女の比率を可能な限り同程度にすること、という勧告からとりかかった [KvA n.d. *Vertiende*:104]。三年未満の農園経験しかない補佐がより多く襲撃されていることがわかると、新たに採用された補佐が「発達段階の低い」労働者の言語や習慣それに精神構造にもっと早く慣れるために、より改善された訓練プログラムも勧告された [ibid. 93]。

だがデリの労働者蜂起で理由として見いだされた大部分とそれを緩和するために模索された解決策は、労務管理を適切に行なうことと警察の保護が十分でないことに集中していた。この点で『労働査察官報告』は新たな攻撃を受けた。一九二六年のプラウマンディ・スキャンダル以来、査察制度は徹底的かつ集中的に行なわれ、査察官の「抜き打ち」訪問も行なわれていた。だが、それには多くの植民者が断固として反対した。農園支配人らは査察官が労働者に直接話しかけ、それによって支配人の地位を傷つけること、とりわけ「最悪の農園構成分子」と差し向かいで話すことに反対した。「ゴム植民者協会」の示した解決策は、すべての抜き打ち訪問の禁止と、労働者が共同で（またもっと容易に）彼らの不平を申し立てられる集会を認めないことであった。

非難はアジア人職長にもまた集中した。クーリーに襲撃された数が激増したことで、もっと危険な方向に進んだ。つまり、ヨーロッパ人職員への襲撃に作業長や職長が参加し、彼らは労働争議で労働者の側についたので、外国支配に反対する政治組織や秘密組織の会員であると噂された。労使の間を行き来する者としての、彼らの忠誠心に信頼が置かれることはもはやなかった。会社のなかにはジャワの農業学校のインドネシア人卒業生を任命することを提案した会社もあった。彼らはヨーロッパ人補佐に責任を負い、職工長を監督し、それによって白人管理者がクーリーを直接指揮するのではなく、ワンクッション置けるようになった。これは農園にいる現地人の間で監督する者と従属する者との、階級を基礎とする明瞭な区分を生み出すことになった。

『デリ・ニュース』紙は、この分裂をもたらす戦略にたいして、その背後にある意図と意味について詳細な論評を書いて直ちに応酬した。そうした役割を果たそうとするいかなるインドネシア人も民衆を搾取する共犯者である、またその結果として裏切り者として扱われること、を明確な用語で警告した。その制度の実施は数年間遅延された。しばらくは「高い資質をもった」職長を厳格に選ぶことと、外国企業の利益への彼らの忠誠心を確保するために、高い賃金を支払うことが解決策として求められた。

叱責すべき対象がいささか拡散したとしても、集団的な労働争議という示威運動は、その根底においてナショナリズム的あるいは共産主義的であるという、権力を持つ人々の基本的な主張に揺るぎはなかった。タンデム事件は別にして、他のいくつかの事件に特別な関心が持たれた。一九二九年五月、一九三〇年五月一日の蜂起を計画するのが主要な目的であった「ジャワ人ナショナリスト組織」の成員として、一六人が逮捕された。ヨーロッパ人報道機関のニュースは、ナショナリスト煽動者の存在を強調した。それへの報復として『デリ・ニュース』紙は、「農園のナショナリスト、彼らは共産主義者よりも人騒がせなのか」と題する記事を掲載し、ヨーロッパ人報道機関が状況を不正に脚色して、「新聞を読む者なら誰もが、クーリーはすでにナショナリスト運動に巻き込まれ、スカルノの影響下にあると考えている」と非難した［*Pewarta Deli* 9 May 1929］。記事はさらに続く。

小さな事件が起きるたびに、あたかもクーリーたちは非難されるべきであると期待することが一般化され、挙句の果てには、このことと、ナショナリストは農園に野火のように広まってしまったという見解を、彼ら〔『オランダ人新聞』〕は混合してしまった。……非難すべき共産主義者はいなかった。だからオランダ語の新聞はナショナリズムを非難することに転換したのである。これは火遊びであって、彼らは手に火傷を負うだろう。ナショナリズムを公然と非難することは、鼠の害に悩んでいたら家ごと焼いてしまえ、というに等しい。

一週間後に『デリ新聞《デリ・クーラント》』紙の記事は、ナショナリスト運動を労働者の煽動に結びつけながら、スンガイ・トゥアン農園での別の事件を取り上げている。別の所で、コタリでの出来事〔本章一〇九–一一二頁参照〕とスンガイ・トゥアンの出来事とはおそらく結びついていることが囁かれている［OvSI 1930:32］。以下の話は『デリ新聞』からの引用である。

しばらく前にデリから来たジャワ人老女が、スンガイ・トゥアン農園近くの村に住みついた。ひっきりなしに人々が彼女の家にやって来るので、人々は結婚式の行列が近づいていると思った。毎週金曜日の午後、彼女は村人を集め、宗教のことを話した。しかしそこで話されているのは宗教のことではなく、ナショナリズム運動であることがすぐにわかった。そのことは地元の当局の関心を引いたが、大した問題ではないと考えられたので、そのまま放置されていた。しばらくしてもっと多くの情報が集められた。その結果、毎週行なわれるその集会に参加を希望する者は誰でも二五ギルダーの寄付をし、ときどきは米、鶏、卵などを持参したことが明らかになった。そうして集められたお金と物を売って得た利益は、一九三〇年五月の蜂起に使われるはずであった。

十分な証拠が当局によって集められた時、主任職工長、職工長、それに一四人のクーリーが逮捕された。主任職工長がその運動に参加していたのは本当に驚きであった。彼は過去二七年間もスネンバー社のために働いていて、行政に「信頼された者」（フェルトラウエンスマンの直訳）〔リエゾン・マン〕であったからだ。さらに、ここでは外部の者との多少なりとも定期的な接触があった。真夜中に二度、彼女の家の前に自動車が到着した。もしそれが真夜中でなかったならば、異常なことではなかったであろう。［*Deli Courant* 15 May 1929］

その老女はすぐに逮捕され、「蜂起」は回避された。だがこのストーリーは少なくとも一人の東岸役人によって「過激なナショナリストは静かに座っていることはない」ことを示す「教訓的な」事例として使われた。彼は見かけ上の静穏について発言するためにこのことを使った。

それどころか、彼らは自分の行動をごまかすために、見かけは害のない手段を用いている。……それを、東インドにはもはや騒乱の種はないと考えている人々への警告としたい。政府は一九二六年よりは警戒している。しかし一旦彼らが行動を起こし反乱が起きれば、数年前よりももっと深刻な事態になるであろう。ごたごたが起きようとしている。農園の［白人スタッフの］安全が急速に脅かされているのはその兆候だ。［Treub 1929:24］

その後の数カ月間に、さらに多くの秘密結社が「プランテーション地帯」全域で摘発された。六月、タンデム・イリール農園での反乱を煽動した咎で二三人の「首謀者」が逮捕され、「共産主義的傾向」を持つ秘密結社が放逐された。七月には、六人のクーリーと一人の職工長が「望ましくない分子」としてジャワに送還された。チュキール農園では一二人のクーリーが煙草小屋に放火したとの嫌疑で告発された後、本国に送還された。同月、それぞれメダンの南一五〇キロに位置するキサラン、バー・ジャンビ、ティニョワン、それにタンジュン・ブリンギンの農園では、共産主義活動をしたために六〇人のクーリーが逮捕された［OvSI 1930:32］。八月、ある秘密結社のメンバーと噂されたバンダル・ネグリ農園の一〇人の「望ましくない分子」はジャワに送還された。グドン・ジョホール農園では、五一人の中国人クーリーが賃金問題からストライキを敢行した。九月、コタリ農園で再びトラブルが発生した。この時は二九人のジャワ人労働者が秘密結社のメンバーであるとの理由で逮捕された。一一月、カノパン・ウル農園から二七人のクーリーと一人の職工長がジャワに送還された。同月、タンジュン・ブリンギン農園の四〇〇人の労働者が賃金の恣意的なピンはね——であると彼らがみなしたこと——に抗議して「騒動を起こした」。

一九二九年には「望ましくない分子」として送還された労働者の数は前年の二倍に増え、一〇〇〇人をかなり超えた。(19) 東スマトラ州知事ファン・サンディックによれば、彼らの大部分は政治的に望ましくない者か、デリに「真の目的を隠して」やって来た人々であった。七月までの間にも労働争議や襲撃が頻発したので、「ゴム植民者協会」や「デリ植民者連盟」がバタヴィアの東インド総督に秘密裏に共同で請願を出し、とりわけ罰則条項の廃止は安全と平和の観点からさらに延期されるよう、また警察力をもっとデリに補強するよう依頼した。

パルナボラン農園で労働者サリムによる、補佐ラントザートの妻の殺人事件によって、その時まで使用が控えられてきた抑圧的なメカニズムが、二九年七月動き出した。それに先立つ数カ月間に無言のパニックの衝撃はしだいに大きくなり、全東インドに広まった。デリ在住の一六七人のヨーロッパ人女性がウィルヘルミナ女王に保護を求めて電報を出した [OvSI 1930:4; Said 1977:164]。ジャワで発行されている新聞が「モスクワ-デリ・コネクション」を推測する一方、ジャワにいる東インド総督は「秩序を回復する」ために軍隊を派遣した。事件の一週間後にサリムの裁判は始まり、五日後彼は判決を受け、一〇月二三日絞首刑に処せられることが決まった。

法廷議事録（現地人向けメディアでもヨーロッパ人向けメディアでも公表された）によれば、サリムは妻が住んでいる所からはるかに離れた農園に異動になったようである。数日間彼は、主任職工長と補佐のラントザートに自分の妻も帯同させてほしいと懇願した。だがおそらく彼女はすでに別の男性の子供を妊娠しているという理由で、その要求は拒否された。サリムは問題が解決するまで働かない、と事務所の職員に言った。しばらくするとサリムが問題を起こしていることに腹を立てたラントザートは、警察に突き出すとサリムを脅した。三日後自分の妻がまだ引っ越してこないため、彼はラントザートの家に行き、彼が不在だったため、彼の妻を刺し殺した。

別の説も出まわっている。状況をもっと詳細に検討するためにパルナボランに行った『デリ・ニュース』紙の編集長、ハッサン・ヌル・アリフィンによれば、ラントザートはサリムの妻を自分の愛人にして、サリムのいる所へは行かさない、と決めていた[Said 1977:165; 1976:157-61]。これは裁判では出てきていない。事情聴取で主任職工長は、サリムの妻は実際のところ妊娠していなかったけれども、サリムの許へ戻るのを望んでいなかったと、証言した。

一九二九年七月二四日の『デリ・ニュース』紙は、裁判での証言に満足していない。他の多くのクーリー裁判と同じく、サリムは自分の主張を展開できなかったし、その事件の背後にあるもっと一般的な状況に発言できなかった。同紙は裁判所が無視した問題をさらに追及している。もちろん検察当局は、サリムに共産主義者の新聞を読んでいるかどうか、共産主義者の組織に所属しているかどうかを訊ねている。ラントザートはなぜサリムの行動にそんなに簡単に激怒したか、あるいは新地区〔サリムが異動させられた農園がある〕で主任職工長が二人のクーリーを〔サリムが新しい部署に来る前に〕なぜ解雇したのかは質問されていない。こうした問題は無視しえない問題であることが明らかになった。パルナボランの行政官〔ラントザートのこと〕は、そこで虐待事件が頻発し、農園での一般的な労働者蜂起が多発するので、裁判後ひっそりと解雇された。

『デリ・ニュース』紙がパルナボラン事件を不正な労働制度から予想される問題と大いに関係があると報道したことで、その事件からしっかり自分たちの利益を搾り取ろうとしていたヨーロッパ人コミュニティからの厳しい否認に直面した。七月末に、ラントザート夫人殺人事件に傲慢な態度を取り続けているということで、『デリ・ニュース』紙に広告を載せないよう、デリの全商社に秘密の文書が回覧された。すぐに別の会合が開かれ、同紙だけではなく、「すべての反西欧的なマレー語新聞」にも広告を載せないことが決定された。三日後、『デリ・ニュース』紙の編集長は警察の事情聴取に呼ばれ、新聞は一時的に休刊された。弾圧は相当進んでいた。その数カ月前から警察情報機関の取り調べを受けていたクスママントリは最終的には逮捕されたが、六年も前に共産党の活動に参加したということにかこつけていた[OvSI 1930:33]。

裁判長がパルナボラン殺人事件は、過激派の活動とは無関係であると公的に表明したにもかかわらず、それは植民者や政治家が市民権をさらに抑圧する理由としてこの事件を利用することを妨げなかった。一九二九年七月一六日、メダンの二三〇〇人のヨーロッパ人が集会を開き、政府の弱腰を嘆き、彼らの利益を守るため強い手段がとられるべきことを要求した [ibid. 45; Reid 1979:39]。これと同じ気持ちから、祖国クラブ（ファーダーランセ・クルブ Vaderlandsche Club）と名づけられた右翼的でファシストにつながる組織がデリに設立された。ジャワでの場合と同じくその成員は、ほとんど「植民地行政機構と商工業の主要な地位を占めていた」[Drooglever 1980:348]。

警察が増強され、政治的煽動者にたいする罰則が強化されたにもかかわらず、労働争議や襲撃は衰えなかった。パルナボラン事件のたった二カ月後に、アルル・ガディン農園の支配人が二〇人のクーリーに襲われ殺された。職工長一人を含む五人が裁判にかけられた。サリムへの聴取とは対照的に、証人の証言はその襲撃が起きた暴力的な文脈をはるかに鮮明にした。被告によれば、職工長と労働者のいい関係を、支配人ウォーラーが不適切と判断して、職工長を処分したために襲撃は引き起こされた。その殺人事件にも関与している新職工長は、裁判で、クーリーを進んで殴ろうとし、殴るのを恐れない連中だけが監督する地位に昇進できたことを証言した。他の労働者はウォーラーによるすさまじい暴行と虐待を証言した。彼は支配人になるや、労働者に課せられた仕事を増やし、体罰の頻度を増した。こうした情状酌量の余地のある状況にもかかわらず、デリの政治風土は労働者に共感を起こすようなものではなかった。一九二九年一〇月、四人の労働者が絞首刑を宣告され、一人は一五年の禁錮を言い渡された。しかしパルナバラン事件と同じく、過激派の活動との関係を示す証拠は何もなかった。

タンデム農園での一貫した労働者の抵抗のケースにおいてでさえ、政治的動機の証拠はなかったし、いわんや外部の政治的煽動を示す証拠はまったく見つからなかった。一つの有名な例外がコタリ農園である。そこでは相互扶助と「クトップラ」（東ジャワ起源の大衆劇）の連盟が、一九三〇年五月決行予定のオランダ支配への反乱の計画と資金作りの前線をなしていたと噂された [*Pewarta Deli* 16 Nov.; 2-4 Dec.1929]。その筋書きを密告した主任職工長と証言するよう召喚された他の労働者たちによれば、別の主任職工長のサエランがその組織を仕切っていた。数カ月前に召集された最初の会議の時に、彼は会費を徴収し、そのお金は米を買うのに使われ、さらにオランダ支配を打破する計画で用いられるべき武器をジャワから輸送する費用に当てられると、言った。その反乱に参加すれば、権利上彼らのものである農園の土地が手に入る、と彼は約束した。というのは、プランテーション地帯を拓くために働いたのは彼らであって、外国人ではないからだった。

サエランは野外での集会や陰謀の存在を頑なに否定したが、二〇人の労働者が彼と彼の仲間に不利な証言をして、その集会が開かれたこと、少なくとも七〇人のメンバーがいて、二つの秘密組織と一五人の指導者がいることを立証した。サエランは四年の禁錮に処せられ、他の一四人はそれぞれ二年の禁錮を言い渡された。

この事件はすべてのヨーロッパ人の発行する地方新聞で「共産主義者事件」と呼ばれたが、㈠サエランが共産主義者であった、㈡組織は外部の支援を受けていた、あるいは外部の煽動の産物である、㈢外部からの支援は共産主義者が淵源である、ことを示す証拠は何もなかった。実証されたすべて（われわれが知るすべて）は、少なくともデリの一つの農園において純粋に経済的な要求を超えた、政治的な闘争に実際熱心に取り組んでいた労働者がいたということである。

一九二九年の出来事を検証すると、いくつかの類型が明らかになる。第一に、『労働査察官報告』、『クロニーク』、それに現地人新聞とヨーロッパ人新聞に見られる集団による襲撃や大衆的な労働争議などの深刻な事件の大部分からは、共産主義者の影響や外部からの煽動、あるいはプランテーション内部の政治的動機でさえも、証拠はほとんど示されていない。国家、会社の当局者にとって、コタリは共産主義者の反乱の存在が実証されたケースである。われわれにとっては、仮にではあるが、（逆の）基準を確信させるのがその例外である。つまり、外国の支配権を侮蔑し、それに抵抗するには共産主義者の助言を必要としなかったということである。コタリは真実の筋書きが労働者自身によって認められた数少ない事例の一つであるというその事実は、大部分の抵抗と暴力の表出は近視眼的に理解されてきたこと、そうした抵抗が農園を基礎にした不満に集中していて、プランテーションや他の形態で示された植民地的支配への基本的な反対ではなく、ましてや資本主義的支配への反対ではまったくないことを示している。

第二に、集団による労働の拒否で示された労働争議の大多数は古いタバコ農園で起きているようで、一方、襲撃は全プランテーション地帯に拡がっていると思われる。こうした二つの抵抗の形式の分布と質がはっきり異なることは、当時のタバコ農園と多年生作物農園が持つユニークな労働状況と、異なる経済的な地位の反映である。

一九二五年から一九二九年にかけて、ゴムとアブラヤシはかつてないほど拡大した。ゴム園は一八万八〇〇〇ヘクタールから二五万五五〇〇ヘクタールに増大した。アブラヤシは同期にほぼ倍増した。もっと多くの地域が開墾され、植栽され、ついには規則的な生産がもたらされるようになるにつれ、労働の必要もそれに応じて増大した。同じ期間に労働力は一〇万人も膨れ上がったが（一九二九年だけで三万六〇〇〇人が新規採用者）、「ゴム植民者協会」は四万から六万人の労働者がどこでも不足しているとはじき出した[*Pewarta Deli* 14 Dec. 1929]。特に新しい農園では、会社は労働者をある部門から別の部門へ移し、ときどき、ある農園から別の農園へ異動させた。労働者がこうして頻繁に異動することや、新しい労働者がその場しのぎのバラックに住みながらたえず流入してくることは、労働者間の結束が一時的で、集団的に計画が練られ、一貫した行動を助けることにはならないのは驚くべきことではない。他方襲撃は、それが単独であれ集団であれ、普通、計画とか長期の協力はほとんど必要ではない。

タバコ農園では状況はまったく異なっていた。一九二五年から一九二九年にかけてデリのタバコは、一梱《こり》当たり二三〇セントから一三五セントへと半額になった。タバコ園は拡大していない。こうした不利な経済の状況下では、会社は生産コストを下げるという厳しい圧力にさらされていた。そうした高度に労働集約型の産業では、生産コストの削減は労働コストを下げることを主に意味していた。タバコ地帯で一九二九年に起きた多くの争議は、労働者の所得が前年と比べ下がっていることに正確に対応している。さらにタバコ農園では労働力を拡大していない。むしろ、その数を減らしている。しかも、雇われた者は同じ農園にしばらく居住していた。かくして不満を醸成する新たな経済状況があり、長期に雇用されお互い親密に結ばれた労働者がいた。

最後に、大規模な抵抗の多くは中国人労働者によるものであって、ジャワ人によるものではないということは無視しえない。この事実が記録文書で指摘され、議論されることは決してなかったことには、立派な理由があった。それは、労働者蜂起はジャワから来たナショナリストや共産主義者のプロパガンダの産物であるという、多くの植民者や政治家の主張を覆してしまうからである。民族性の違いは別にして、タバコ産業（大部分の中国人が雇われている）は労使関係にまで浸透した危機の真只中にあって、そのことが種々の形態の労働者の抵抗がみられることを一部説明するだろう。低俗な戯画化ではあるが、中国人労働者が（タバコ農園で）集団的な抵抗に訴え、ジャワ人労働者が（ゴムやアブラヤシ農園で）暴力的な襲撃をすることを説明する名言が植民者のなかにあった。

中国人労働者の賃金をカットしてもいいが、半セントのカットでさえ正当な理由づけをしないと、面倒なことになる。中国人には誇りもなく、馘にしてもいい。気にするな。だがジャワ人労働者の場合、馘にはできないが、賃金をカットしてもいい。気にするな。別の日には、別の賃金を払えばいい。(20)

大恐慌の犠牲者

一九三〇年を通して労働者蜂起が沈静化する兆候はなかった。監督業務をする人員への襲撃や脅迫の総数は、一九二九年と実質同じであった。『クロニーク』〔『スマトラ東岸研究所報』〕は再び、平和はアジテーションによって深刻に破られている、「だがヨーロッパ人、現地人、中国人監督者への襲撃がどの程度まで過激派のアジテーションに関係づけられるかを決めるのは困難だ」［OvSI 1931:36］と記した。

一方、現地の人々が発行する新聞への検閲が厳格に実施されるにつれて、『デリ・ニュース《プワルタ・デリ》』紙の罰則条項にかんする社説は、頻繁には書かれなくなった。プランテーション労働者にかんする記事は、ヨーロッパ人の管理にたいする自由で皮肉な批判から、自明なほど詳細な「事実に基づく」報告に力点が移った。たとえば三月に、「ラテックスを入れる容器の汚れで一二日間の拘留」と題された短い記事は、ばかばかしいほど過剰な罰則についてほとんどコメントが要らないほどだ。逃亡クーリーや打擲についての頻繁な記事、食べ物の不適切な割り当てや取るに足りない違法にたいする重い科料にかんする報告などは、農園の労働システムが不当であり、劇的な改革を必要としていることを示していると指摘した。

しかし、一九三〇年代半ばに大恐慌の影響がデリに達するにつれて、こうした記事でさえ頻繁には書かれなくなった。他方、労働争議は続いていた。プランテーション地帯の最西端地区にあるバー・ブトン農園とそれに隣接するいくつかのプランテーションでは、四〇〇人の労働者がイスラム暦の祭日の一つを完全休日とするよう要求してストライキに参加した。あるタバコ園では四〇人の中国人労働者が、ある監督の解雇を要求した。一九三〇年七月には三五人の中国人労働者が、賃金問題で仕事を拒否した。そして次の日に二〇〇人の労働者が、乱暴な作業長に抗議して騒いだ。労働査察官と警察の到着でほとんどの労働者は仕事に戻り、最終的にはその作業長は解雇された。

八月の初めに六五人の労働者が、労働者に配られる米の配分で不正を行ない、休日作業を強制した補佐の解雇を求めて、ストライキを行なった。その補佐は異動させられ、米の配分は再調整された。八月には中国人タバコ労働者がスローダウン・ストライキを敢行した。九月には、新たに補充された一一人の中国人が賃金のことで働くのを拒否した。それで、彼らは直ちに中国へ送還された。別の所では、多くの中国人労働者が現金前払いの計算法に抗議したが、警察が逮捕にやってくると仕事に戻った [KvA n.d. *Vijftiende*:133-35]。

現地人の政治組織の活動は厳しく抑制された一方で、右派ヨーロッパ社会の政治的組織は地歩を固めつつあった。

祖国クラブは四〇〇人の会員を擁するまでに拡大し、キサラン、シアンタル、それにビンジェイに支部を持った。大恐慌の厳しさが一九三〇年代半ばにもっと明らかになると、植民地政府の優先事項が、アジア人労働者の仕事ではなく、外国資本の保護に集中することを保証するために、別の政治的・経済的な組織が設立された。一二月に「完全な経済的な破綻をもたらすであろう……困難で費用のかかる社会法」を撤回させるために、植民地労働者連合が設立された [OvSI 1931:40]。

しかし大恐慌は世界規模の「崩壊」であるので、一介の地方植民者が回避するには明らかに力不足であった。唯一の問題は、どの程度まで会社は恐慌を会社の有利になるように利用できるかということであり、その答えはヨーロッパ人とアジア人労働者の大量削減であった。一九三〇年五月に農園労働力は三三万六〇〇〇人に達していたが、一二月までには四万人が解雇された。そして一九三一年末にはさらに六万二〇〇〇人が馘になった。この傾向は一九三四年まで続き、その年にはわずか一六万人の労働者が東スマトラの農園全体で（不完全に）雇用され続けていたにすぎなかった。

業界は経済的には難局にあったが、労働状況の管理では洞察力があり、正確であった。何千人という労働者が毎月ジャワへ送還されたが、注意深い選別が行なわれ、最も信頼でき、素直で、仕事熱心な既婚男女だけが残った。第二章で述べたように、契約労働を廃棄する法律が折よく実施されたことがこの過程を促進した。なぜなら、会社は、雇用契約があっても、送還される労働者とその家族にたいして、法的にはいかなる責任からも解放されていたからである。

一九三一年に監督要員への襲撃や脅迫数は、前年の二二〇例から一一三例まで減少した。その数は一九三〇年代を通じて減少を続け、一九三六年には統計上最低の二五例まで減った。罰則条項に長く反対してきた人々は、襲撃数の減少は規定の停止に直接関連していると確信した（そう主張した）。他の人々はそうした幻想を描かず、襲撃数の減少は雇用している労働者が相当減少してきたからだとみなした。「善良な分子」(従順な性格で肉体的に健康)を厳格に選別することで虐待の機会はより減少し、大恐慌時代にどんな仕事であれ職にありついた幸運を手にした人々が、抵抗へ向かう刺激は少なくなった。

労働者の活動を鈍くしたさらに重要な変化があった。国家と会社の抑圧的な装置が、プランテーション労働者の居住地区に沿って、しだいに強化された。新罰則条項の可決〔一九三一年の新クーリー条例〕は管理が軽減される兆候ではなく、それどころか「ある種の軍事訓練が可能にされ、食糧の配分と医療が適切になされ、それによって労働者の体力と労働生産性が高まった」[De Waard 1934:272]。ついでに、全農園業界は生産技術の劇的な変化をみた。会社はより「近代化した」搾取を背景として利益を得た。つまり、長時間労働、低賃金、労働強度を高めることなどの絶対的な剰余価値から得られた実収入に基本的に依存するのではない。そうしたことは過剰で不正だと労働者に簡単にかつ直接体験され、暴力的な報復を正当化する。そうではなくて、企業の戦略は労働生産性、つまり、相対的な剰余価値と、生産過程における組織と技術の見直しから得られる実収入を高めることに焦点を移していった。アレンとドニソルンはこの移行をこう記している。

財政的な観点からは大恐慌は破滅的ではあったが、高価格の時代には是認されていた無駄を省くためには確かに役立った。コスト削減につながった改良——直ちに採用された、あるいは結局は採用されたとしても——のなかに、ゴムの新しいタッピングの採用、雑草をきれいに取るのをやめたこと、高収量木の導入、それにゴム生成過程で農園の工場でのより効率的な機械の使用などがある。労働者一人当たりの生産性は実質的に増大した。同時にアジア人の管理人を採用して、割高なヨーロッパ人を管理の仕事から減らすことも可能だとわかった。[Allen and Donnithorne 1962:124]

労使関係の点でこのことは、ヨーロッパ人スタッフとアジア人労働者間に直接的な接触がより少なくなり、両者間の激しやすい衝突がより減少することを意味していた。他方多くのケースで農園での雇用の物質的な条件は、以前と同じか、悪くなってさえいた[Langenveld 1978:362]。会社は労働者に「生活できる賃金」を支給しなければならないと規定した一九三一年の新クーリー条例にもかかわらず、労働査察官によってなされたその後の計算では、労働者の給与は実質的な生存のための基礎をはるかに下回っていた。しかし、全東インドを通じて、多くの労働者の収入は生存の基礎をはるかに下回っていた。つまり、農園労働者がとにかく生存のための安全を保障されていたという事実は、農村の貧困層よりもおそらく彼らはいくぶんかましだということを意味しているに違いなかった。確かに政治情勢が抑圧的で総じて貧しい時代であったので、特にプランテーション労働者の窮状を擁護しようとするいかなる団体にもほとんど刺激を与えなかった。

一九三〇年代初期に一連の法改正で現地人新聞はより多くの検閲を受けるようになり、その結果当局との公然とした対立を思いとどまらせることになった。さらに、オランダ語の新聞を除いていかなる新聞も農園内で許されなくなり[Said 1977:173]、大恐慌が始まった時に閉鎖された多くの農園内学校が後年再開されることはなかった[V. Thompson 1947:142]。ナショナリスト新聞や、その強力なナショナリスト的な感情で名声を馳せていたタマン・シスワの教師たちに労働者が接近するのを禁じることで、教育を受け十分な情報を持った人々による植民地支配への反対が少なくとも農園では育たないよう、会社はさらに画策した。

その間、地元のスルタンたちは植民地当局と密接に結託して、いかなる形であれナショナリスト的、あるいは左翼的な政治組織を潰そうと動いた。一九三二年から一九三七年までは彼らのキャンペーンは大成功を収め、スマトラの反植民地主義運動に残されたのは完全に地下に潜ることであった。一九三七年、スマトラでの反植民地運動が再現した時、そうした運動は異なった用語法で組織立てられ、罰則条項〔新クーリー条例〕を主要な論点にすることはなく、農園労働者は実際上そのような運動から隔絶された。

反資本主義・反植民地主義運動の指導的な組織としてグリンド〔GERINDO　インドネシア人民運動〕がその年に設立された。いくつかの地域では小農（大部分はカロ人で、トバ・バタック人の移住民もいた）が地元の指導者とみなされた[Reid 1979:173]。グリンドは「ジャワの農園労働者から強固な支持」をおそらく受けていたけれども[van Langenberg 1976:362]、この支持がどんな規模であれ、農園の生産を混乱に陥れ、重大で集団的な労働者のアジテーションを証明しているかどうかは証拠がない。一九三〇年代には農園労働者の集団行動にかんするレポートはきわめて稀で、それに農園当局者はほとんど何の関心も起こさなかったようだ。彼らは過去数十年間念入りに農園内の出来事をレポートしてきたけれども、以前ほど詳しく報告する必要性を感じなかった。

植民会社は、他の住民から、とりわけ、農園の土地を奪還しようと強硬意見を吐くカロ・バタック人の農民から非難を受けていた。植民地支配への大衆の抵抗は消え去ったわけではなかったが、そのありさまが形式と内容の点で変化した。権力を持つ側からの観点からすれば、プランテーション住民内の「危険分子」を取り除き鎮めるためのキャンペーンは、農園を拠点にする暴動を恐れる植民者の恐怖（とそれについての言説）を緩和するのに一時的には十分成功した、とわれわれは仮定しておこう。

植民地期デリの農園労働者による抵抗のこうした記録は、「プランテーション地帯」をはるかに越えて拡がる抗争の歴史のほんの一部を占めるだけである。不幸にも労働者の言明はしばしば記録から消され、より整然としてしかも太く響く声にかき消され、過去五〇年間の静態〔意図的に音と動きを奪われた状態〕を解読しようとするわれわれを苦しめる。その代わりにわれわれは、現地人新聞の痛烈な声に依拠してきた。現地人新聞は、農園を拠点とする政治行動はしばしば植民地エリート層の誇張された幻影にほかならず、暴力とはたんに罰則条項そのものの産物である、と示唆することに関心があった。あるいは、あらゆるすべての「混乱」を植民地支配にたいする共産主義とかナショナリズムから生じた抵抗として例外なくレッテルを貼る、ヨーロッパ人新聞や政府役人の非公式の声も承知している。こうした言説が交差し捩じれる隙間に、労働者の声はより明瞭に表われるのである――ときには、いらいらしたつぶやきとして、ときには反乱の喊声として。

ここでわれわれは、物理的な暴力を用いるが、集団的な行動をめったにともなわない対立の劇的な表明について、抵抗の一つの「声域」に焦点を当ててきた。白人スタッフとアジア人労働者間の小競り合いを通して、またこのような「曳光弾」を通して、いかなる形の反抗の社会的な実践が実行可能とみなされ、意図的に選ばれたかをわれわれは理解する［Tilly 1975:248］。そして植民者の言説から、こうしたもののうちどれが最も深刻な脅威とみなされたかを知る。こうしたものを「小競り合い」と呼ぶことは、その累積的な影響をおそらく過小評価するだろう。一九二九年以前の数十年間の労働争議には、労務管理の形式と衝突したことの証拠がある（そうしたものはしばしば個人的で、その地方特有の性質に彩られていたけれども）。その管理の形式とは、搾取の個人的な経験をそのままにする、つまり、孤立分断され、明確に言語化されなくすることを確実にする企てであった。

こうした騒擾の周辺にある出来事というのは、暴力や言語による虐待、意図的な配置換え、解雇、それに賃金カットなどの労使間の明白な対立のことである。だからわれわれは、耐え難いものとして体験された労使関係のこうした側面を位置づけ、そうした抵抗行動を正当化することができる。このようなリストから落とされたものは、優勢な植民地的秩序のなかで、少なくともジャワ人クーリーによっては表明されえない、より一般的な不満である。労働者たちが申し立てた不満は、自らの主張を擁護する人々から浴びせられた批判とは対照的に、目下の労働契約の下での彼らの権利に違反する慣行につねに向けられた。すなわち、こうした抗議は契約そのものとそれに記載されている条件の妥当性は不問にしたままであった。

これは労働者が労使関係の構造に挑戦しなかった、あるいはそのままにしておいたことを意味しない。それに反して、〔バラックから〕家族用住宅への移行、医療の改善、また罰則条項の廃止、労働生産性を高めるための技術革新は、生存のための一定の社会条件が満たされない限り、労働者自身の再生産ができないし、す゛る゛こ゛と゛も゛な゛い゛という労働者側のはっきり表現されることのなかった要求にたいする〔会社側の〕反応であった。

この観点から労働者の抵抗の結果は、労働者が意図的に、あるいは確かに階級を意識して、植民地支配に抵抗した分野に限定されない[21]。他方、クーリーの襲撃やストライキを起こした問題を、書かれた字面通りに読むことは、それに参加した者や、またその結果を恐れる者と同じような近視眼的な分析上の見解を生み出すだろう。ブローデルは次のように述べている。「いまだに燃えている情熱を持つこの歴史を、われわれは疑うことを学ばなければならない。なぜならば、同時代者によって感じられ、記録され、生きられた人生は、われわれと同じく近視眼的であるからだ」[Braudel 1972:2]。たとえその情熱が恐怖であり、勇気であり、憤激であっても、それがどのように作られるのか、どのような観念と物質的条件がそれを支えているかを理解するために、ここで私は「いまだに燃えている情熱」にこだわってきた。こうした「生きられた経験」の記録が、社会関係とその変化にかんするより権威ある記述であると言いたいのではない。その反対に私は、いかにこうした現実が構成されたのか、いかにして実行可能な社会的実践の限界が設定されるのか、いかなる条件がこうした制約を超える特定の社会階級や党派を認めたのか、などを説明しようと努めてきた。それぞれのケースにおいて、物事の秩序がいかにそしてなぜ出現したかを特定することは、それに直接含まれる時間的・空間的視野の内と外にかかわる構造的な限界を確認することを意味してきた。

要約すると、補佐とクーリーの日常的な衝突は、小規模な階級闘争ではない。むしろ、こうした事件は、階級の利害が曖昧で、それが民族的、ジェンダー、それに人種の境界にそって表出されてきた様態を理解する鍵となっている。逆に言えば、この「生きられた経験」は虚偽意識には帰せられないし、虚偽意識の分析をつまらないものにする。東スマトラにおける資本主義の発展の構造的な特徴は、明確に規定されないまま、社会的実践上いくつかの制約をはっきり示した。より詳しく説明するためには、われわれはなぜある経験がそんな「断片的で分化した形式」で現われたのか、またどのような条件の下でこうした形式が用いられ、超越されたかを問わねばならない。次章は日本占領時代と国民革命という文脈でこうした探求を続ける。

原著表紙写真（本文 xvi ページ参照）王立熱帯研究所提供。

若い契約労働者たち。20km 離れたアブラヤシ農園に行くため夜明け前にトラックに乗り込むところ（1979 年）。

比較的大規模なスラメタン（儀礼的共食）用に，米を搗くためにいまだに大勢で共同作業をする女性たち。

隣接する農園から集められた燃料用のヤシガラや薪，普通は料理のために使われる（アサハン，1979 年）。

空から見たデリのあるゴム農園（1939 年頃，熱帯研究所提供）。

スンガイ・メンチリエン・タバコ農園の主席行政官（トアン・クブン）の住宅（1900年頃，KITLV〔王立言語，地理，民族学研究所〕提供）。

アサハンにある政府農園の年金需給労働者の住宅（1979年）。

デリにあるアンゴリ・ゴム農園のジャワ人労働者用の第二次世界大戦前のポンドック〔社宅〕（熱帯研究所提供）。

発酵小屋にタバコを運ぶ鉄道（1920年頃，KITLVのご厚意による）。

ユニロイヤル社（元HAPM）プランテーションの本部事務所（アサハン，1979年）。

スマトラの茶工場（1979 年）。

ゴムのタッピングをする女性労働者。今日，北スマトラには女性でゴムのタッピングをする労働者はいないが，植民地時代にはそうではなかった（熱帯研究所提供）。

乾燥のためにタバコの葉を棒につるすジャワ人労働者（1927 年，KITLV 提供）。

ボロンドランを拾うために，多くの場合子供たちが収穫者によって雇われた。ボロンドランとは収穫時に果房から落下したアブラヤシの実のこと。

アブラヤシの果房をトラックまで運ぶ収穫労働者，シマルングンのあるアブラヤシ農園（1979 年）。

植民地時代，農園の警備員として雇われたのはたいてい，ベンガル出身のインド人だった（KITLV 提供）。

アブラヤシの木の下とまわりの除草（ガルック）と整地作業のほとんどすべてが，労働請負人に集められた女性たちによって行なわれる（アサハンのあるアブラヤシ・タバコ農園，1979 年）。

支配人宅でのデリの植民者たち（1880年頃，熱帯研究所提供）。

中国人，インド人，それにジャワ人労働者に囲まれたデリの植民者（1880年頃，熱帯研究所提供）。

デリタバコの生産
(KITLV 提供)。

タバコの葉の選別をするジャワ人女性（KITLV 提供)。

発酵工場で列になってタバコを選別する中国人労働者（KITLV 提供)。

スマトラ東岸ベラワン港に上陸する中国人クーリー（1905年頃，熱帯研究所提供）。

契約クーリーとしてデリに向かうジャワ人男女の書類審査（1905年頃，熱帯研究所提供）。

スネンバー社タバコ農園のジャワ人労働者小屋にある調理場（1940年頃，KITLV提供）。

仕事風景：月１回なされるデリの農園での現金輸送の監督作業(1890 年頃，熱帯研究所提供)。

家で：仕事の終わった後，ビールを飲んでくつろぐ。プランテーション地帯のある補佐のバンガロー（1890 年頃，熱帯研究所提供)。

メダン農園の植民者たち。愛人，その子ども，中国人執事，インド人警備員，それにジャワ人召使たちの間に座っている（1880 年頃)。初期の時代には多くの会社はヨーロッパ人従業員が妻を連れてくるのを禁じていた(熱帯研究所提供)。

余暇：象狩り，デリ農園を取り囲むジャングルで首尾よく象をしとめた狩猟隊（1920 年頃，熱帯研究所提供)。

第四章　戦争と革命──農園のバラックから見えること

前の二章では、植民地期デリの企業ヘゲモニーの本質を規定する構造的な特徴を概観してきた。また、その制約内で生きる人々とその制約に異議を唱える人々の対照的な社会的現実についても概観した。この章では、日本による占領時代〔日本サイドから見ると日本軍政時代〕とそれに引き続くインドネシアの国民革命時代における、農園住民の経験と運命を明らかにしようと思う。いくつかの理由から、この目標は容易な課題ではないだろう。とりわけ農園での労働争議の輪郭を描こうとした多数の資料があるのにたいして、独立を求める政治的闘争、武装闘争でのスマトラの農園労働者についての記録は、断片的であまり焦点が絞られておらず、その役割は曖昧で不明瞭である。

コミュニティに基礎を置くカロ・バタック人の抵抗、トバ・バタック人の戦闘性、それに日本の敗戦後にマレー人スルタンがオランダに協力した策謀を、公文書や二次資料は詳しく記しているけれども(1)、第二次世界大戦前夜に二〇万人の労働者を擁したジャワ人農園コミュニティの動きの詳細は知られていない。

当時の説明もその後の分析も、政治的・経済的混乱という逆流に流された者たちよりも、国民的でかつ地域に拠る抵抗運動の最前線にいる個人や社会集団の活動に集中していることは驚くべきことではない。しかし農園労働者はどのカテゴリーにもうまく当てはまらない。デリの植民社会の最下層民《パーリア》として、またスマトラの土地にいまだに弱々しい根しか持たず、土地権を主張する移民として、彼らは革命戦線への候補者ではありえなかった。われわれは第三章において、植民会社によって一九三〇年代に採用された労働政策──争いを好む者を排除し、また規則を守る者を留め、褒賞を与える——についてすでに記述してきた。労働力（の規模、構成、政治的感情など）についてのこうした手直しは、植民地国家による市民的自由にたいするより抑圧的なスタンスとあいまって、実力行使の余地を農園労働者にほとんど与えず、農園の境界の外で地下に潜ったナショナリストと接触する機会を奪った。

同時に、植民地支配の下での従属（それに依存）が最も明白なのは、まさにプランテーション・コミュニティの成員の間であった。そこはナショナリスト的感情がかつておそらく発達した所で、植民地機構の中枢へ近いことと、よく発達したコミュニケーション・ネットワークを利用できることで、急速な政治的覚醒と動員が可能になったかもしれなかった。だが、実のところ、そのどれも起きなかった。

ともすれば農民は受動的、プロレタリアートは闘争的だと思い込んでしまう一般的な観念があるのだが、第二次世界大戦前の基本的な社会的ヒエラルキーが、なぜそれほど強固なまま無傷で残ったかの解明が近い将来必要とされている。戦争と革命の時代に労働者の経験がいかに構造化されたかに注目するならば、農園住民の戦略上重要だが制約の多い立場を、ナショナリスト運動上決定的な地理的・政治的な空間に位置づけることは容易であるはずだ。北スマトラにおける権力をめざす闘争で、プランテーションの土地、労働、それに生産を支配することが中心的な課題であったというまさにその理由から、プランテーションの住民は舞台の中央に押し上げられた。しかしこうした責任ある地位を占めたが、革命の中枢的な役割を果たすには程遠く、しばしば労働者は闘争の行為主体《エージェンシー》ではなく、その対象であった。

一般に最も受け入れられている説明によれば、日本軍の占領は、植民地秩序に大破壊をもたらし、一九四五年八月〔一七日〕独立を宣言し、その五年後〔実際には一九四九年一二月〕に主権が承認されるインドネシアが、その独立を追求する過程の露払いをした、というものである。インドネシアの他の地域におけるように、北スマトラでの日本軍の占領は外国のヘゲモニーを解体し、大衆の動員と実行可能な社会革命の可能性を加速した。しかしながら、最後にはそのどれも起きなかった。それについては、この時代の研究者の大部分が一致している。経済的な独立は、政治的な主権を求める闘いで消失した。また、インドネシア社会の変革への推進力——一九四六年地方で起きた「社会革命」のなかに垣間見られた——は、ナショナリズムに燃える指導者たちによって挫折させられた。指導者は、その革命的なレトリックにもかかわらず、政治権力をめざす大衆の自然発生的な要求はナショナリズムの戦いの成功には危険な障害である、という信念に基づいて行動したからだ(2)。

外国の経済的な利益を保護し、欧米列強に敵対的なスタンスはとらないという政治的決定が、満場一致ではないが結局は認められた。武力闘争(プルジュアンガン *perjuangan*)よりもこうした譲歩外交(ディプロマシ *diplomasi*)に究極的に依存する政策の結果は、インドネシアの全社会に反映された。北スマトラのプランテーション地帯ほど外国資本の企業に敵対的で、またそれに依存している所はどこにもなかった。農園の土地を不法に簒奪し、農園の諸施設全体を労働者の管理下に置こうとする試みに見られる大衆の行動は、新しく形成された政府によって破壊的な行為として、また独立が約定された際の外交上の協定違反であるとみなされた。デリの農園労働者に課せられた制約は農村大衆よりも一般的にはるかに大きいけれども、デリの農園労働者が外国資本に依存しかつそれに抵抗するという厄介な態度は、生まれたばかりの国家が全体として持つジレンマと多くの点で似た立場にあった。

プランテーションの諸設備とその労働者の戦略的な重要性は、日本占領時代にすでに明らかであった。以下の節ではこうした資源の再配分と、農園生活における人種的・民族的・階級的ヒエラルキーへのその影響を考察する。

日本占領下のプランテーション政策

一九四二年三月、デリへ日本軍が上陸した。最初彼らを歓迎したインドネシア人ナショナリストや、恐怖を抱きながらもそれにたいする準備をしていた農園会社双方にとって、それはまったく予測できないことではなかった。急成長する農園と都市住民をまかなうために、スマトラ東岸が米の海外からの不確かな輸入に依存していたことは、すでに植民地当局の主要な関心の的になっていた。そのため、占領直前の数年間に、地元に食糧品店を作るために種々の手段が図られた。一九三九年には強制耕作条例が布告された。「農民による食糧生産の強化が要求され、植民者には〝不法侵入禁止〟の掲示を取り下げること、別のやり方で自給用食糧生産のために農園の土地内での耕作を促進することが強いられた」[Pelzer 1978:127]。一九四二年初期には、ランカット、デリ、それにセルダンという人口の密集した農園地区で、四万二〇〇〇ヘクタールのタバコ園が米や他の作物の生産のために、農園労働者や現地住民に一時的に割り当てられた[Dootjes 1948:14]。さらに、多年生作物農園の三万七五〇〇ヘクタールが食糧生産に当てられた。そうした土地は会社の直接監督下に置かれるか、農園周辺部に住む個々の農民に配分された[Pelzer 1978:120]。

「ゴム植民者協会」や「デリ植民者連盟」などの植民者団体は、その会員農園に三〜六カ月分の米の備蓄を維持するよう要求した。多くの農園では早稲種のトウモロコシを植え付け、もし米の輸送が妨害された時の緊急手段として植えられるトウモロコシの苗が配られた[Dootjes 1948:14]。こうした手段によって一九四二年のほぼ一年間を通した深刻な食糧不足は回避されたが、長くは続かなかった。もっと重要なことは、多くの農園は不法占拠者が農園の土地を耕作する「危険な」前例を残したことである[Pelzer 1978:119]。日本占領の最初の数カ月間に十分な食糧供給があったことで、日本軍当局は商品作物を継続的に生産することが可能になった。かくして、一九四二年を通して相当広いプランテーションの区域がそのまま残った。

農園の生産は日本軍の上陸直前に中止されたが、多くの農園は占領後二カ月間、労働者に賃金を払い続けた。食糧の供給は農園そのものでまかなえるという事実の他に、このことはクーリー労働者が「一般的にこの混乱期にとても静かであった」こと、また農園の資産が一時的には保全されることを保証した。町や大都市の中心部での略奪は報告されたが、ジャワ人農園居住者がこうした動きに加わった形跡はなさそうである[Dootjes 1948:17]。

農園住民の管理は、占領地の占領方式でさらに確実にされた。スマトラ、マラヤ、それにシンガポールはすべて、シンガポールに本部のある日本軍第二五軍の管轄下にあったけれども、プランテーションの土地だけは軍管区の直接統治下にあった(3)。デリの農園は日本の戦争遂行のための重要な収入源であり、原料の供給源になる予定だった。少なくとも占領初期には、農園労働者をその持ち場に留まらせるあらゆる細心の注意が払われた。一九四二年五月に東スマトラ占領軍司令官は農園顧問団体である「農園連合会」(NRK)を設立し、「蘭米プランテーション商会」(HAPM)、「フランス・ベルギー投資会社」(SOCFIN)、「アムステルダム商会」(HVA)などの大会社の農園管理者が新しい日本軍式経営の顧問として働いた。「農園連合会」の本部はメダンに置かれ、日本の大会社数社の援助を得て、少数の日本人スタッフと多数のヨーロッパ人スタッフによって運営されていた。

一九四二年五月には、農園労働者は再び賃金を支払われ、戦争前に生産を止めていたゴム農園は生産を再開した。ゴムの備蓄も日本の産業界に搬送されるために準備された。そして代用燃料として使われるアブラヤシの栽培が改めて強調された。しかしながら数カ月後、「農園連合会」は解散した。おそらく農園の割り当てをめぐって日本の企業間で意見が一致しなかったためであろう。そして農園の経営は軍から民間に移された。「農園連合会」メダン本部事務所は、シンガポールに本部を置く「昭南ゴム組合」の支部となった。日本人「集団経営者」がヨーロッパ人「契約者」に取って代わり、この移行にともなってヨーロッパ人要員は、たとえわずかであれ助言者として発揮していた影響力を失った。

一九四三年半ばに、東スマトラの状況は劇的に変わった。マラッカ海峡内を移動する日本の船舶にたいする連合国側の攻撃によって、スマトラの原材料を日本に輸出するのがますます不可能になった。デリの農園や港にゴムが大量に積み上げられ、また日本へのゴムの供給はインドシナとモルッカ諸島からまだ可能であったので、スマトラでのゴム生産の優先順位は低くなった。一九四三年六月、ゴムのタッピングは完全に止まり、戦争が終わるまで再開されることはなかった。食糧の備蓄が底を尽き、軍は村の産物をますます徴発するようになったため、ゴム生産停止命令は食糧不足の進行によっても促進された。最初、オランダ統治時代の県によって行政的に区切られていたスマトラ東岸は、コミュニケーション、あるいは物資の流れがほとんどない半自律的な単位に分割された。特に食糧生産に回された土地が最も少なく、地元住民と軍の部隊が最も集中している「プランテーション地帯」では、食糧不足の影響は急速にまた激烈な形で現われた。

その解決策は明白であった。いわゆる「余分な」農園を食糧生産のための土地に転換することであった。かくして日本軍当局の保護と命令の下に、プランテーションが土地利用権を持つ広大な土地が基本食糧の生産者に開放された。一六万ヘクタールのタバコ農園が、米、トウモロコシ、根菜類の栽培のために放出された。ゴム、アブラヤシ、茶の農園では、ジャングルが開かれ、古い木は切り倒され、戦争終結期には五万二〇〇〇ヘクタールが食糧生産へ転換された [Pelzer 1978:123-24]。

多くの記録によれば、ジャワ人プランテーション労働者は新命令で最も得をした人々であり、その特権を最初に奪われた人々でもある。クラーク・カニンガムはこう書いている。

> この時期にプランテーションの活動が縮小され、あるいは閉鎖されたことで多くの者が仕事を奪われた。ランカットのカロ・バタック人や地方に住むマレー人は、すぐにタバコ農園に向かった。シマルングンとタパヌリにいるトバ・バタック人もそこに向かい始めた。しかしまだ多数の人間ではなかった。というのは、そこでの食糧生産の仕事は普及し始めたばかりであったからだ。農園での仕事を失ったジャワ人は、こうした居住地で歓迎された集団だった。[Cunningham 1958:90]

いくつかの資料によれば、二つのまったく別の政策が食糧生産を鼓舞するためにとられた。最初、農園労働者は、食糧増産のために徴用された。後に、食糧増産計画が中心的になされたタバコ地帯では、徴用は短期の賃貸契約に取っ

て代わられた [van Langenberg 1976:231; Cunningham 1958:90; Aziz 1955:187]。後者の計画では、

> 食糧増産に指定された土地は、土地のない耕作者にあてがわれるために〇・六ヘクタールの区画に分けられた。その区画は登録され、土地賃貸契約が締結された。それは二年間有効で、さらに二年間延長可能であった。賃金の一部を占めていた食糧配給に依存していた何千という土地なし労働者が、突然自分で食べる物を作ることが可能になった。多くの者がプランテーションのバラックを出て、新たに獲得した区画に粗末な家を建て、果樹、灌木、生垣に囲まれた小さな菜園を造った。[Pelzer 1978:125]

食糧の徴発から土地の賃貸への変化は、こうした資料が示すほど普及したわけではなかった。不法占拠者に割り当てられた権利の条件は、地区ごとにあるいは農園ごとにかなり変化した。好例となるのはアサハンのリマプルー県で、隣接するプランテーションで異なったシステムが並存していた。たとえばクアラ・グヌン・ゴム農園では、タッピングは日本占領期を通じて停止されたが、占領期間中農園の土地で稲作を日本軍当局から強制された、とそこの労働者たちは訴えた。表向き彼らには生存のための小さな土地をあてがわれたが、そこから上がる収穫の半分は農園の役人に売ることを義務づけられた。彼らには流通性のない日本軍通貨〔軍票〕で支払われたので、彼らの説明では「販売」とは、収穫物の半分が差し押さえられることとほとんど違わなかった。[4] 他方、近くのスカムリア農園では、農園の一部は生産を続けていたが、四「ランタイ」(二一〇〇平方メートル)分の区画が労働者自身の食糧の必要性のために当てられていた。ここでは賃貸協定はなかった。

かくして、多くの農園労働者が実際雇用されず、農園経済の解体によって混乱を余儀なくされたにもかかわらず、かなりの農園労働者がプランテーションの諸施設へ一貫したつながりがあったために、土地の不法占拠権を得たことを多くの証拠が示している。さらに、不法占拠者が住む村の発達と社会類型は、民族的に異なっていたように思われ

る。メダン（食糧生産プログラムが一応組織化され、多くの異なった民族集団がいる）周辺のタバコ地帯では異質な居住地が成長したけれども、これが東海岸全体に見られる類型であると結論づけることはできない。

重要なポイントは、日本占領時代における食糧不足、強制退去、それに一般的な混乱が、農園住民と他の民族集団との間にある堅固な社会的なバリアーを破壊するのに役立ったこと、またそうすることで一九四五年以降の統一（国民）戦線創設が容易になった、と主張されてきたことである［van de Waal 1959:27］。しかし、たとえ農園労働者が不法占拠運動に参加していても、彼らが特別扱いを受け、特別な土地割り当て政策に従わなければならなかったとしたら、革命初期において彼らがたえず孤立していたことがもっと理解しやすくなるだろう。日本占領時代後期の新たな展開によって、プランテーション労働者は一九三〇年代と同じく閉塞状況にあったという議論がさらに重要になるのだが、今や彼らはいささか違った制約の下にあった。

こうした新展開とは何か。その一つは日本軍が一九四四年、オランダ時代のクーリー条例の一種を再施行し、許可なく農園諸施設を去った者をより厳しく罰すると規定したことである［BZ, E50:Apr.1946］。このことはランカット、デリ、それにセルダンのタバコ地帯に、農園住民／非農園住民が多数脱出することをチェックするためであった。さらに、農園労働者を厳しく管理することで、他のプロジェクトへ急速にしかも効果的に労働者の異動が可能にされたことである。一九四四年初頭には何千人という労働者が農園から連れ出され、中央スマトラや、北のアチェ、それに東南アジアの他の地域における鉄道、道路、飛行場などのインフラ建設に従事させられた。インドネシア人労働者（「ロームシャ」）の徴用は、インドネシア全土で起きた。しかし北スマトラでは農園住民の犠牲は、他の地域と比べると異常に高かった。ほとんどの者は帰還せず、食糧や医療の不足から死亡した(5)。

日本軍によって収集された統計に基づくオランダ情報局のレポートによれば、一九四二年から四五年にかけて「茶、ゴム、アブラヤシの農園における完全消費者（一人の男性を完全消費者として計算し、女性は〇・八人、子供は〇・

五人と計算された）は二四％減少し、一方タバコ農園では一二％増加した」とみなされている。(6) こうした大規模な人口の変動と明白な流動性——一九四二年よりも一九四五年に一万人以上の「完全消費者」がタバコ農園に住んでいたという事実で証明される——にもかかわらず、農園内であれその境界であれ、農園居住者の大部分は経済的に深刻な打撃を受けており、戦術的に動かせない状態にあった。マラリアや栄養不良がクーリーの間で蔓延し、一九四六年情報局のレポートではほんの一五〜二〇％の農園労働者しか労働に適していなかった(7)［AR］。戦争が終わった時、使える布地は全くなく、労働者は麻袋や生ゴムシート、あるいは最後の手段としてバナナの葉を衣類として使っていた。

他方、農園労働者が手に入る生活必需品はたとえ何であれ、農園との途切れることのない絆に基づいて獲得された。賃金は日本占領期間中上がることは決してなかったが、ある場合には支払われた。つまり、日本人農園支配人は、ときおり労働者にヤシの実、パームオイル、砂糖、塩、その他の日用必需品を支給した。そうでなければ農村貧窮者にとってこうしたものを手に入れることはほとんどできなかった［Dootjes 1948:24］。しかしながら、農園住民は自分自身の生計を維持するだけではなく、日本軍の生計の面倒も押しつけられていたので、こうした「特権」は高くついた。他のスマトラ現地人の村人はこうした強制取り立てを免れていたが、このような重要だが貧弱な利益を受けることもなかった。

かくして占領期（とその後）の農園住民の生存戦略は、両立の難しい二つの源泉に支えられていた。つまり、一つは農園にたえず帰属することで得られる報酬や食糧であり、二つ目はどんな食物でも彼らは農園諸施設から奪い取った土地で作ることができたということである。土地がなく貧しい他の東スマトラの住民は後者の手段しかなかった。そのために、彼らは戦争とその後の革命時代において、農園経済に対立／依存するという農園労働者と同じ曖昧な状況に直面しないですんだ。

ジャワ人プランテーション住民は、ナショナリズムの感情が形成される中心的なイディオムから隔離されただけではなく、政治的覚醒と社会的な流動性を促進した回路からも排除された。このことは、日本軍の戦略、特に反西欧的なプロパガンダ特有のスタイルの副産物である。

占領の最初期から蘭領インドは、海軍に統治されたスマトラを除く外島〔バリ以東の島々〕、陸軍第一六軍支配のジャワ、それに陸軍第二五軍の支配するスマトラとマラヤの三区に行政的には分割された。そうした三区はともに「石油、ゴム、それに錫資源の経済的な価値だけではなく、それぞれの戦略上の重要性から大日本帝国の東南アジア占領計画の中核地帯」を形成した[Reid 1971:22]。こうした行政上の区分は、それぞれの地域の地元住民のナショナリズム運動にたいする明らかに異なった政策と対応している。独立への青写真はジャワにおいてはるかに実質的に与えられていたが、スマトラではナショナリズムはある限られた特定の筋道にそって注意深く監視され、巧みに操縦された。スマトラとマラヤの利害にかかわる「自然な」連帯感を論証しようとして、日本軍の宣伝機関はその親族関係を強調し、同時にスマトラとジャワの結合に積極的に水を差した。ジャワとスマトラのコミュニケーションはすでに困難であったが、日本軍当局は両者の関係がそのままであり続けるよう画策した[van Langenberg 1976:180]。

かくしてスマトラは、ジャワでのナショナリストの運動から切り離されただけではなく、ジャワをひどく嫌悪するナショナリズムを発達させ、スマトラの自律を要求し、スマトラはジャワ中心の利害に従属されるべきではないという信念を助長した[ibid. 177-81]。驚くことではないが、その初期からスマトラ東岸のジャワ人農園労働者は、地元のスマトラの人々に反対するいくつかのストライキをやった。ジャワ人労働者はスマトラ人ナショナリズムが民族ごとに語られる独自な用語法とかけ離れていただけではなく、スマトラの現地人が植民地支配に露骨で迎合的な従属をすると思っていたので、いつもながら失望していた。

政治的覚醒の過程は、民族的に異なり、階級的に固有なものであった。このことは「青年」（プムダ *pemuda*）運動の構成に明瞭に見て取れる。日本軍の下でその準備と訓練がなされたことで、「青年」は独立を求める武力闘争の前衛になった。一九四三年末により多くの日本軍部隊がスマトラとジャワから南太平洋の最前線に送られたので、連合国の攻撃に備える新しい防衛戦略が、日本軍の支配するジャワとスマトラの基地のために作られた。

日本軍南方方面司令部からの指示の下、「国民感情に鼓舞された現地人の軍とともに」、地方民兵を拡大しようとする集中的なキャンペーンが進められた[Reid 1979:118]。創設された新しい部隊のなかに兵補（現地人補助兵）があり、「雑役、歩哨、労働」[ibid. 117] などを日本軍の下で担った。それに義勇軍がいる。〔義勇軍は〕後に「ペタ　PETA」と呼ばれたが、自由意思で参加した地元住民の民兵である。インドネシア語で「ラスキャル・ラックヤット *laskyar rakyat*」〔人民軍〕と呼ばれ、そこで現地人将校が組織化された。〔訳注八〕兵補も義勇軍〔ペタ〕も一七歳から二五歳までの青年で構成され、スマトラでは女性の募集はなされなかった。彼らは基本的な軍事訓練を受け、日本軍の軍服と武器を支給された [van Langenberg 1976:200]。スマトラ東岸では戦争終了時に、わずか一五〇〇人の兵補と義勇軍がいただけであった。大部分は非マレー系住民で、熱心なナショナリストであるだけでなく、内心は激しい反ラジャ制（掛け値なしに反スルタン）の持ち主であった [ibid. 212]。

こうした部隊への応募は、穏健なナショナリストの指導者からもラジカルなナショナリストの指導者からも熱心に支持された。彼らは日本軍の制度内枠組みを、その先にある独立計画の促進のために利用した。その訓練プログラムは入隊者に、地域的かつ階級的な差異を超えて新たな連帯性をもたらしたという [Reid 1979:118]。ジャワについてベン・アンダーソンはこう書いている。「〔ナショナリストの〕イデオロギーに具体的な意味を付与したのは、エリートである若者を大衆のなかに押し入れ、教育のない若者をエリート層に引き上げるような組織にいたという経験であった」[Anderson 1972:30]。しかしながら、東スマトラではその地域で最大の民族集団を構成する少なくとも一つの有力な社会階層、つまり膨大な数のジャワ人農園住民が、不当にも「青年《プムダ》」に認められなかった。

この理由のいくつかは明らかである。ナショナリストの闘争の初期の年代に「青年」が持つエネルギーとリーダーシップは、しばらくの間はその成員が少数であり厳選されていた、という事実をおそらく見えなくしてしまう。[8] 日本占領時代に〔独立をめざす〕「青年」という社会的カテゴリーは、子弟を働かせるのではなく、学校に行かせるだけの余裕のあった社会階層の出身者であった。彼らは公務員、教師、政府の役人、それに村長や村の職員などの子弟であった[Shiraishi 1977]。第二に、種々の民兵組織に参加した多くの「青年」は、高等教育を受けることが可能な町や都市に住んでいたという意味で、都市を基盤にしていた（必ずしも都市出身者ではない）。多くの場合「青年」のリーダーたちは、中等部あるいは高等部の「原住民」学校あるいはオランダ語学校に学んでいて、そうした学校が閉鎖されてからは、自分の資質に頼らざるをえないこと、また自分の将来に責任を感じていた[van Langenberg 1976:193-94]。一九四四年末には「多数の成員からなる青年のグループが、北スマトラのメダンや他の大都市に現われた」。彼らの多くは生きるための独自の経済手段を発達させ、政治的意識を高度に高めた[ibid.]。いずれにせよ、この無軌道で攻撃的な運動はまだ都市の現象であった。

第三に、義勇軍将校訓練プログラムへ登録することに学歴が要求されたことは、プランテーションの貧困層からの応募者は完全に排除されたことを意味した。最低、初等教育が要求されたが、実際のところ大部分の応募者はオランダ語あるいは日本語の訓練を受けていた。確かに大部分の農園労働者の子弟は初等教育を受ける余裕がなかったし、ましてや高等教育を受けた者はいなかった。他方、兵補の登録は学歴については何も規定していなくて、参加した者は都市貧困層の若者であったと思われる。彼らは、少しはましな将来の約束に魅せられただけではなく、おそらく衣食住が支給されることへの期待に魅了されたのだ[Reid 1979:118]。

しかしジャワ人農園コミュニティ出身者は、「青年」か、兵補のどちらかの組織の指導部あるいは成員の隊列に、いかにして加わったのであろうか。一つは、「青年」とはある年齢グループだけではなく、社会的なカテゴリーをも指す概念であり、それは農園での労働の等級とは関連しなかった。農園労働者の子弟は「青年期」という休止期にはとんど余裕のない人生の軌跡を辿ってきた。一五歳になると農園の男女は、独立してフルタイムの肉体労働者（ブル）として雇われた。だから彼らは、年長者と同じ労働を要求され、農園から出奔することを禁じる制限的な条例にも従った。だがもっと重要なことは、彼らは肉体労働者であって、「青年」ではないということであり、後に彼らの政治的な関与を規定したのがこの経験であった。バタック人、中国人、それにジャワ人の農園事務官や主任職工長の子供たちのなかには、義勇軍や兵補募集の最低年齢である一六歳の時に教育上の幕間を享受できた者もいたけれども、農園労働者の子供の大部分は独立した賃労働者として、あるいは両親を助けて数年間は働いた経験があった。要するに、ナショナリストによる「青年」へのアッピールは、農園のバラックには聞く耳を持つ者がいなかった。農園の若者は「青年」運動に入る社会的移動性も持たず、凝集力のある「青年」運動を形成するのに役立った秩序の崩壊をともに体験することもなかった。

プランテーションの若者が早くから武装闘争の訓練を受けてこなかったという事実は、彼らは党派に属さず、政治意識に芽生えることもないままだったことを示しているのではない。しかし「青年」のビジョンと彼らが支持してきた反ラジャ制感情は、その人生経験と直接の生存が農園に縛られている人々にはまだほとんど関係がなかった。以下で見るように、彼らの政治参加は彼ら自身の不法占拠権を守り、農園労働者の要求を結集する過程で起きたのである。

革命と農園管理の政治学

一九四五年八月、ジャワでインドネシア共和国の独立宣言が発せられたが、スマトラ東岸ではいろいろな見解が寄せられた。日本軍に任命された地方政府、スルタン権力やオランダ支配への断固たる支持者、そうした勢力にたいする毅然とした反対者など、異なる利害が反映されていた。中庸で現実の運動を担わなかったナショナリスト知事のT

・ムハマッド・ハッサンによって、スマトラが共和国に参加することが二カ月後に最終的に宣言されたが、「青年」の敵意を引き起こさないでスルタン諸侯の支持を得ようとした彼の試みは、両派の溝をますます深めただけであった。

一九四五年九月、日本の降伏からほんの数週間後になされたイギリス軍の上陸と、連合国司令部による「暫定的な」蘭印市民行政（ＮＩＣＡ）という付随的な機関は、英、蘭印との三者間連合を歓迎するオランダ支持のスルタン諸侯に拍手喝采を浴びた。こうした出来事は、独立は懐柔政策では決して勝ち取られないという「青年」の疑念をますます確認するだけであった。オランダ、連合国、スルタン諸侯、それに中国人という敵対勢力から共和国を防衛しようとするハッサンの公約をなかなか信頼しなかったので、「青年」勢力は民族的に明確な境界のある組織――彼らはすでにその一部である――を中核とする地元民の民兵（ラスキャル・ラックヤット）〔人民軍〕を作ることで、課された任務を遂行した。

一一月、「青年」に指導されたナショナリストの攻勢は「インドネシア青年社会主義者」（ＰＥＳＩＮＤＯ）〔以下「プシンド」〕という組織のもとで強化された。アンソニー・リードによれば、「プシンドはそれぞれの県で革命的で〝モダン〟、どちらかといえば世俗的な左翼を代表していた」[Reid 1974:80; van Langenberg 1976:328]。同月、「プシンド」は公式な共和国人民治安軍（ＴＲＫ）と合体したけれども、こうした地元民兵組織はより広範に広がり、暴力的で、メダンで英蘭連合軍と頻繁に衝突し、より小さい都市ではそこの秩序維持の責任を担っていた日本軍と衝突した。

こうした初期の「青年」の活動はたいてい都市での小競り合いに留まっていて、スマトラ東岸農村部の大半はまだ巻き込まれていなかった。しかしながら一二月までに何回かの激しい軍事衝突があった。そのうちの一つは、テビン・ティンギでの衝突で、犠牲者が二〇〇〇～五〇〇〇人と数えられている。その後、「プルグラカン」（大衆ナショナリスト運動を包括的に表わす用語）勢力は南部に退却した。それから彼らは人員、武器、糧食を増強するために「プランテーション地帯」の中核に展開したので、これによりナショナリストの闘いが社会に浸透し、人々の身近なものになった[van Langenberg 1976:343]。プランテーションに住む人々にとって、「プルグラカン」勢力が入って来たことは功罪半ばするものだった。彼らは、一方では別の厳しい経済的搾取時代の始まりを示し、他方独立が切迫していることを伝え、農園労働運動形成のノウハウを教えた。

膨大な物質的富と労働力を蓄えている広大なプランテーション諸施設を管理したことは、共和国軍の抵抗の経済的そして軍事的な結節点となった。さらに農園は伝統的エリートと外国支配との協調の最も明白な象徴であったので、それを差し押さえたことは譲歩的な政治に抗する政治的な態度であった。農園の政治的空間が実際いかに決定的な役割を果たしたのかは、「プシンド」の軍事部隊が県全体に急速に広まるにつれてはっきりしてきた。それは急進的なナショナリスト勢力と政党の拡大につながり、地元民からなる独自の「人民軍《ラスキャル・ラックヤット》」感情をもって形成され、拡大していた。

こうした勢力のなかに、北スマトラではアブドゥル・シャリムに指導され、インドネシア社会内でのナショナリズムと社会主義による革命を強く唱導していた「インドネシア共産党」（ＰＫＩ）があった。一九四六年二月時点で、一万一〇〇〇人のＰＫＩのメンバーのほとんどは都市の中心部にいたが、農園の土地を国有化し再配分せよ、と力説するその綱領はおそらくプランテーション労働者の支持を得る最初の基盤であっただろう[Reid 1979:174]。同時に「一〇〇パーセントの独立」を要求するタン・マラカの「闘争連合」（プルサツアン・プルジュアンガン Persatuan Perjuangan）は、青年運動や共産党の完全な支持を受けて進められた。リードが記しているように、「人民軍と人民政府の要求、それにオランダのプランテーションや他の財産の没収の要求は、東スマトラですでに起きつつあった革命の方向に明快さと正当性を与えた」[ibid. 226]。

労働戦線では、外国人／インドネシア人の支配エリート層を攻撃する戦略を立てる種々の試みがなされた。最も印象的なのは短命に終わったインドネシア労働戦線（ＢＢＩ）の試みであった。それは戦争終結時に日本軍から接収したプランテーションや他の工場を、労働者の継続的で永続的な管理に置くことを要求した[US Dept. of Labor 1951:81]。その綱領は「アナルコ・サンディカリズム」〔すべての政治権力を排除し、労働組合の指導による社会を想定する主義〕であり、生まれたばかりの国家の目的にとっては有害であると、とりわけスカルノによってすぐにレッテルを貼られた[ibid.; Sutter 1959:377-80]。とにかく北スマトラでは、ジャワと違って農園を労働者が管理するという問題は、一時的なものであれ、決して起きなかった。というのは、農園を手に入れようとする他の多くの強力な勢力があったからである。「プランテーション地帯」ではインドネシア労働党（パルタイ・ブル・インドネシア Partai Buruh Indonesia）が、抵抗を支援する労働者軍（ラスキャル・ブル *laskyar buruh*）の編成を呼びかけるなど、他の分野でも影響力があった。だがこの点においてでさえ、地元にいて、農園労働者を中核とする労働者軍は、「外部の」煽動の結果なのか、それとも、とにかく労働党と提携した結果なのかはっきりしていない。「労働者軍」とは、たとえ共和国軍であれ、特定のプランテーションを占拠することで作られた農園防衛隊をさす包括的な用語であった。

　左翼政治勢力が東スマトラでの革命の行方を一時的に支配したので、全農園経済にかんする組織もその方針にそって再編された。一九四五年一二月に日本人の農園支配人たちが去ったので、インドネシア人事務官――日本占領時代のほとんどの期間、実質的に農園の運営をしてきた――に現場の農園行政は委ねられた。他方、農園の産物の保護と販売は非常に重要なので、そうしたその場しのぎの手段には任されなかった[9]。ある試験的方策が短期間導入された後、ＥＲＲＩ（インドネシア共和国人民経済）が掲げられ、攻撃的で急進的な指導の下で共和国全体の経済にたいして実質的に単一の指揮権が与えられた。人民主義の表象である「平等と友愛」（サマ・ラタ・サマ・ラサ *sama rata sama rasa*）を掲げて、ＥＲＲＩは「プランテーションの産物と基幹産品を表面上は少なくとも社会主義的目的のために、またそうした供給品が連合国軍の手に落ちるのを防ぐため」に管理した[Said 1973:173]。財政上の「青年」旅団というその目的にもかかわらず、あるいはそのためでもあるが、ＥＲＲＩにたいする批判は痛烈だった。そのリーダーたちは、横領、アナルコ・サンディカリズム、それに農村をさらに貧しくした、と公然と批判された [Sutter 1959:362; Reid 1979:238]。あらゆる分野からの厳しい攻撃にさらされて、ＥＲＲＩはできてから数カ月で禁止された。

　農園の資材と産物をいくらか中央集権化した組織を通して流通させようとするこうした種々の試みにもかかわらず、農園の事実上の管理は結局農園を支配している人々の手に落ちた。これは通常、その名を冠している政党に結びつく——しばしばただ付いているだけ——種々の旅団（パスカン *pasukan*）や地元の民兵へと変わった。農園の財産と産物が革命のために（ときにはそれに反対して）接収されるやり方は、その時点で農園諸施設を占拠している人々の必要に応じて変わった。たとえばキサランでは、ＨＡＰＭ農園のブヌット・ゴム工場は小さな武器工場に変わり、以前の職工長の指導の下で古い鉄道線路から銃を作った[10] [AR]。デリ・トゥア農園とツーリバーズ農園は日本軍から接収した火器の武器庫となった [van Langenberg 1976:363]。ドロックイリール・プランテーションでは日本軍将校が武器製造を手助けしたと伝えられるし、バングス農園では工場が小火器生産用に転換された[11] [AR]。

　しかしながら、革命のための武器の大部分は別の所から、農園の産物との広範な物々交換を通して得られた。まずハッサン知事の承認を得て、六〇〇〇トンのゴムが共和国軍の武器と必需品を得るためにシンガポールで売られた [Reid 1979:220]。けれども、一九四六年には地域に巣くう数多くの「軍隊」と中国人企業家は密輸ネットワークの秘訣を学んだため、物々交換は現実離れした割合に達し、物々交換による利益が共和国運動を支えることは多くの場合なかった。「一九四六年の最初の一カ月間に総額一億二九〇〇万ドル相当のスマトラの物資がシンガポールに来たが、その大部分は東スマトラの農園の産物と設備であった」[ibid]。

　共和国旅団がデリ、セルダン、アサハン、それにラブハン・バトゥに設立されたので、彼らが必要としたのは軍靴と武器のほか食糧であった。農園の「ラダン」（灌漑されていない畑）を耕作しているプランテーションの元労働者や農園でパート労働をしている労働者（不法占拠している土地で耕作もしている）は、自身の生存だけではなく人民軍の生存を支える義務も課せられた。明らかにこのことは必ずしも実行可能ではなかった。なぜなら、場所によっては栄養状態が悪く、労働者自身が植民地政府の配給に頼らざるをえなかったからである。けれどもキサランにおけるように、耕作者の収穫の二〇％以上が「プシンド」や他の共和国軍のために配分されたような場所もあった(12)[AR]。したがっていくつかの観点からすると、ゴムの木の下や不法占拠地からの「独立」の体験は、全面的な解放ではなかったのかもしれない。

ポンドックからの眺望

日本軍敗北後オランダの手に戻った諜報機関の報告は、「クーリーはオランダの帰還を求めている」と繰り返し主張している[ibid.]。これは驚くほど希望的な考え方ではあったが、農園居住者のなかに新生共和国の熱烈な支持者がいる一方で、「常態」として記憶されているものを求める者がいなかったわけではない。多くの者は飢餓すれすれの状態で生きており、その下で彼らが生き労働する生産の社会関係は、以前彼らが知っているものと必ずしも異なっているわけではなかった。

たとえば、農園ヒエラルキーにおける彼らの地位を見てみよう。一九四五年、日本軍が降伏した時、東岸プランテーションの管理は、トバ・バタック人、マンダイリン・バタック人、それに〔各地の〕バタック人事務官に事実上与えられた。オランダ支配下で、彼らは下級事務官としてあるいは職工長として働き、日本占領時代には農園の実際の運営を任されていた。管理がインドネシア人の手に渡ったので、上級あるいは中級レベルの行政職に昇進したのは、教育と経験のあるバタック人要員であった。ジャワにおいては「プランテーションは……そこで働いていた労働者によって自然発生的に接収された」[Anderson 1972:146]けれども、北スマトラでは権力の委譲は武装した「青年」によって促されたのではなく、日本軍自身によってなされた。そして事務官や職工長の大部分は熱烈なナショナリストであったため、普通の労働者によって始められた引き継ぎはほとんど刺激を与えなかった。要するに、プランテーション住民の多数を構成する階級や民族集団の手に農園管理が渡ったのは、非常に珍しいことだった。

そのヒエラルキーは農園行政という堅固に構造化された領域だけで保持されていたのではなかった。オランダの軍あるいは民間の記録のなかで、プランテーションの管理、地方政党のリーダーシップ、あるいは軍（人民軍）の指揮において、プランテーションの労働者が権威のある地位を占めていたことを指摘している文献はただの一つもなかった。キサラン農園での「プシンド」のトップはマンダイリン・バタック人の元事務官で、その近くの農園では農園事務官らに管理が通常任された[13][AR]。エック・カノパン農園では共産党は元林業部門に雇われていたマレー人の指導下にあり、ダムリ農園では「プシンド」はバタック人テロリスト（職業不詳）に指揮され、ナンバーツーはミナンカバウ人農園事務官であった[14][AR]。こうした指導者層のほとんどが兵補〔一四二頁参照〕や義勇軍の募集のやり方に原因があることを知るならば、この農村部で見られる地元での革命の指導者層の構成は驚くことではない。しかし、革命がこのように実践されているのを見ると、革命が国内での社会秩序をひっくり返すには至っていないことがわかる。

南アサハンのムンバン・ムダ郡では「プシンド」の部隊が指揮権を掌握していたが、すべての事務官は「プシンド」の成員とされ、それぞれの農園にはその事務所が開かれた。一九四六年三月、オランダ人にその地の状況を報告したある情報提供者はこう書いている。

防衛部隊の七五％は以前そこにいたジャワ人である。ジャワ人は防衛の任務に、地元の住民よりも不釣合いなほど狩り出されているという事実に大変不満であり、また独立の特典を享受することが少ないことに不満を募らせていた[15]。[AR]

そうしたレポートは、共和国行政への大衆の不満を熱心に指摘するような親オランダの代理人によって書かれていたから、評価がむずかしい。しかしながらあらゆる証拠に照らして、そうした所見はまったく見当外れということでもなかった。

プランテーションの上層と下層の住民を隔てる溝は、もっと基本的な問題を際立たせる。農園の新しい監督者は、いい服を着て、いい食べ物を食べている、と報告されているが、労働者は数年間も麻袋やゴム製の服を着ていた。彼らの間では脚気、マラリア、その他の病気が蔓延し、一旦発病すると医薬品不足のためその後数カ月は回復することはなかった。同時期に農園のスタッフは、つねに健康的であると報告されていた。さらにプランテーション地帯全域で多くの労働者が、どんなに贔屓目にみても飢餓線上で生活していた。独立後一年経った一九四六年に、食糧不足はいくらか緩和されたと多くの記録が認めているけれども[Reid 1974]、かなり多くの農園地区でそれは当てはまらない。実際、アサハン地区にある農園の労働者は、食糧事情は日本軍降伏後急速に悪化していると訴えている。[16]

いくつかの農園では、月平均の食糧配給量として報告されている労働者一人当たり七・五キロの配給（米、トウモロコシ、それにキャッサバの混合）でさえ、最低限の生存条件をはるかに下回っていた。自分のラダン〔灌漑されていない畑〕を持たない労働者は、ひどい食糧不足に陥った[AR]。[17] ほとんどの農園地区で労働者は、日本軍支配下におけるように自分の時間を食糧生産と農園での労働に分けた。たとえばテビン・ティンギ近くでは、ドロック・ムランギル（グッドイヤー社）農園労働者の七〇％が食糧生産だけに従事していた。別の農園について、連合軍諜報部はこうレポートしている。

農園での仕事は、労働者自身が畑仕事をするのを妨害しないよう制限されている。テビン・ティンギの農園労働者は、農園で一日四時間働き、米の生産のために二時間働いた。[18] 結論的に言えば、食糧事情を一般的に適切に扱うことにより、共和国行政はスマトラの民衆の支持を強化することができた。[MD]

こうした楽観的なレポートにもかかわらず、食糧事情は明らかに一様ではなかった。

通常なら四〇万人［ママ］のクーリーが雇用されているその周辺の農園地区では、状況ははるかに悲惨である。かなり信頼できる資料によれば、約一八万人の農園労働者が非常に悪い状態にいる。残りは自分の生命を支えるために畑を耕作するか、飢えと病気のために道端で死ぬか、どちらかに分かれた[19]。[MD]

ゴムの備蓄品が経費を賄うほどの値段で売れるような農園では、労働者はいくらかうまくやっていけた。日々の賃金は日本軍によって支払われた額と同じであり、しばしばその他に食糧や衣類が付けられた。しかし、貯蔵した米が敗走する日本軍によって持ち去られ、また開墾された畑がほとんどない他の地区では、新たにやって来た労働者軍部隊はすでに枯渇した食糧供給に重い負担となった。

　こうした農村地域に入った共和国軍は、彼ら自身と住民にとって食糧生産が高い優先性を占めていることを十分認識していたが、これは彼らの唯一の関心事では決してなかった。部隊が南に移動するにつれ、彼らは「労働者はすでに共和国政府に雇用されたこと、そして［農園産物を］継続して生産することが強制されていると伝えた」[van Langenberg 1976:364]。多くの農園で、このことは器用仕事の最高度の妙技を必要とした。というのは、多くの必要不可欠な機械や材料（発電機、遠心分離機、工作機械、電気の供給など）は、日本軍によって軍事用設備として移転されていたからである。農園のハードウェアが無傷でも、（シマルングンにあるドロック・シヌンバー農園でのように）原料が不足している所では、低質のヤシ油やパームオイルから代用シリンダー油が生産された。一方、高級パームオイルは、農園に住む労働者の料理の必需品として生産された。ドロック・ムランギル農園では輸出に回されなかったゴムは、農園内で利用される自転車のタイヤ、チューブ、グラウンドシート、サンダル、ファンベルトなどを生産するために利用された[20] [MD]。

　しかし管理が比較的効率的であったドロック・ムランギルにおいてでさえ、戦争前に雇われていた一〇〇〇～一五〇〇人の従業員のうち、わずか二〇〇人しか食糧不足のため残っていなかった[ibid.]。どこでも脱走率は非常に高かった。ダムリ、エック・ロバ、カノパン・ウルなどでは住民が激減し、ロンドゥット農園では全労働者がいなくなった[21][AR]。一九四六年の二月と三月の間だけでも、デリ・トゥア農園とマリハット農園では、それぞれ一九五八人と二一〇五人の「完全消費者」〔男性の大人〕を失った。パバトゥ農園は九四〇人、ビンジェイは七九二人、他の農園は同時期に一〇〇〜三〇〇人を失った[22][BZ]。

自分の食い扶持を自分で生産する責任は別にして、農園諸施設を武力防衛するために付加的労働が持ち込まれた。一五歳から三〇歳までのすべての男性は、竹槍やどんな小火器であっても利用できる武器を携えて、元兵補あるいは義勇軍のインストラクターによる週三回の訓練を受けた。こうした講習会は義務であったため、「ロームシャ」として若者が余所に連れて行かれたことで、その労働力の重要な部分が欠けているような農園では、こうした訓練も農園労働力のさらなる流出となった。

「社会革命」の限界

要するに、最初の数カ月間における革命運動は、農村の膨大な住民にとってはいまだに補助的で従属的な役割しか与えられなかった運動であった。一九四六年三月初旬にそれが余すところなく証明された。親オランダ‐スルタン派にたいする敵意が、短時間だが血なまぐさい「社会革命」(当時そう呼ばれた)として高揚し、スルタンとその家族や従者は、もっと穏健な共和国軍将校などとともに、誘拐され、殺された。

伝統的な権威を暴力的に簒奪するこの事件の背後にあるモチベーションについて注釈家の意見は一致していないけれども、急進的な共和国軍（共産党、「プシンド」、国民党の指導者が支配的な役割を担った闘争連合戦線に体現された）からなる同盟によって、そうした傾向が助長されたということについては一致している[23]。急進的な影響を認めることはさしおいて、当時オランダ人の間で流布していた「広範に広がった共産主義プロレタリア運動」を示唆する証拠はほとんどない[Dootjes 1948:92]。農園大衆、つまり東スマトラの「プロレタリア」コミュニティの最大の集団は大部分、そうしたプロレタリア運動にたいして引き続き周辺的であったから、そうではありえない。

「数百人のジャワ人プランテーション労働者が、王族の自宅を襲撃した人民軍部隊に参加していた」ことを示す文献が一つあるが[van Langenberg 1976:434]、プランテーション労働者は、とりわけ、一九四六年三月クーデターの指導的な地位にはいなかった。ラジャ一族〔スルタン家〕への襲撃はカロランドではカロ・バタック人によってなされ、シマルングンではトバ・バタック人によって、その他の場所では民族不詳の武装した「青年」によって行なわれた[Reid 1979:231-32]。農園労働者の状況はいくつかの点でユニークではあったが、彼らがその行動にいなかったことはそうした行動の性格だけでなく、その内容がはたして「社会革命」であったかどうかという問題を提起する。

ベン・アンダーソンはジャワにおける初期の革命運動にかんする批判的な分析で、「青年《プムダ》」の統一性と強さの特徴を次のように理解している。

> 既存の権威の構造が崩壊するなか、平等が経験された。崩壊する過程において、既存の制度のなかで権力を持った役人、警察官、政治的指導者などは、すべて役に立たないことがわかった。ヒエラルキー、法、正当性それに銃などの鎧を剝ぎ取られて、彼らは彼らが統治していた人々よりも偉大ではなくなった。人は今やその職務や職階、地位ではなく、その行為によって規定された。社会的秩序の不透明性によってそのヘゲモニー的な威力はもはや発揮されなくなった。……それは共有された経験からなるコミュニティであり、社会構造ではなく、その解体する周辺で成長しつつあるもので規定される連帯であった。[Anderson 1972:185]

この分析は〔ジャワの〕「青年」の隊列のなかで起きたことを表現するかもしれないが、〔スマトラの〕「青年」と少なくとも農村貧困層との間にはやや異なった関係があったようだ。ジャワとスマトラ東岸の状況とは大きく異なっていた。デリでは、職務、職階、地位は、引き続き大衆の間で、あるいは大衆と指導者との間の決定的な社会的溝となっていた。このことが農園ほど明瞭に現われた所はなかった。そこではわれわれが見たように、その下で労働者が生き、闘争を経験する生産の基本的な社会関係がほとんど無傷のまま残った。プランテーションの労働者は、相手がオランダ人であれ、日本軍であれ、インドネシア人であれ、自分たちよりも力のある社会集団の経済的な利害、軍事的な優先順位、それに政治的関心などに従属する「クーリー」のまま残った、とほぼ断言できるだろう。

歴史の結果だけではなく、政治的な経験という観点から見ると、「社会革命」は不適切な名称のようにますます思える。地元のスマトラ人とは異なって、プランテーションの囲いの中にいる人々は、伝統的なスルタン制に直接従属してこなかった。早くも一八八四年には、蘭印政府は「移民」とスマトラ人との間に厳格な行政上の区別をなし、その結果「農園内の村落は地域インドネシア社会における異質な集団（フレムトコッペル *Fremdkopper*）として永遠に留まることになった」[van de Waal 1959:27]。オランダ時代の慣行は、決定的な結果をもたらした。ジャワ人移民は「アダット」（慣習法）ではなくオランダ法に服し、スルタン諸侯ではなくヨーロッパ人に従属した。ほとんどの場合、現地人エリートは、自分の土地を譲渡することも、現地人の労働を私物化することもなかった[24]。そのようなものとして彼らの経験する支配は、貪欲なスルタンの欲求ではなく、彼らが住んでいるプランテーションのヒエラルキーによって媒介されていた。なるほど、多数のジャワ人が農園の境界の外に住んでいたが、その境界内に住む五〇万人（その範囲内にいる大部分の者）のジャワ人にとっては、ラジャ王族とマレー人やバタック人農民を分ける対立は周辺的な関心事にすぎなかった。そして、一九四六年には「真の」敵はいなくなったが、プランテーション労働者が抵抗運動の精力的で大規模な行為者として、あるいは共和国運動の強力な支持者として登場したのは、一九四七年半ばになって農園の支配を武力によって奪還するためにオランダが戻ってきた時のことであった。

このように伝統的な権威は激しく壊されたが、壊滅していなかった。リードによれば、「社会の下層レベルでの積極的な再構成は起きなかった」[Reid 1974:254]。実際、北スマトラでの独立闘争の多くは農村貧困層へこれといった恩恵を与えることなしに進行したが、より重要なのは彼らが参加しなかったことである[ibid.]。プランテーション・コミュニティは、「革命的な」社会的実践の初期の波の片隅に追いやられた唯一のものではなかった。一九四五年末と一九四六年初頭になされた農民の動員は、アチェやカロといった、オランダや現地人エリートにたいする民衆の抵抗運動の長い伝統のある地域に限定されていた。リードはその状況をどこでも起きることだと捉えている。

革命は実際には都市や半ば軍人化した若者によって遂行され、貧しい農村の大多数の人々に新しい地平を積極的に切り拓くことはなかった。……打ち負かされた旧支配者の住居や車のある生活を楽しむようになった政治的・軍事的指導者は、場合によってはシンガポールの銀行に預けられていた大量の預金を手に入れ、「にわか成金」「新領主」として軽蔑をこめて知られるようになった。……それに引き換え、大多数のプランテーション労働者や農民の生活条件は、たえず悪化して、いかなる形のリーダーシップにもますます辛辣で冷笑的になった。[ibid. 258]

オランダの帰還

東スマトラ、アチェ、それにジャワでの「社会革命」後の数カ月間に、大衆急進主義の危険な表現とみなされたものに共和国側は反対した。散発的で地域限定的な反乱は共和国の国際的な承認の脅威となり、国家の権威そのものを危うくするとみなされた。「武力闘争《ブルジュアンガン》」の戦術が非難され、より保守的な国内政策が鼓舞されたことからして、一九四六年春から一九四七年夏までの間に国内政治で明らかに後退が見られた[Anderson 1972:407]。

一九四六年一一月、こうした雰囲気の下でシャフリル内閣はリンガルジャティ協約を批准したが、それを多くのナショナリストはオランダの要求への不当な譲歩であるとみなしていた。その協約では共和国はジャワとスマトラで承認された。その代わり、連邦主義者の考えに沿って、主権を持つインドネシア合衆国(ＵＳＩ)の設立に協力するよう誓約を求められた。オランダが連邦主義を支持したのは、一時的であれそれを支配できるという読みと、外島の経済的資源を利用できるという戦略に基づいていた。同時にリージョナリズムを強烈に唱導することによって、全体としてのUSIのなかで、ジャワ中心の急進的な共和国に強く対抗する土着の勢力を励ます戦略であった。

表面的にはリンガルジャティ協約の条項を実現するのが行き詰まったためだが、実際には西欧資本家の財産が保全されなければインドネシアから撤退すると脅す資本家の利害関係に応えて、オランダの第一時「警察」行動が一九四七年七月に決行された。その結果オランダは、西ジャワの大部分、東ジャワとマドゥラの一部、それに東スマトラの主要部を奪還した。インドネシア人部隊がオランダ軍を数的に圧倒していただけではなく、一部では激しい抵抗がなされた割には、オランダの攻撃はいちじるしく成功した。スマトラ東岸ではオランダの関心は、農園の奪還に集中した。数カ月の間に三分の二以上の農園がオランダの手に落ちた。共和国軍はアサハン川南部、カバン・ジャへの西部、それにタンジュン・プラの北部に撤退を余儀なくされた[van Langenberg 1976:578]。

三月クーデター〔訳注九〕後の数カ月間に共和国軍が大きく算を乱し、いなくなったことで、オランダの成功がある程度もたらされたといえる。多くの旅団が農村の(農園の、と読む)資源の管理をめぐって競い合っていたので、前線が統一されておらず、効果的ではなかったという点は驚くことではない。まとまりが取れず、また防御のために多くの部隊は焦土戦術をとり、農園の設備を焼いた。さらにスマトラ東岸の縁辺部にまで追い詰められると、備蓄品と産物を破壊した。労働者の住宅、つまりポンドックが燃やされたことも稀ではなかった。そのため、住民は労働者軍部隊とともに共和国支配地へと退却せざるをえなくなった。しかしながら、こうした労働者の多くは退却する前に戦闘に参加した。アサハンでは、HAPM(ユニロイヤル社)農園のブヌットにあるプランテーションの複合施設で、「プシンド」の下に組織された労働者軍は、「[会社の財産を]破壊することで大衆的な抵抗の核となり、敵(オランダ)の車輛を通過できなくするために植林の間に横たわるようにゴムの木を切り倒した」[Mansyur 1978:55]。同じ情報源(ブヌットの「労働者軍」の指導者）によれば、近隣のグラック・バトゥ地区やプラウ・マンディ地区では農園労働者は、竹槍、ナイフ、それに間に合わせの武器で武装して、武装した共和国軍が発電所、鉄道の駅、それに燃料庫を真夜中に攻撃した時には、彼らの側面を守った [ibid. 103-4]。そうしたゲリラ攻勢はオランダ側の攻撃を遅らせはしたが、それを止めることはできなかった。八月末に休戦協定が宣言され、新規の「ファン・ムック線」が引かれた。それによってオランダがすでに支配したすべての領域がオランダ支配に委ねられた。

直ちに暫定的な非共和国政府が設立され、そこではオランダ人が支配的な地位を与えられた。マレー人コミュニティはその変化を周囲にはばかることなく祝福し、連邦的なインドネシア合衆国のなかでマレー人が支配的で自律的な国家を作る交渉を始めた [van Langenberg 1976:593]。一九四七年一二月、東スマトラ国（ＮＳＴ）がオランダの完全な支援の下に成立した。予想通り、多数派であるジャワ人の代表者は事実上誰もいなかった。

東スマトラ国はオランダの忠実な従者であることがすぐに明らかになり、構造的には戦前期のデリと大して違わなかった。マレー人は地位の約束されたエリートで、オランダ人や他のヨーロッパ人は植民者貴族として戻ってきた。農園労働者はこの再建されたオランダ人 - マレー人合弁事業で、十分給料の支払われることのない従僕であった。戦前期との決定的な違いは、農園住民のほとんどがデリの再建を望んでいなかったことである。

農園労働者や貧しい賃労働農民《ファーマーズ》は、この経験によって政治的な覚醒を促された。共和国軍支配地に撤退を余儀なくされたことで自営地を失った者、農園に残ったものの新たなゴムやタバコの栽培のための整地によって自営地を失った者双方にとって、オランダ人の再登場は彼らの生活への直接的な攻撃であった。そうした人々にとって「敵」は個別の人間であり、闘いは自営地をめぐるものであり、闘いの地は慣れ親しんだ農園の土地であった。

共和国の支配地はひどく減少したけれども、共和国の主張はかつてなかったほど農村貧困層に強く受け入れられた。その後の二年間、東スマトラ国はオランダ側への協力の主要なシンボルとなり、連邦主義は農村貧困層を犠牲にする以外はほとんど何もしないことの強い証拠となった。農園労働者には特別であったが、全インドネシアの労働者の間でも独立闘争は統合され、かつてなかったほど広範な社会的・政治的な層にまで広まった。

一九四八－四九年、デリの再建

連邦軍の跡を追って、農園を経営する会社が農園の支配を復旧した（一九四八年二月までに一七三の農園、計三〇万ヘクタールが元の所有者に戻された）。彼らは残してきたプランテーションが、元のプランテーションとはほとんど似ても似つかない状態であることを見いだした。「労働者軍の別れの火が、運転できる状態に回復した工場の二倍の工場を破壊した」ので、破壊は広範に及んだ [Maas 1948:2]。茶農園では三分の一の広さの茶の木が引き抜かれ、たった一つの工場しか残っていなかった。ゴム園では八つの工場が解体されたが、農園自体はいくぶん幸運であった。なぜならば、老木の植えられていた区画が食用作物の生産のために引き抜かれたからであった。タバコ農園では一三の発酵小屋と他の施設が破壊された [Prillwitz 1947:139]。

破壊された工場や痛めつけられた植物の他に、一〇％以上の土地が日本占領時代か、その直後の「社会革命」時代の不法占拠者によって占有されていた。その時にはそうした行為は愛国的だと鼓舞され、公平な報酬だとみなされた。オランダが支配する領域ではたった七万二〇〇〇人――戦前の三分の一を少し超える数――の労働者が住んでいるだけで、帰ってきた会社にとって労働力不足が最も深刻な問題となった。問題をさらに悪化させたのは、組織化され、広範に広まった農園労働運動の出現であった。それは古い秩序という切り株の下から芽生えたもので、帰還した植民者にはしばらく目に止まらなかった。

こうした障害にもかかわらず、デリの輸出経済の回復は急速に、ある程度は恐ろしいほど慣れ親しんだ方向に沿って進んだ。一九四七年一一月にある楽観的なオランダ人観察者は、次のように英語で書いている。

> デリ鉄道は昔日のまま定期的に運行されている。道路はこつこつと修復されている。古い数多くの農園が奪還され、そうした農園の多くが世界市場に向けて最初の製品を供給し始めている。すばらしい工場が多数焼き討ちされたが、敗北を想像もしなかった少数の、ときどきはきわめて少数の人々が農園に戻り、ときには最も過酷な条件の下で、日夜働いている。彼らの労働の結果は、何千人という労働者の労働の結果とともに、決して無視していいわけではない。スマトラ東岸州〔オランダ時代のスマトラの一州、現代の北スマトラ州にほぼ相当した〕全体に快適な雰囲気が溢れていて、無為に待ち続けた失われた時間を取り戻そうとする努力がなされつつあるかのようであった。[Anonymous 1947:181]

大戦直後の数年間の経験についてインタビューを受けた植民者は、すべて同様な感情を吐露している。すなわち、彼らの居住地は安全であったが、彼らの生命はいささか危険なものであった、と。日本軍の強制収容所に数年間収容された人々は、彼らの周囲で形成されつつある大衆的な政治運動に大多数は気づいていなかったし、大部分のインドネシア人が当時の雰囲気を表現するのに快適なという言葉を使うことがなかったという事実も忘れていた。元農園支配人のあるオランダ人はこう回想している。

> われわれはスマトラに一九四七年に戻った。……工場は再稼動していた。……われわれは困難な状況下、農園を再建しなければならなかった。しかし、われわれはすばらしい時間を持った。それは実にすばらしい時間だった。われわれは年老いた人々の歓迎を受けた。彼らは着る服さえなく、われわれは衣服を持って帰らなければならなかった。毎日多くの人々が帰ってきた。……最初そこには二人の労働者しかいなかったが、やがて旧労働者が再び全員戻った。[25]

また他の農園のオランダ人スタッフは同時期にこう語っている。

> 農園で生きていく困難があってもわれわれは、再びインドネシアでのわれわれの普通の生活を取り戻した。[26]しかし全体の哲学はいまだに健全である。つまり、ここはインドネシアではなく、蘭領インドであるということだ。

ている。

一方、反オランダ感情の強さと暴力の直接の恐怖について質問された時、同じ人物とその妻は異なった記憶を回想している。

妻　〔夫に向かって〕ステンガン〔軽機関銃〕を持って歩き回っていたのはあなたでしたよ。
夫　そうだね。でも、私にとっては、われわれは自分たちの土地に戻ったのだ。
妻　でも正常ではなかったでしょう……。
夫　うん、正常ではなかった。農園の各区をチェックに行く時はかならず、二人の武装した護衛に付いてきてもらっていたし、給料日には私はステンガンを持っていったのを思い出すからね。(27)

常態であるとも〔共和国側からの〕包囲攻撃であるとも、いずれともとれる解釈ができる現実を反映して、一九四〇年代後期のそうした矛盾するイメージは稀なことではなかった。オランダ人雇用者は以前の地位を取り戻したが、農園そのものは農園内外の抵抗に決して無傷ではありえなかった。ある農園が一九四七年に、少なくとも三〇人の武装した護衛に付き添われた二人の常勤経営者なしには開園されなかったことは、誰もヨーロッパ人が戻ってくるのを心から歓迎していなかったことを示している［Anonymous 1947:460］。

オランダで私が話をした元農園行政官は、ヨーロッパ人要員への物理的な脅威を力強く否定し、こう付け加えた。

もちろん一九四九年、一発の弾丸が私の胸を貫きました。いつも青いジープに乗っている補佐に復讐をしたいと思っていた人々に、私は撃たれたのでした。その日私がたまたま青いジープに乗っていたので、その銃撃を受けたのです。襲撃をしたのは二人のバタック人事務官でした。数カ月後われわれは給料日にお金を運んでいた二人の職員を失いましたが、この場合も単純な強盗です。一年後三人の補佐が同じ方法で殺されましたが、これは強盗事件で、それだけです。強盗犯に会社の人間は撃たれたのでした。(28)

地位の高い職員への襲撃や、農園の産物をくすねることは管理上珍しい問題ではない。しかし各種労働組合が作られても、ヨーロッパ人コミュニティの植民地的無気力を揺さぶることはほとんどなかった。共産主義を志向する「サルブプリ」は、多数の北スマトラ労働者に隊列に参加するよう訴えていたけれども、農園労働者自身は政治勢力とはみなされていなかった。そうであったから右で記述した事件が、（戦前と同じように）政治的動機に結びつけられるのは稀で、個人的な復讐として、あるいはパルチザンとは関係のない行動として骨抜きにされた。

こうしたことはある程度は真実だと考えられる。ラテックスやパームオイルの販売で生計を立てている軍の部隊が数多くあったから、革命の名の下に街道上の追いはぎ行為で生計を立てていた者がいたと推測するのは理由のないことではない。同様に、多くの労働者がオランダ人の帰還で解放された、ということは考えられないことではない。それがたとえ過去五年間に経験した欠乏をただ軽減しただけではあっても。他の収入源がほとんどないので、会社は食糧と衣類を幅広く分配するプログラムを実施し、それによってかなり多くの労働者を農園に連れ戻すことができた。しかし、彼らはそうしたプログラムがなかったら、帰ることはなかったと言明している。

オランダ人はジャワ人のプランテーション・コミュニティの政治的重要性を否定した唯一の人々ではない。東スマトラ国の現地人エリートのなかにも、ジャワ人の不在が目立った。ランゲンベルグはこう説明している。

これは、ジャワ人人口が多いため、「土着のマレー人」（オラン・アスリ *orang asli*）の利益に明らかに脅威となるだけではなく、一般的に東スマトラ国指導者がジャワ人コミュニティにたいしてとる態度の反映でもあった。彼らは、ジャワ人全体をクーリー、契約労働者、あるいはジャワにいる共和国指導者や、スマトラの「共産主義者」「過激派」の手中にある手先であるとみなしていた。ジャワ人を教育がなく、政治的に無垢で、それに全体として政治システムを誰が動かそうとも誰によっても容易に管理できるものとしてみていたので、たんなるポーズ以上のものを示すどんな必要もほとんどなかった。[van Langenberg 1976:640]

ジャワ人へのこうした態度は東スマトラ国側の不適切な評価であることがわかった。なぜなら、東スマトラ国の成功は二つの関連する問題を解決することにかかっていて、そのどちらにもプランテーションの住民は複雑にかかわっていたからである。一つは農園の土地での広範で拡大する不法占拠運動であり、他は深刻な労働力不足であった。両者ともプランテーション産業が効率的に復旧するのを妨げ、連邦主義の効率性についての外国の確信を危うくする可能性があった。そのようなものとして、その二つの問題は中心的な政治的課題となったが、共和国側反対派からは付け込まれ、インドネシア人エリートと外国人エリートを分断した。

不法占拠運動

共和国の種々の急進的な政治組織と、賃労働農民、労働者によるその提携組織や支部は、一九四七年中頃のオランダによる攻勢〔第一次警察行動〕時に公的には追放されたけれども、多くの組織が東スマトラ国の行政区域で存続し、広い支持を受けていた。これは東スマトラ国の指導部が、農園の土地を強奪しようとする動きを直接止めさせる行動をとること、またすでに不法占拠され耕作されている土地でも強制的に取り戻すこと、を決定したためである。東スマトラ国が「ジャルラン」（稲作と交互に行なうタバコ園耕作）を復活させ、他の非マレー系住民を排除してマレー系住民にその権利を与えると主張したため、民族間抗争がさらに悪化した。不法占拠者にたいする東スマトラ国の強硬姿勢がもっとはっきりしてくると、多数の農民や農園労働者と優勢なマレー人エリートとの間に横たわる利害の隠された対立を、反対派はすぐに利用しだした。

戦争後の最初のストライキが、不法占拠者と労働者の組織の双方の積極的な支援を受けたことは意義深い[29]。一九四八年五月、ルブック・パカムにあるバタン・クウィス農園の一八〇人の労働者が作業停止ストを呼びかけた。最近設立された農民組合の一つがそれに共感して、「農園の仕事を止めるように、また占拠した土地をあきらめないよう」

成員に訴えた(30)[BZ]。翌月、東スマトラ国当局は布告を発布して、公有地でも農園でも非合法的に占拠した者は誰でも厳しく罰すると脅した[Pelzer 1957:157]。ブルドーザーで占拠民集落を取り壊し、彼らの耕地をならしたが、そうした布告はその後その場所にすぐに戻ってきて耕作を再開するような頑強な抵抗者にはほとんど効果はなかった[van Langenberg 1976:655]。

一九四八年と四九年には、不法占拠者の権利と農園のさらなる占拠が、共和国による地方キャンペーンの中心的な要素になった。会社側はこの問題にたいして、二つの異なった姿勢の間で揺れた。ある地域では、武装した軍の力で不法占拠者から土地を奪還した。食糧不足と労働力不足が特に深刻な地域では、農園労働との交換で一時的な区画が労働者に給付されたが、食糧不足がなくなったら、こうした区画は農園に返還されるという条件がついた。多くの労働者がこの割り当てを受け入れたが、すべての者が喜んで農園の仕事を引き受けたわけではなく、ましてや後にその土地を手放すことには多くの者が難色を示した。一九五〇年五月、インドネシア共和国へ主権の委譲がなされた数カ月後に、不法占拠運動を抑制する別の試みがなされた。その前の法令と同じくこの強硬な法令もたんに占拠者の戦闘性を鼓舞するだけで、正当な報酬としての占拠者の権利を主張する農民組織へ人々をますます向かわせることになった。

労働力不足の政治学

農園産業での深刻な労働力不足は、多数の労働者が農園の土地で自給自足のための耕作に従事していたことにもよるが、それは労働力不足のほんの一因にすぎなかった。以前の労働者のかなりの数が共和国支配地に逃げ込み、オランダ領に留まった労働力は弱体化していて、栄養状態が悪く、戦争以前の労働生産性よりもはるかに低い状態であった。さらに、農園居住民は老齢者人口が極端に多く、土地を開墾し、プランテーションの諸設備を再建する仕事には

表 4-1　東スマトラ国におけるプランテーション労働力（1942-49 年）

日付		農園数	男性労働者	女性労働者	全体
1942 年		196	133,800	75,000	208,800
1948 年	1 月	128	54,700	17,000	71,700
	2 月		67,926	21,997	89,923
	3 月		74,927	26,304	101,231
	4 月		78,874	31,508	110,382
	5 月	185	84,423	38,431	122,824
	6 月		87,565	41,923	129,488
	7 月		91,050	42,570	133,620
	8 月		94,872	45,558	140,430
	9 月		106,398	51,248	157,646
	10 月		108,682	52,195	160,877
	12 月		108,267	52,388	160,655
1949 年	1 月		98,412	48,832	147,244
	2 月		105,380	54,560	159,940
	3 月		107,321	58,835	166,156
	4 月		107,241	60,727	167,968
	5 月		105,841	61,498	167,389
	6 月		107,220	58,944	166,164
	7 月		106,287	55,704	161,991
	8 月		106,807	58,794	165,601
	9 月		108,271	59,917	161,188

出典：BZ, MR 325/x/48.　内務省に保管されている BZ の月毎のレポート，1948 年 1 月から 49 年 9 月まで。

若い男性が多数必要であった。一九四八年初期にＨＶＡ農園は、以前の半分の労働者しか使えない状態であった。ゴホール・ラマ農園ではゴム・タッパーの不足のため一〇〇〇ヘクタールが休止状態であった。ハリソン・クロスフィールド農園では同じ理由から、その潜在力の三分の一の生産しか達成されなかった。[31]

多くの会社が以前よりもはるかに良い条件で労働者を魅了しようとしたが、それでも現金と物品を合わせた給与は、オランダ当局でさえぎりぎり最低限として認めていた額よりも低い賃金であった。一九四八年の男子の賃金（日当〇・七ギルダー）は、労働査察官が一人の男性労働者を支えるのに必要だとみなした額よりも低いものであって、妻子の扶養ができないことは言うまでもないことであった。[32]家族の扶養は緊急の問題であった。なぜなら、損傷を受けた作物を切り払い、整地を行ない、そして農園のインフラ再建の仕事は、成人男性だけができる仕事だったからである。

一方、女性の就業機会は非常に少なく、だからある観察者によれば、女性労働力への需要が一時的に低いという事実によって、「クーリーの家族の全体的な経済構造はゆがめられた」。表4－1からわれわれは、一九四八年には女性のおよそ二倍の男性が農園で雇われていることがわかる。男性労働者の帰還を促すために考案された暫定的な手段として、労働査察官は家族を基礎にした賃金の支払いを要求した。会社のなかにはその要求に応じた会社もあり、多くの労働者の関心を引いた。だが賃金をカロリー換算すると、四人家族に必要とされる最低限よりもさらに低い一日二二〇〇カロリー〔キロカロリーの間違い〕であった。家族賃金を一旦導入すると廃棄するのが困難だと確信していたので、他の会社はこの譲歩でも拒絶した。

賃金の上昇を避けたかったので、「ゴム植民者協会」と「デリ植民者連盟」などの植民者団体は、ジャワで労働者の募集を再開することに関心が向かった。しかしながら、マレー人志向の強烈な東スマトラ国の指導者たちは、さらなる移民の導入には強く反対で、特にジャワ人移民には反対した。彼らの主張では、人口圧力はすでに深刻で人口増加は政治状況を悪化させるとのことであった。会社自身はゴム農園だけでも三～四万人の労働者が不足していると見積もり、一九四八年には中ジャワから三〇〇〇人の家族を補充しようと積極的にキャンペーンを行なったが、その要請は東スマトラ国（NST）から再び拒否された[33]。NSTが植民者の要求に同意するようになった頃には、ジャワの状況が非常に困難になり、数家族でさえ呼び寄せることは不可能になった。

その代案として、また「ゴム植民者協会」の考えではNSTの役人を説得できると確信した方法として、家族ではなく三〇〇〇人の女性労働者をジャワから入れる許可を取ることに置き換えられた。会社にとってこれは家族手当を支給する必要がなかったので、労働コストを削減する好都合さがあった。また女性労働者は契約が終わるとおそらくジャワに帰るだろうし、スマトラ東岸に住んでいた男性と結婚するだろう〔ことも好都合であった〕。この代案は土地不足と不法占拠者問題を増すだけとは東スマトラ国も主張しなかったけれども、その提案はいくつかの理由からにべもなく断わられた。「ゴム植民者協会」、NST当局と、それにオランダ本国の代表の間で回覧された極秘の政策方針書のシリーズのなかに、それぞれの根本的な戦略が明瞭に示されている。[34]

要するに、東スマトラ国は労働力不足の証拠がないと言っているのだ。ジャワ人農園コミュニティにいる六万人の働いていない妻たちからみると、もしい賃金が適正なレベルに上げられれば、たしかに三〇〇〇人は農園の仕事に呼べるだろう。「ゴム植民者協会」は、こうした既婚女性は賃金をもらって働く経済的必要を感じていないし（彼らの多くは不法占拠地で耕作に従事していたから）、また雇われてもすぐにその仕事を辞めるからという理由で、この主張に反駁した。東スマトラ国は、もし賃金がもっと魅力的になれば、現在占拠地で働いている女性たちは農園に引きつけられるだろうと主張して、再び反論した。

「ゴム植民者協会」は問題を他の表現で言い換え続けた。つまり、男性労働者の賃金が高すぎるのであって、女性労働者の賃金が低すぎるのではない。男性の賃金を下げることによってのみ、女性を農園の仕事に引き戻すことができるのである。結局この計画は実施されないことになった。しかし、闘わされた議論の根拠と、外国資本と地方政治家との間でそれが明らかにした利害の対立は、一年後の主権委譲のはるか後にも繰り返される主題の前兆となった。

東スマトラ国がさらなるジャワ人移民を頑なに認めようとしなかった一方で、会社は労働力不足に対処する別の手段に頼った。近隣の村や不法占拠者の集落から臨時雇いの労働者を確保するために多くの会社が、「請負人」（アーンネーマー　*aannemer*）を雇い始めた。農園が武装ギャングや共和国の旅団に攻撃された場合などには、労働者の手配と作物の手入れを行ない、収穫するのに責任を負う請負者に、農園全体が下請けされた。こうした請負者の間では契約を求める競争が激烈だった。「ゴム植民者協会」は請負者がつねに近くの農園から労働者をよく「盗んで」くるのを強く非難したけれども、実際もっと多くの農園の操業が再開され、労働力不足はそのまま続いたので、その契約システムはより一般的になった。[35]

この労働力不足は農園の賃金を上昇させる原因とはならなかったが、会社は戦争前に普通であったよりもはるかに部門横断的な採用を受け入れざるをえなくなった。管理の観点からいうと、この時代に雇用された多くの労働者は、決定的に「悪い分子」であった。まず共和国支配地から新参者がやって来た。それから一九四八年一二月のオランダによる「第二次警察行動」の後、プランテーション地帯の縁辺部がNST（すなわちオランダ）の支配下に入った時、不法占拠者だけでなく以前の「労働者軍」のメンバーも多く受け入れられた。こうしたより政治化した人々が農園コミュニティの仲間に入ってくるにつれ、労働運動は新しい推進力を得て、その結果NST政府は彼らの力に対抗する新たな政策の必要に迫られた。

農園における組合運動とその境界部でのゲリラ活動が活発化するにつれて、農園の治安に再び関心が集中した。とりわけ権力を持つ人間を妨害しようとする時代の変化を示す一つの兆候は、NST支配地のなかでさえ共和国への共感を示す表現が認められたことである。一九四九年、ますます増加してきた農園の護衛——外国人財産の保全のために配置されていた——が共和国軍キャンプに「逃亡し」、糧食や武器を運び去った。一九四九年七月、少なくとも三〇個の武器とジープ一台とともに、四五人の警備員（その大部分はジャワ人）が五つの異なった農園から消えた(36) [BZ]。シマルングンにあるマルヤニ茶園では、オランダ人支配人が自分の警備員の一人に殺された [ibid.]。マルバウ農園ではある行政官が誘拐され、一人の補佐が殺され(37) [BZ]、別の農園では植民者が労働者軍に真っ昼間に車で連れ去られた。植民者はボディーガードに囲まれ、可能ならばいつでも隊列を組んだ時にだけ移動した [ibid.]。

東スマトラ国とオランダにたいする敵意は、農園内で別の形で顕在化した。東スマトラ国の役人が地区内の視察を行なった際五〇〇人の労働者が彼の演説を聞くために集められたが、労働者は退場を決行し、彼の演説にはたった四〇人しか残らなかった事件がある。感情は必ずしもこのように平和的に表現されたわけではなく、場合によっては公然と表現された。タナ・ヒタム・ウル農園では「オランダ人にたいする敵意を流布させる」ために、労働者の秘密結社が結成されたと噂された。北アサハンのタナ・ガンブス農園とキサラン農園では、共和国ナショナリスト戦線が積極的な支援を受けた。両勢力の境界地から地理的に遠い東スマトラ国に支配されている中核地においても、親共和国のパンフレットが撒かれ、タン・マラカや〔訳注一〇〕ムソ、つまり最も著名な左翼急進派ナショナリストである二人の写真が労働者の部屋で見いだされた(38)[BZ]。

農園労働組合

共和国を支援する同志や部隊に同調して、プランテーション労働者は組織化されつつあり、また北スマトラだけではなく全インドネシアでも自身のために組織を作りつつあった。一九四五年八月の独立宣言直後に、ジャワを中心とするインドネシア労働戦線（ＢＢＩ）が結成された。一年後に、何回も再編され内部分裂を経て、進歩的で、反帝国主義労働運動を代表する「全インドネシア労働者中央機構」（ＳＯＢＳＩ、以下「ソブシ」）が出現し、共和国の主張を断固支持した(39)。同年、「サルブプリ」が創設され、「ソブシ」傘下最大の組合に急速に成長した。一九四七年半ばまでに「ソブシ」は二九の労働組合と職業別組合を傘下に収め、全体で一二〇万人の組合員がいると報告された。このなかで一〇〇万人はおそらく農園労働者で、そのために「サルブプリ」はインドネシアでは圧倒的に最大の労働組合になった[Wolf 1948:69]。

こうした初期の時代の労働運動のリーダーシップ、綱領、それに組織上の構造変化は、資料としてよく残っているにもかかわらず、東スマトラでの出来事の辿った道筋ははるかに曖昧で、植民者は一体何が進行しているのかしばしば自覚していなかったために、とりわけそうであった。たとえば、「ゴム植民者協会」の記録では東スマトラ国における農園労働者の労働組合設立の公的な発表がなされた年月を一九四九年一二月としているが(40)、他の資料によれば「サルブプリ」はそれよりも二年も早く農園内に組織化を始めている。一九四七年のスマトラでの労働組合員数は五〇万人と推測されているが、この数字のなかに含められた農園労働者の数は不明である [US Dept. of Labor 1951:85]。

いずれにせよ、ストライキや作業停止などの形をとった労働運動はまだ課題に上っていなかった。「農園労働者組合」(SBP) は後に「サルブプリ」に合流するが、労働者民兵の創設と土地占拠権を支援することにその努力を限定していた[41] [van Langenberg 1976:571]。両方の主張とも東スマトラ国‐オランダによる支配に反対する、総力をあげてのキャンペーンの一部であった。「農園労働者組合」や「サルブプリ」が労働者事情のすべてではなかった。第五章で見るように、二つの組合の優越性は、競合関係にあった他の労働組合と反共産主義連合によってたえず挑戦を受けた。一九四九年までには北スマトラの労働運動はプランテーション地帯全域に現われ、六カ月間に五〇近くの新組合が設立され、あたかも「雨後の筍」状態であった [Dootjes 1950:119]。

動員すべき労働者自身の準備が整っていたことを原因として挙げることは、労働運動の初期の成功をほんの一部しか説明しない。プランテーションの諸施設、とりわけスマトラ東岸の諸施設は、労働力の組織化をいちじるしく容易にするやり方で結びつけられており、組織化されていた。農園の境界は隣接し、離れた農園に続く鉄道や他の輸送手段があるので、既存のネットワークを利用しやすいし、協調行動も容易である。さらに、大部分の労働者が農園内の労働者用住宅に集中して住んでいることや農園周辺部にある近隣の村に住んでいるため、労働者の居住様式も大衆の集会に適していて、情報の流通も早く容易だ。付け加えると、オルグはあまり監督されない地位(たとえば、職工長)からしばしば選ばれ、あるいはそうした地位の人のなかから注意深く任命された。こうした観点からすると、オルグは管理者から必ずしも注目されることはなく、しかも労働者にたいするある種の権威を有していた。彼らは労働者の労働に最も責任を負っていた人々であり、労働者の福利はそうした人々の手中にあった。こうした濃密で温室的な環境のなかで組合員は急いで補充され、注意深く養成され、自身のために活発に活動した。

北スマトラの労働運動はジャワの労働運動の一歩後を進んでいたはずであったが、デリのプランテーション労働者は、インドネシアで最も組織化され最も戦闘的である、という名声をすぐに獲得した。一九五〇年の一連の大規模なストライキで果たした彼らの指導的な役割が、直ちにその名声を確かなものにした。メダンでの消費物価が過去三カ月間（一九五〇年一月一五日－四月一五日）に四〇％以上も上昇した時に賃上げを要求して、三五のタバコ農園と一七のゴム農園の八万人超のプランテーション労働者がストライキを決行し、鉄道労働者や電話局労働者、それにトラック運転手などの強い支持を受けた [AVROS, 11 Aug. 1950; van Langenberg 1976:871]。ジャワとスマトラの七万人のプランテーション労働者が、八月二一日から九月一〇日まで労働を拒否した。ジャワ出身の二人の共和国指導者が、スマトラ東岸の鉄道とプランテーション労働者の賃上げを交渉して、結局このストライキは停止された。八月の第二派行動は労働者に味方する仲裁機関に持ち出される前に解決した。第一派行動は東スマトラ国が地域の問題を解決する能力のなさを示すことになったので、その地位を非常に弱めることになったと報告されている。第二派行動の結果は労働組合の背後にある政治勢力への関心を呼んだ。

一九四二－四九年の期間を振り返ってみると、革命への大衆の参加は、これまで示唆されていたよりも、広く行き渡っていたわけでも、真剣に取り組まれたわけでもないことがいくつかの証拠から示された。デリのプランテーション貧困層にとって、日本軍敗北直後の数年間は、部分的な解放にすぎなかった。というのは、植民地資本主義を機能させてきた社会経済構造は無傷で残ったためであった。この見解は不法占拠運動の重要性と、それが可能にした新しい機会を軽視するわけでもない。しかしこうした困難がますます悪化する時代にあっては、農園の土地の奪取は政治参加であるよりは経済的生存のための行動であったことは明瞭である。彼らが政治的に覚醒するのは、後に不法占拠者の権利の承認を求める運動に目覚めた時であり、革命初期の土地占拠の時代ではなかった。

北スマトラの他の階層は、政治的経済的権威の再編成を経験したとはいえ、そうしたことは多くのジャワ人農園住民には当てはまらない。日本占領時代には農園労働者は日本軍を養う義務を課せられ、その後には共和国軍を養う同じ義務が課された。独立闘争での農園の戦略的な重要性によって、誰が勝利しても農園の管理は労働者の手の届かないところに置かれたままで、農園労働者はオランダの金庫を満たし続けるのか、そうでなければ共和国の奮闘を財政的に支援するために生産を続けるかを余儀なくされた。女性は伝統的に「革命の台所」の役割を負わされてきたために、革命の初期の時代にデリの女性クーリーたちは、オランダに支配されていた時代に果たしてきた役割とまったく変わらない役割をあてがわれたと信じてもいいだろう[42]。

だから当然のこととして、一九四六年の社会革命への利害関係——とその利害関係が表現される用語——は、農園労働者の支配にかかわる経験にはあまり重要ではなく、また過去の秩序が転覆されるかもしれないある決定的な領域から、彼らを一時的ながら周辺的な存在にしてしまった。それに反して、独立運動の焦点がもっとなじみのあるコンテクストに転換していくにつれて、つまり問題が農園の生産や労使関係に集中してくるにつれて、プランテーションの住民はもっとかかわるようになった。

政治的にも経済的にもこの決定的な土地の占拠は、彼らが革命運動に参加するのを妨害し、また容易にもした。経済的帝国主義の主要な象徴として、また国家財政のきわめて重要な源泉として、農園は国内政治の戦場であり続け、対外政策と経済開発という矛盾する傾向がしばしば最も顕著に表われる場所になっていた。権力の配置が変わると、農園労働者は革命の少なくともある局面では舞台の袖に置かれた。一九五〇年代に権力の配置が再び変わると、権力を求める次の戦いでスポットライトを浴びた。だが、それはかなり厳しいものになった。

第五章　曖昧な急進主義——農園労働運動／一九五〇－一九六五年

インドネシアの労働運動は、オランダの支配権にたいする政治的かつ武力による激烈な戦いの時代に急速に高揚したことで、その将来の進路を永久に形作った。一九五〇年、集会、結社、ストライキの権利を容認する政府の命令に基づいて、インドネシアの労働者はこの新たに獲得した自由をすばやく利用し、彼らの革命から報酬を受ける権利を主張した。とりわけ北大西洋資本の政治的経済的な支配が最も直接的であった農園では、労働組合が急増し、組合員の動員が急激にまた広範になされた。一九四六年に結成され、一九四七年には正規の共和国軍の補助兵力となった労働者の民兵（労働者軍《ラスキャル・ブル》）は、大衆の要求が政治上の主権問題から社会経済的な改革の問題へと移行したので、地元の活発な労働組合へと形を変えた。共和国政府の支援と急進的な労働組合の指導を初期には受けたので、労働運動は農村貧困層の新たな期待を表現し、またそれを形作ることさえあったほど強力だった。

一九五〇年には、インドネシアでの労働運動によって七〇万就業日以上が「失われた」[Feith 1962:84]。その後の数年間に全労働運動の約半分に当たる労働停止や怠業行為が、外国企業の密集する北スマトラで記録された [Biro Pusat Statistik 1957-61]。一九六一年の労働者の運動にたいして、国会や地方議会からの支援が熱烈に表明された。大衆のレベルではインドネシア全土で、文字通り何十万人という労働者が大衆的なデモに参加し、民主的な権利を主張し、それに具体的な表現を与えた。北スマトラでは農園労働者は、この時代をよく覚えており、その記憶を楽しんでいる。多くの労働者が口を揃えて、彼らが勇気（ブラニ　*berani*）をもって要求を出し、それを実現させるほど十分に強かった（クアット　*kuat*）のはこの時代をおいて他にはなかった、と言っている。今日では厳しい叱責を受け、解雇され、あるいは投獄すらされてしまうのは確実な行動の物語を男女ともに語る。

一九五〇年代は労働者にとって明白な勝利の時代であったが、この章で明らかにするように、いくつかの決定的な点ではそうした評価は誤りである。第一に、労働者の抵抗の強さは一九五〇年から一九六五年までの間で極端に揺れていて、一九五〇年代半ばからは極端に衰退している。第二に、進歩的な社会変化の先導役として、労働運動はほんの部分的でわずかな勝利しか得ていない。農園生活の抑圧的な特徴をいくつか改善しながらも、搾取の根本となる基本的な生産関係やそうした関係が再生産される階級構造には決して挑戦しなかった。労働組合内外の理由から、急進的な社会変化は実行不可能な願望となった。

他方、労働者に勝利をもたらしたその手段と、うねりのような大衆の抵抗と政治的覚醒によって引き起こされた抑圧によって、その支持者の利益を促進する労働運動の能力は急速に束縛された。同時に、インドネシア共産党（ＰＫＩ）とＰＫＩに最も密接に結びつく農園組合、つまり「サルブプリ」〔農園労働者同盟〕のイデオロギーと実践が変化し、対決よりも妥協、階級に基礎を置く要求よりもナショナリズムに基づく要求へと、農園住民の行動と政治的覚醒の可能性が制限されてしまった。

北スマトラでは、組織化された労働者の力があるにもかかわらず、彼らが生き働いている条件を積極的に論議する能力が労働運動の支持者に欠けている原因を、本章で主に探求する。膨大な労働組合員を示すやつぎばやの統計、新しい労働法令、外国企業の巨大な損失、それに一九五〇年代における他に例を見ない労働争議の数は圧倒的である。だがそれによって、独立とともに促進された大衆の抵抗にたいする根本的で、絶え間ない反対が生じたという事実の重要性が見失われてはならない。

農園労働運動の勃興と活動停止を跡づける際、私は次の二点に主眼を置いた。㈠労務管理の機構とその担い手の変化にはっきり現われている基本的な矛盾。(二)大衆に導かれた(そして鼓舞された)労働運動の形成にたいする経営者、労働組合、政党だけではなく、とりわけ、巨大化する国家と軍事機構の介在で強いられた無数の抑圧。

本章では、独立後の一五年間が明確に二つの時代(一九五〇―五七年、一九五八―六五年)として扱われている。その二つの時代を分けるのが、「憲政民主主義」から「指導された民主主義」への移行であり、オランダ企業の国有化、それに農園産業に新しい官僚制的エリートが出現したことである。それはプランテーション住民の生活と、労働運動が辿った方向に直接影響を及ぼした変化であった。

行動する労働者

一九五〇年代のインドネシアの政治的・経済的生活を震撼させた労働者の戦闘性を誇示する記事は、インドネシア国内の新聞と世界の新聞の見出しを飾るにふさわしいものだった。北スマトラだけでもいくつかの外国企業が閉鎖を余儀なくされ、労働者の蜂起は直接的あるいは間接的に毎年数百万ギルダーの損失の原因となった。生産コストは一九四〇年から五二年の間に天文学的に上昇し、東スマトラでの農園賃金だけでも三〇〇〇~三五〇〇%も上昇した[De Javasche Bank 1952:156]。

法人資本主義へのこうした攻撃は、成功をおさめた。一九五〇年八月と九月に「サルブプリ」に指導されたストライキは農園労働者の最低賃金をいちじるしく上昇させ、一九五三年九月のストライキによって安定した物価の時代に賃金を三〇%も上昇させる結果となった[Hindley 1964:148]。一九五一年には労働法が改定され、一日七時間、週四〇時間労働に会社は同意した[Hawkins 1963:263]。高インフレの影響と一般市場での物資不足へ対抗するために、北スマトラの農園労働者に、賃金の現物支給(ナツラ *natura*)による支払いがなされたが、この量も年々増加していった。さらに、種々の保護法案が通過し、児童労働が制限され、女性労働者に生理休暇や産休が保証された。

スマトラ東岸ではバラック小屋の跡を取り除き、自分の住居を修理する材料と時間（労働時間内において）の割り当てを要求するキャンペーンが、「サルブプリ」によって繰り広げられた。内部の管理の問題では、望ましくない職工長を追放し、労働者の主張により共感的な人物に置き換えることに「サルブプリ」は特に効果を発揮した。[1]さらに日常的なレベルでは、下級米の配給とか上司による女子労働者への性的虐待には、ある外国人支配人が「あきれるほどの根気強さ」といったほど執拗で、かつ効果的な抗議がなされた。[2]

要するに、植民地時代の農園社会には不可欠な一部として以前なら容認されていた条件が、論争の根本となり、「サルブプリ」はたとえ搾取ではなくても、抑圧の過剰な兆候があればそれを軽減することにその努力を集中させた。「サルブプリ」が北スマトラでほとんど一〇万人の農園労働者を、全インドネシアでは一〇〇万人の労働者を惹きつけることに成功したのは、[3]そうした諸問題、つまり就業日にかんする陳腐のようだが、その実不快な苛立ちに関心を向けさせた結果である。つまり、「個人的な問題と成員の必要が一致するように、一種の苦情処理局を各地域において運営することで、「ソブシ」（全インドネシア労働者中央機構）は、おそらくインドネシアにおける他のどの組織よりも個々のインドネシア人に近づくことができたのであろう[4]」。

労働争議が農園での普通のビジネスをどれほど混乱させたかは、就業日の損失とか、オランダ・ギルダーだけでは算出できない。混乱は労働組合レベルでの争議が示しているよりもはるかに広範に行なわれており、組合の統制下に置かれていたのはほんのわずかであった。会社、株主、「ゴム植民者協会」（ＡＶＲＯＳ）の記録を読むと、組織化された労働者の戦略だけではなく、もっと重要なことは、労働者が個々の現場で体験する「自然発生的」で、組合とは独立した労働者の反応について知ることができる。

一九五〇年代初期の労働運動は、その規模、形態、内容において大きく異なっていた。地域によっては配給米を積んだ船が遅れた場合、それが着くまでは農園労働者の一部が働くことを拒否するとか、プランテーション地帯中の何千人という労働者が賃上げを求めて一斉にストライキを起こした所もあった。地元の組合支部の指令によるストライキは、職員の解雇、配置転換、あるいは〔馘になった者の〕復職を求めるものだった。地方でのストライキの多くは短く、数時間からたった一日しか続かなかった。これにたいしてより大規模で他と連合した争議は、しばしば数週間も続いた。

外国の企業は、組合指導部が「素人くさいこと」、無学な一般組合員が洗練されておらず、組織を「盲目的に信頼」することをすぐに軽蔑した。にもかかわらず、こうした初期の抵抗の形式は疑いもなく非常に効果的で、しばしば巧妙にストライキを行なった。こうした成功は、労働組合の戦略が、大規模農産業の特有性とそれに結びついている労働力の不安定性に注意深く適合されているという事実のためであった。そうしたものであったため、伝統的な労働組合が得意とする戦術のいくつかは他のものよりもはるかに人気があった(5)。

たとえば、組合費は集めることが困難で、闘争資金がほとんどなかったために、「サルブプリ」は合法的なストライキの時は例外なく、満額の賃金の支払いを要求したし、少なくとも賃金の代わりとなる食糧の支給が継続されることを要求した。この闘いで組合は必ずしも勝利できるとは限らないほど厳しいものであった。このために、会社が容易に賃金カットを行ないやすい座りこみストライキではなく、そうした制裁を受けにくい怠業行動をより頻繁にとった。怠業の場合、労働者はフルタイムの労働をするが、「通常の」三分の一から半分の生産高しか産出しないで、しかも丸一日分の賃金を要求した。こうした争議は会社の破滅のもとであった。損失を計算し、責任の所在を特定するのが困難であった。怠業の行動は申し合わされることのない、またしばしば何も宣言されることのない行動のため、怠業は政府のストライキ規定の法的枠組外にある沈黙の妨害行為であった。

選択的な怠業行動も似た効果があった。こうした場合、要所となる持ち場にいる労働者だけが闘争に参加し、他の労働者は自分の持ち場に留まり、仕事をする準備を整えていた。機械操作員などの労働戦略上重要なグループが、加工されようとしているゴムにタイミングよく凝固材を入れなかったら、農園全体の生産の過程が停止を余儀なくされる。さらに会社には、大多数の積極的でない参加者の賃金を減らす法的な根拠が明らかになかった。

農園産業への攻撃は労働組合に限定されなかった。場合によっては労働者と不法占拠者が同時に行動を起こし、農園の経営者側と警備員が両者に対処する、あるいはどちらかのグループを封じ込めるのを実質上不可能にした。一九四九年末の主権委譲以降、政府が繰り返し禁止したにもかかわらず、不法占拠運動は拡大を続けた。一九五四年には農園の土地利用権を持つ土地のうちの八万ヘクタールが不法に占拠され、一九五九年末までには北スマトラだけでも一三万ヘクタールを優に越えていた(6)。

組合の戦術を農園労働者の特徴に適合させたことによる限界がいくらかあったことは事実としても、採用された行動はストライキの日数から生じる損失をはるかに超えた、とてつもない財政的な損失を会社にもたらしたことも事実である。農業労働の停止によって奪われた何十万労働日は、製造部門での同じ日数の損失とは比べようがないほど深刻な被害を与えた。タバコは最も労働集約的な農園作物で、また労働投入量の変化に最も影響を受ける作物であるので、二週間のストライキで害虫退治が停まり、その間にタバコの葉が虫に食い荒らされてしまうなどの理由で、何百万米ドルがふいになった。熟すと間髪を入れずに収穫される必要のあるアブラヤシは、収穫されなかったら品質が急速に悪化し、ときには輸出用に要求された水準以下に下がることもあった(7)。ストライキ決行中にしばしば不法で未熟なタッピングを受けるゴムの木は、計算できないほど長期の損害を蒙った。

経営者は、労働者の別の手段による抵抗のために深刻な負担を余儀なくされた。実際のストライキの他に、こうした年代に会社が最も不満を抱いたのは、一般的に労働者の労働遂行能力が低いことであった。「ゴム植民者協会」は現物支給が増えることは、労働生産性を高めるのに「心理的に適していない」といって強く反対した。労働者は生存に必要な物が保障され、基本的な市場での物資の変動から自由になるにつれ、労働のアウトプットはいちじるしく低下する、と報告されているとして反対した(8)。もちろん問題は、労働者が労働時間中に本当に生産性を下げているのか、計画的欠勤率の高さが平均的な労働生産性を下げているのか、ということである。

会社は両方とも正しいと主張した。というのは、農園労働者で増加しているのは、不法占拠をする労働者農民《ファーマーズ》であり（それには重労働が伴った）、「労働時間を減らして自分の畑で働く時間を増やす」ために、労働時間に農園であまり熱心に働こうとしなかったからである。第二に、多くの労働者＝不法占拠者は残業を拒んだ（組合は選択制を導入することで、かろうじて部分的にうまくいっただけであった）。つまり、残業に支払われる高額な賃金にもかかわらず、残業時間に自分の畑で働くのを選んだのである（注7参照）。こうした収入を稼ぐ機会が増えるにつれて、かつてなかったほど農園労働の領域から自分を遠ざけることで、多くの労働者は組合の支持によって勝ち取った行動の自由の特権を享受するようになった。このことは一九五〇年代初期の女性に確かに当てはまる。多くの女性労働者がプランテーションから引き上げ、農園のために働く世帯のなかでの「農民」になった。

超過労働の拒否、無断欠勤、それに「自分の労働力の節約」は、不法占拠運動が加速することに密接に結びついた労働過程にたいしてすべて破壊的であった。いくつかの理由からこれは重要なポイントである。第一に、これは労働運動と不法占拠運動との基本的な矛盾の一つを示すこと。つまり、労働者が農園で獲得したものを背景に、農村における一人前のプロレタリア的家族長、あるいはその成員として、今までの〔弱い〕地位を捨てて、労働者は不法占拠の道に進むわけである。第二に、こうした行動は会社の利益に損失をもたらしたこと。そのために、会社が賃上げや組合の他の要求を満たしながら、インドネシアでの継続的な投資を財政的に正当化することは、ますます困難となった。要するに、組合が「成功」するには、不法占拠する労働者を労働争議という社会的・経済的闘技場の外に配置することが不可欠であった。間接的にそのことは、会社に劇的な再編か、それとも完全な破産かいずれかを余儀なくさせた。もちろんこのことは、会社が途方もない利益を稼ぎ続ける義務がある――いわばそうであり続けてきた――ということを前提にしている。

共産党がすぐに気づいたように、農園産業の即時国有化あるいは外国人従業員や顧問などの厳しい賃金カットなど、他の代替策はあった。しかしインドネシアにおける外国投資の重要性を考えれば、(この時代の政府の予算はまだ外国投資に依存していた)、こうしたことは実行可能な選択肢とは考えられなかった。その代わり、政府は通常外国企業の利益を保護する選択をし、同時に反帝国主義的でナショナリズムを推進する開発計画を公然と唱導した。関係者のほとんどに当てはまるこの日和見主義は、労働運動と不法占拠運動に損失を与えた。そのことについては、これからの節で検討することにする。一方、外国企業はその財産をしっかり保持していて、包括的な自己防衛戦略を開始した。

会社の自己防衛戦略

東スマトラ国の農園労働者はまだ組合が結成できるほど成熟していない。[AVROS, 5 Oct.1948]

一九五〇年の東スマトラほど多くのストライキが起きた所は、おそらく世界中どこにもないだろう。[AVROS, 10 Oct. 1951]

右の「ゴム植民者協会」の記述にみられる不一致が際立たせているのは、一九四八年時の労働者の状況の評価と三年後の状況の現実である。それは維持するのがますます困難になってきた植民者側の楽観的な自己欺瞞の反映であった。「ゴム植民者協会」以外の誰もが当惑するほど時代錯誤的な判断規準を採用することで、遅くとも一九四九年までは農園に労働組合運動が侵入してくるのが避けられた、と協会は確信していた。一九四八年にはオランダの手に戻ったそれぞれの農園に、管理部門と労働部門との間に会社が支援する、戦前の「リエゾン・メン」(フェルトロウヴエンスマンネン）制度が再設された。この制度は「近代的な労働組合よりも労働者により大きな奉仕をする」とたとえ会社が主張しても、農園労働者はあまり信頼せず、ほとんど熱意を示さなかった。代わりに彼らは彼らの不満を直接会社にぶつけるか、管理部門と話し合うための彼ら自身の代表者を任命した。

ゴム植民者協会長と社会問題省の種々の代表（ジャカルタとメダンの）との間で行なわれた一九四九年のある白熱した会議で、植民者の非妥協的な態度にたいしてインドネシア人参加者は次のように応じた。

労使関係にきわめて重大なより良い生活条件、それに社会保障と他の条項を、調理道具、映画会、それにその他の小さな装身具の供給に置き換えようとする「ゴム植民者協会」の計画は、進歩的な世界とインドネシアの発展の只中に住んでいる誰にとっても、驚くほど意識が欠けていることを示している。さらに、協会の「リエゾン・メン」組織はすべての現代的な社会観や趨勢と直接衝突している。(9)

あらゆる観点から公平に見て、農園の利益を擁護するのにかかわったすべての人々が近視眼的であったわけではなかった。実際、植民者のなかの実際的な成員の何人かは、「リエゾン・メン」制度を労働組合運動の代替としてではなく、その発展を管理しようとしているとみなしていた。

われわれは「リエゾン・メン」制度によって政治的志向の労働組合の結成が防げる可能性を見ている。われわれは（それを）政治的傾向のない本当の組合の先駆者だと見ている。この手の労働組合運動が急速にわれわれにもたらされるであろう、と私は確信している。そこでただ問題が一つ残る。つまり、いかなる手段でこの発生しつつある労働組合運動に、無事に正しい道筋を辿らせることができるのか。(10)

すでに明らかなように、「リエゾン・メン」は労働組合運動の潮流に掉さすにはあまり役立たなかった。一九五〇年までには、こうした「信頼された人間」（「フェルトロウヴェンスマンネン」の直訳）は、期待されたほどには当て

表 5-1　東スマトラにおけるプランテーション労働組合（1952-56 年）

労働組合	組合員			全体における組合組織率		
	1952	1954	1956	1952	1954	1956
SARBUPRI	96,417	91,206	87,154	56	55	51
PERBUPRI	31,069	27,112	23,113	18	17	14
OBPI	13,856	20,931	18,726	8	13	11
KBKI	—	125	11,267	—	—	7
SBII	1,668	2,863	8,810	1	2	5
OBSI	—	4,758	4,924	—	3	3
SBP	11,027	5,845	4,502	6	4	3
その他	1,466	3,562	3,593	1	2	2
非組合員	16,143	8,659	8,100	10	5	5
全体	171,646	165,061	169,547	100 %	100 %	100 %

出典：1956 年の AVROS の表から作成，BKSPPS.

にはできなかった。実際、彼らはしばしば組合のために動き、管理部門よりは労働者の主張を擁護した[11]。

時代に譲歩した結果、「ゴム植民者協会」は心ならずも方針を変えて、「良い」（非共産主義的、という意味）労働者の組織を支援することに集中した。かくして、会社は「サルブプリ」の内部分裂を大いに興味をもって見ていて、特に一九四九－五〇年の「プルブプリ」（農園労働者連合）の結成に関心を寄せた。法律家のフムラ・シリトンガの指導の下、「プルブプリ」は、「サルブプリ」と一般的には急進的な労働組合運動の主要な敵対者として存続した（図5－1参照のこと）[12]。「サルブプリ」と異なって、「プルブプリ」は北スマトラに限定されていた。だから、インドネシア社会党（PSI）の政治的な支持を受けていたけれども、「サルブプリ」がそうであったような組織的なネットワークと財政的な支援を受けてはいなかった。さらに、その忠実な成員は農園の普通の労働者ではなく事務員であった。「ゴム植民者協会」と労働省によって発行された成員のリスト（図5－1）は、「プルブプリ」とその枝分かれした組織（OBPIとOBSI）が、「サルブプリ」に相当食い込んでいたことを示しているようであるが、その統計は明らかにフィクションである[13]。北スマトラでは、他のどの組合も農園労働者の要求に注意を払わなかったし、要求を支持することはなかった

図 5-1　農園労働組合の関係系譜（1949-72 年）

（この図は，不正確だが，組合間の大まかな概観を提供している。出典：AVOROS 文書，Perjanjian untuk melakukan pekerjaan ditinjau dari segi pekerja dan pengusaha perkebunan sebagai pihak-2, S. Wiratma, 1973）

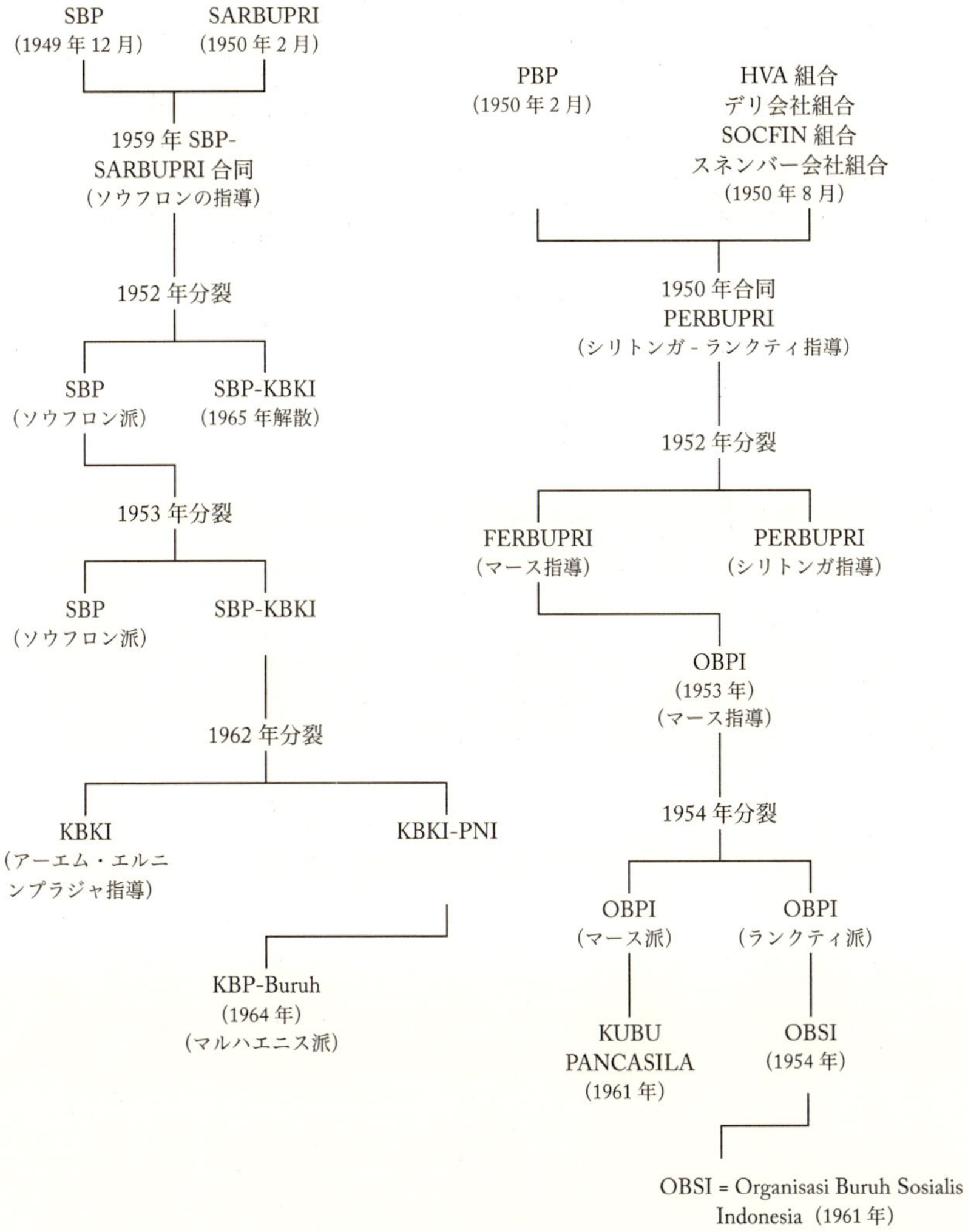

ので、「サルブプリ」はその優越性をしっかりと保持していた。

植民会社は、農園での「サルブプリ」、労働運動一般での「ソブシ」の圧倒的な支配権に対抗しようとした唯一の団体ではない。一九五一年合衆国労働省レポートによれば、「プルブプリ」は会社にもっと迎合的な姿勢を打ち出すことで、スマトラ東岸での基盤を強化しようと試みた。

> 共産主義者の組合がお互いに戦っていた一方で、非共産主義者の組合である「プルブプリ」は雇用者に回状を送り、「良好な協調関係の希望」を表明し、会社が「プルブプリ」の方針と活動に反しないよう依頼した。このことは表立っては表明されてはいないけれども、「プルブプリ」が共産主義者とのつながりに縛られていないために、雇用者は他の組合よりははるかに彼らからの協調を期待することができた。[U.S. Dept. of Labor: 113]

実際のところ、「プルブプリ」はある問題では「サルブプリ」と足並みをそろえたが、別の問題では反対した。たとえば、一九五〇年八月のストライキでは、「サルブプリ」の要求がすべて満たされる前に、「プルブプリ」は会社との単独協定を締結し、スマトラ東岸でのストライキから撤退した[14][ibid.]。

「サルブプリ」の信用を傷つけることに農園産業は努力し、それは、すでに人口に膾炙しているが、会社の新たに翻案された隠語集のなかで明らかである。誠実な労働組合を「政治的な問題には関心を持たない」と理解する「ゴム植民者協会」の定義を認めるならば[AVROS, 11 Aug. 1950]、それは実際には大部分のインドネシアの労働組合組織の信頼性を否定することを意味した。というのは、政党との提携——または少なくとも連合関係——なしの無党派の組合は、こうした歴史的コンテクストから見ると多くの点ではっきり矛盾だった。

「サルブプリ」などの特定の組合が「政治的」だと呼ばれ、他がそうは呼ばれなかった基準は、その活動が権力を持っている人々に受け入れやすいかどうかにほぼかかっていた。この関係で、「ゴム植民者協会」は紛れもなく「右翼」

――「プルブプリ」は間違いなくこれに入る――である組合だけを「近代的」として分類しようとしていた。[15]だから、「政治的労働組合運動」とは、その目的と行動が優勢な社会的・経済的秩序を支持する人々に敵対的である労働者や農民のグループにたいして浴びせられた悪口である。一九二〇年代と同じように、「過大な」とみなされた労働者のいかなる経済的要求も「政治的」だとレッテルが貼られ、農園の労使関係の外にあるもの、またそれにたいして不適切なものだとみなされた。

しばしば階級闘争の用語を用い、労働者の力を促進させるために彼らの利害に呼びかけながら、政党が労働運動に密接にかかわることをこのことは否定しない。[16]これがどの程度労働者の多くの組織の信用性を弱めているかについては後で議論しよう。しかしながら、これは何が「政治的」であるかについての「ゴム植民者協会」の考え方とは関係のない問題であり、それはしばしばインドネシアにおける外国資本の永続的なプレゼンスを脅かすかもしれない諸勢力と同一視された。

「政治的な」労働組合として、「サルブプリ」に資格があるかどうかは、いくつかの論点から確認された。つまり、第三世界の別の場所でもそうであったように、帝国主義者の行動を繰り返し非難していること。農園産業内部だけではなく、それを超えて労務管理の「政治」を暴露していること。インドネシアの土地に外国の会社が留まるのを認める「政治」に疑問を呈していること。インドネシア固有の労働運動を弱体化させようと明らかに企図しているいくつかの会社の悪習を暴露していること、などで明白である。

他方、そうした悪習にたいしてすべての労働者の抵抗の口火を切った、とする名誉を「サルブプリ」は与えられるべきではない。「サルブプリ」は異議申し立て――労働者自身は長く支持してきたが、植民地会社は長く抑圧してきた――に、ただ援助を与え、そうした問題を公然化しただけだった。賃上げ、社会保障、改善された住宅、時短、休暇、よりよい医療設備などの要求は、産業の利益の基礎そのものを鋭く切り裂いた。実際の農園労働力（それに予備的な労働力も）の再生産のために、ほんの一部のコストしかこうした外国企業に責任を課さない政策がある。それに会社が既得権を持つことに、「サルブプリ」などは本質的には挑戦した。最終的にこの変革の実行は、アグリビジネスが耐えられること以上のものだった。国家も、会社も、それに組合でさえも労働者の大胆さをそれぞれの方法でチェックし、それによって新規の、あるいは復活した労務管理の手法が実施された。

植民会社の利益、権力、それに財産の蚕食から会社を守るためにとられた最初の手段の一つが、「ゴム植民者協会」と「デリ植民者連盟」という二つの植民者団体（前者は多年生作物農園を代表し、後者はタバコ農園を代表している）を、単一の統合された組織にすることであった。数年来、両団体はいくつかの政策決定において協調を図ろうとしてきたが、タバコと多年生作物の生産とそのマーケティングの性質の違いのために、彼らは独自の賃金政策と労使関係のガイドラインをつねに維持してきた。両方にまたがる農園がいくつか加盟したために、両団体の違いはほとんどなくなった。もし組合がストライキで統一戦線を維持する場合には、会社も同じく統一された対応をとらねばならなかった。一九五一年に二つの組織は一つに合流し、「ゴム植民者協会」が地域と国家レベルの組合の代表機関と交渉に際して管理部門を代表するようになった。

さらに一九五一年、政府は仲裁委員会、すなわち国家レベルでも地域レベルでも機能し、「たとえばスマトラ東岸の全農園組合などの似た性質の係争を一つにまとめ、一般的な裁定を下す、労働問題中央委員会（P４P）を支援した」[Hawkins 1963:264]。この強制的仲裁機関への上訴は、労働政策が農園自身の労使交渉からははるかに離れたレベルで解決される傾向が出てきたことを意味した。というのは、地方組合の成員は調停委員会（P４P）の決定に実際には何の発言もできなかったからである。だからこの年代に起きた小規模かつ短期間で収束した労働争議は、労働協約の実行にかんする議論に限定され、その決定そのものに疑問が呈されることはなかった[AVROS, 9 Jan. 1952]。

非組合員の補充と労働力不足

「ゴム植民者協会」と「デリ植民者連盟」との合流は、強力な労働組合の影響を相殺しようとする植民会社のとった諸方策のほんの一つにすぎなかった。一九四〇年代末に新たに再開された農園は労働力不足に陥った。それは、不法占拠運動が拡大し、労使の摩擦や無断欠勤が頻繁に起き、それに労働争議が頻発したことによる労働力不足の増大のために、軽減されることはなかった。スマトラ以外の島々から労働者を補充するのはコストがかかるけれども、「ゴム植民者協会」は以前よりもずっと厳しくなった政府の規制を受けながらも、この状況を切りぬけるためにキャンペーンを再開した。一九五一年と一九五二年の二年間におよそ二万五〇〇〇人の労働者が、その扶養家族四万一〇〇〇人とともにジャワからやって来た。彼らにはジャワへの帰還も保障されていた [McNicoll 1968:71]。

「サルブプリ」のレポートによれば、地元のプランテーション労働者の一時解雇が頻繁に起きている時代に、さらに多くのジャワ人移民が農園の労働市場に溢れたことは、功罪半ばする結果をもたらした。こうして補充された非組合員は既存の農園労働者よりも従順なことを「ゴム植民者協会」は期待していたのであろうが、そのような労働者のほとんどが「サルブプリ」に参加したことを、ある会社の責任者が私に打ち明けた。けれどもこうした新しい契約労働者は、まったくいないよりはよいことと思われていた。労働生産性は大戦前のレベルのずっと下に落ちこんだ。一九四〇―五一年の間ではいくつかの農園における一ヘクタール当たりの労働者の数は、一〇〇%以上も増加している[17]〔つまり二倍になった〕(表5-2参照)[AR]。

表 5-2　多年生作物農園における 1ha 当たりの労働者（1941 年と 1950 年）

	1940 年	1951 年
ゴム	0.35	0.69
アブラヤシ	0.40	0.87
サイザル麻	0.90	1.85
茶	0.85	2.06

労働者が増えた原因としては、農園再建に必要とされた大量の労働者の投入（お茶農園では、その全区画が戦争と革命時代に破壊された）、年間労働日数の減少、それに一日七時間、週四〇時間労働が導入されたことが挙げられる。けれども、労働者は大戦前ほど勤

勉に働かなくなっただけ、と多くの会社は嘆いた。

ジャワからの新しい労働者の補充は、この問題をいくらか解決するだろうと見込まれていた。管理部門によれば、こうした新参者は不法占拠者になることはなく、生活のすべてを農園に依拠し、三年間の契約を交わしていて、すべての者は養うべき家族がいたので労働争議に参加することはありえない、とみなされた。さらなる安全装置として、コストのかさむ帰還を避けるために厳しい手段がいくつか実行された。多くの農園が、「ジャワに帰るために長期の休暇を申請する労働者を再雇用しない政策をとった。なぜなら、たとえいかなる法的な条件が果たされたとしても、そうした労働者を再雇用することは農園の側ではかなりな出費を要求されるものであったからだ。……この政策はスマトラにいる多くのジャワ人に、彼らの意思に反してスマトラに留まらせるようになった。なぜなら、彼らは仕事を失いたくなかったからであり、留まることは一種の義務であった」[Hawkins 1963:222]。この政策にもかかわらず、ジャワへの帰還者の割合が九〇%に達したと推測する資料もある[McNicol 1968:70]。いずれにせよ、ジャワからの補充者は一九五三年までには数千人にまで落ちこんだ。たとえ労働力不足がまだ存在していたとしても、今や労働力は地元の臨時労働者によって補充されるようになった。

臨時労働者問題

一九五〇年代初期に農園で臨時労働者を使った背景として、経済的便宜と政治的便宜にかかわる目的が混在していた。第二次世界大戦以前にも、一定数の臨時労働者（ブル・ルパス）や労働請負人の監督の下にいる外部労働者（ボロンガン）が、〔特別な〕技術の必要な仕事や大量の労働力の投入のために、比較的短期間利用されたことがあった。そうした仕事とは、土地の開墾、建物の建設、それに大規模な再植え付け計画などであり、その仕事に地元のマレー人やバタック人がジャワ人とともに雇用された。この種の労働者の補充は、ジャワのタバコや砂糖産業においてもそうだったように、作物の管理や、収穫作業にはほとんど用いられなかった。しかしながら、いまだに大規模な労働力不足に不満を持ちながらも、今や、会社はゴムのタッピングやアブラヤシの収穫作業に臨時労働者をますます雇い始めた。そうした仕事は従来、半熟練の常勤労働者の仕事とみなされていた。臨時労働者は政府の労働法の保護下に実質的に置かれていなかったので、会社は常勤労働者に規定されている社会保障、住宅、その他の福利厚生についてのすべての責任を放棄でき、それによって組合の要求で課せられた巨額の費用をいくらか削減できた[18]。

北スマトラでの労働運動の絶頂期に、臨時労働者を入れることが注意深く目論まれた。というのは、「臨時労働者は組合に組織化されて［いなかったし］、ストライキという武器を使える立場にも［なかった］」[Blake 1962:117] からであった。これがスマトラ東岸での労働者補充の主要なやり方にならなかったのは、「サルブプリ」の激烈な反対キャンペーンのためであった。ある農園行政官はこのように語った。「それで「サルブプリ」の力を殺ぐことができたから、われわれとしては臨時労働者をもっと使いたかった。臨時労働者は「サルブプリ」に入ることができず、これで労働運動は分裂するはずであった。しかし「サルブプリ」はこの時期強力で、常勤労働者規定（ＳＫＵ）の導入を強く主張した[19]」。管理部門のすべてがこの問題で一致しているわけではなかった。たとえばアムステルダム商会（ＨＶＡ）は、臨時労働者のなかに「望ましくない連中」がかなり紛れ込んでくるというまさにその理由で、彼らを雇う政策に反対した[20]。

「サルブプリ」の観点からは、この分割統治政策は労働戦線を弱めるだけではなく、組合が勝ちとってきた福祉も消し去ってしまいかねなかった。それだけに臨時労働者の廃止は「サルブプリ」の大きな関心事で、それは「独占資本、帝国主義者」陣営の戦略を特色づけるものだった。激烈な抗議の形で、ある「サルブプリ」の支部はスマトラ州知事にこう書いている。「こういうシステムでは外国人経営者は、労働者の運命に何も責任を取らず、インドネシア人労働者の労働をたやすく利用できるようになる[21]」。一八年後同じ問題で問い質された時に、「ゴム植民者協会」はこうした批判にまったく同じ口調で答えている。知事への手紙のなかで、同協会は以下のような説明をして、「臨時雇い」のような者はいない、と強く否定している。

> 「サルブプリ」は、請負人の指示の下で働く労働者を引き合いに出している。こうした労働者は農園のために働かないで、農園で特別な仕事を行なう請負人のために働く。それだから、請負人と彼のために働く者との間に結ばれたいかなる協定からも、農園は自由である。(22)［傍点はストーラーによる追加］

そうした狡猾な言い回しを弄しても、「サルブプリ」や自分の生活が脅かされると思った労働者にほとんど訴えるものがなかったのは疑いない。スマトラ東岸のいくつかの地区では、組合の支部が臨時労働者の身分を全廃するよう要求した。別の場所では、彼らは常勤労働者と臨時労働者が、同じ保護と同じ賃金を受けられるよう主張した。これは決して受け入れられなかったけれども、労働省は労働者の問題を取り上げた。「請負人」（アーンネーマー）の下で働くすべての労働者は登録されなければならず、理屈の上では、月に二〇日以上働く臨時労働者は、常勤雇用者が享受する特典を受ける権利があるとされた。この年代に「サルブプリ」が頑強に反対したために、このような形での補充が拡大することは阻止された。一九六〇年代初期に同じ問題が再燃した時、組合はもう阻止することができなかった。

臨時労働者を入れることは、管理部門から課せられた一方的で主に政治的な決定として提出された。だが、不法占拠した畑では全生計を賄えない農村貧困層にとっては、この仕事は便利で必要な現金収入源であった。こうした人々以外の者にとっても、この仕事は収入の補足をもたらす歓迎すべきものであった。政治的・経済的な用語を使うと、農園の周辺部に住んでいる人々は、農園の管理部門と組合からともに離れた場所にいた。片方の足を「プランテーション」（クブン　*kebun*）に留め、もう一方の足を「水田」（サワー　*sawah*）に置いている多くの者にとって、組織された労働者としての結束とその闘いへの関与は急激に衰えていった。

アグリビジネスにおける「テーラーシステム」

労働者がその武器の行使に熟達するにつれて、今度は会社が自身の武器を完備するようになった。独立後のインドネシアにおける新たな政治的・社会的コンテクストによって、伝統的な労務管理法の多くは時代遅れになってしまった。労働コストの上昇と不安定な労働力に直面して、会社は生産過程の組織ごとの特徴について、固定資本にたいする流動資本の経営効率分析、費用効果分析に、そして個々の労働者の生産性をできるだけ目立たないように上昇させる手段など、その関心を内部に向けた。用いられた方法は、テーラーシステム〔訳注一一〕の近代的な子孫の名におそらくふさわしくないが、その伝統のなかにはきちんと収まった。ゴムのタッピング・スケジュールが変わり、ある工場の操業に時間動作研究〔訳注一二〕が行なわれ、農園の別の仕事を課せられた労働者の数を入れ変えることによって、障害が除去された［注6、7を参照］。

原理的には、労働生産性を上げようとするこうした会社の取り組みは、一九五〇年代にめまぐるしく変わった国民内閣〔一九五〇年憲法に基づく政党内閣〕多数派の経済政策に敵対的ではなかった。政府のスローガンによれば、インドネシアの独立に向けての絶えざる闘争は国民総生産を増大させることによってのみ達成され、労働生産性の増大はこうした努力の本質的な構成要素である、としばしば力説された。この問題で「サルブプリ」は明確な賛成と反対の間をしばしば揺れたが、労働者の利益をあまり強く支持しなかった反ＰＫＩ内閣時代には、反対の声がよく聞かれた。

一九五四年、「外国人独占資本家は、賃金は下がっているのに、もっと勤勉に、早く、しかも長く働くよう労働者に強制している」と「サルブプリ」は批判した[23]。新しいキャッチフレーズである労働生産性は「重労働」のたんなる現代的婉曲表現であると、一九五六年に「サルブプリ」は主張した[24]。しかしながら、国家の発展路線を邪魔するとされかねない問題で労働者を支持するのがますます危険になってきたので、こうした新手の搾取法にたいする「サルブプリ」の反対は首尾一貫せず、曖昧なものであった。一九五八年、労働大臣が外国人農園会社の調査を継続するために労働生産性研究所を設立すると、「サルブプリ」はそれを無条件に是認した。

会社としては組合を挑発するのを避けたので、生産過程での変革の多くはほとんど反対なく実施された。たとえば、労賃が生産コストの七〇%以上を占めるタバコ農園に機械化が導入された。機械化とは、殺虫剤の散布に小型飛行機を使用すること、輸送手段の機械化、さらにランドクリアリング〔開墾作業〕のための新型農業機械の使用などであった(25)[AR]。ゴム農園やアブラヤシ農園のなかには、女性労働者間の分業を再編することによって、除草作業費を三分の一に削減した農園もあった。より熟練し賃金の高い労働者を最終工程に集め、未熟練で賃金の低い労働者は熟練を要しない仕事に配置された結果、ゴムシート〔ラテックスを薄く延ばしたもの〕を仕分ける生産ラインは二五%加速された(26)[AR]。

産業の合理化を図る手法のすべてが、無害であったわけではなかった。ジャワとスマトラで、多くのプランテーション会社が利益の上がらない工場を閉鎖し、労働者蜂起が同じ水準で続くならばさらに工場を閉鎖すると脅した。「サルブプリ」は組合活動家が解雇される数が増えていると報告しているけれども、農園のなかには既存従業員を馘にするのではなく、退職者などの補充をしないことで生産を縮小する所もあった。この年代には特に女性労働者の減少率は高く、この「消極」政策によって全体の労働力を急速に、そして目に見える形で減少させることができた。

しかしながら、実際「サルブプリ」が最も嫌ったものは、「ユニバース・システム」と呼ばれた新しいゴムタッピング法で、それにより一日当たりの請負タッピング本数が三五〇本から四五〇〜六〇〇本に増えた(27)。以前なら三二人の労働者を使っていた一つの班が、今やたった二四人で十分になった。新しい発奮材料となるボーナスが、アブラヤシ収穫者、ゴムタッパーに支給され、基準生産を下回った者には厳しいペナルティが科された。一九五〇年代に賃上げが繰り返されたが、実質賃金はインフレでたえず食われ、より多くの労働者（特に不法占拠した区画をもたない者）が残業による臨時収入を求めた。

アブラヤシ農園では義務とされる仕事が、一日当たり八〇〇キロから一一五〇キロの収穫量に引き上げられた。ここでも生産性の低い労働者はペナルティが科され、高い者には賞与が与えられた。サイザル麻農園では、一ヘクタール当たりの除草作業が三人から一人に減らされた。生産コストの削減は普通の労働者にも、またインドネシア人管理要員にも影響を及ぼした。班の事務係は普通の労働者と同じ賃金の見習に置き換えられた。労働者を管理する役割を課せられた職長は、現在彼が果たしている仕事の賃金よりも、それ以前の地位の賃金を与えられることが多かった。この賞与体系は、労働者間で新たなライバル関係や競争を引き起こしたので特に狡猾なものだった、と「サルブプリ」は批判している［注26参照］。

農園によっては、二つの労働者のグループを一五日交代で働かせ、いずれかのグループには賃金の支払われる日曜日を廃止する労働システムに変えたところもあった。労働者にその産物を加工所まで運んで来させて、輸送費を削減した農園もあった（右で述べたタバコ農園とは異なる）［*Warta Sarbupri*, 1954］。こうした慣行の多くが「プランテーション地帯」全域で広く行なわれていたのか、それともある限られた数の農園に限定されていたのか、その範囲を定かにするのは困難である。そうした慣行は、外国人による搾取の増大として組合によって定期的に報告されているだけではなく、能率の向上として管理部門によっても同じく取り上げられているという事実は、それが両当事者によって注意深く記録されるほど普通に見られ、重要なものであったということを示している。

結論的に言うと、インドネシアにおける資本投資を守ろうとする外国企業のこうした努力は、第三世界の別の場所でも見られた投資のための長期計画をともなっていたと言っておくべきであろう。オランダ農園の国有化は一九五八年に実施されたが、アムステルダム商会（ＨＶＡ）のような企業ははるか以前にその前兆を察知していた。多くのオランダの会社は、アフリカ、南米、それに他の地域の東南アジアに持ち株会社を持つ投機的企業であった。一九五〇年代にはその規模はともかく、そうした会社はその持ち株をもっと安全で利益の出る分野に移していた。

たとえば、HVAは早くも一九五一年には、二つの工場と七〇〇〇ヘクタールの土地からなる砂糖の栽培と加工のための巨大なアグロインダストリーをエチオピアに建設した[Brand 1979:77]。もう一つの主要なオランダ農園の共同企業体であるRCMAも、一九五〇年代中頃にタンガニーカでカカオ、カポック〔パンヤの木〕、サイザル麻の小規模農園を始めたが、いささか遅きに失したし、大規模なものではなかった。RCMAは一九六二年までにリベリアでゴム、ガーナで砂糖、パナマ、コロンビア、スリナムでアブラヤシ、タンガニーカとモザンビークでサイザル麻農園を所有した(28)。タバコ会社の運命はデリの地味豊かな火山性土壌に依存していたが、ますます経営が悪化し、国有化とともに一掃された。

労働運動への国家の介入

一九五〇年代の農園の労使関係についてこれまで描写してきたことは、不完全なものであった。これまでに主に焦点を当ててきたのは、組合がストライキという武器をどれだけ頻繁にまたどれだけ巧みに用いてきたのか、さらにこうした活動の結果にたいして経営部門がいかに対抗したかについて、であった。外国の会社は組合運動だけと闘っていたわけではなく、労使の対立では仲裁者がいないわけでもなかった。オランダ領東インドには合法的かつ行政的な装置がなかったため、植民会社の権威を執行する能力は厳しく制限されていたけれども、多くの問題で会社はインドネシア政府内に、思いがけなく強力な味方を見いだした。農園での労使関係へ国家が介入することがますます顕在化して、ときとして労務管理機関としての経営部門を凌駕するほどであった。

「ソブシ」に指導された最初のストライキがジャワとスマトラで起きると、早くも一九五〇年に軍管区司令官は彼らが管轄する領域での怠業を禁じる命令を出した。一九五一年二月、国防大臣はその管区だけに通用するこうした命令を、すべての「枢要な」産業では全国的なストライキを禁じる方針に変えた[29]。プランテーションはこのカテゴリーに特に含められていなかったけれども、プランテーションでも同じくストライキが禁じられているとするレポートもある［注29参照］。その後数カ月間に、そうした禁止を無視する数多くのストライキが起きた。「ソブシ」にたいして怠業禁止令が出されたのは明らかで、「ソブシ」傘下の組合ではストが発生した。同年八月には、「国家の安全保障にかかわる関心」の下で反共産主義キャンペーンが始まり、「東スマトラでのストライキ参加者の逮捕と、戦車と武装車輛の大規模な移動」がともなった。ジャワとスマトラの全域で共産主義関連文献が没収され、「治安上の取り締まり」が多くの町で実施された結果、全体で一万五〇〇〇人が逮捕された［Feith 1962:188-89］。その襲撃で検挙された者のなかにはＰＫＩを支持しない者が多数いた。実際、労働運動に漠然と共感しただけで、政治活動家とはまったく関係のないより広い範囲から、逮捕者が出た[30]。

一九五一年九月に、組合がストライキをする意図を宣言できる時期と実際のストライキとの間に、三週間の「冷却」期間を規定した緊急法案第一六号が通過した。それは議会の承認を得たものではなく、内閣による政令であった。さらにこの法律は強制的仲裁制度を制定し、すべての労働問題が、労働問題中央委員会（Ｐ４Ｐ）――国家的な規模と地域的な問題を扱う委員会が異なる――によって処理されるはずだった。しかも、その委員は労働大臣の任命によるものだった。労使双方の直接の交渉を保証するというが、それはリップサービスであり、実際は「交渉のテーブルでの議論に負けた側は、政府の委員会に必ず訴えるはずで」、かくして最終決定は集団的な協議ではなく、普通は強制的調停の結果で決まった［Hawkins 1963:264］。

「ソブシ」とその友好団体の反対にもかかわらず、一九五一年緊急法案は一九五七年まで有効であり、同年廃止されたが、以前の制度のほとんどを無傷で残すという裁定が下された。その裁定には強制的仲裁と、ストライキ権のある種の制限が含まれていた。ただ、三週間の待機期間が廃止されただけだった [Tejasukmama 1958:115]。一九五七年にやっと譲歩が実現したが、無意味だった。というのは、農園外の政治的出来事に関連して、同じ年に非常事態が宣言され、同時に国家規模のストライキの禁止が宣言されたからである(31)。

北スマトラでは状況はもっと悪かった。中央政府にたいするスマトラを中心とするインドネシア共和国革命政府(PRRI)による地方反乱開始の前年に、戒厳令が発布された。その後の数年間は、表向きは引き続く地方での混乱や、イリアンジャヤ行動(一九五七年)、オランダ企業の接収(一九五七〜五八年)などに関連して、新布告が繰り返し発布され、「非常事態」が強化された。「文民政府の権力の多くを軍が掌握した」事態は、公的に北スマトラでは一九六三年まで、あるいはもっと後まで有効であった [Liddle 1970:73]。リドルはシマルングン地区のことをこう書いている。「妨害のない生産を保証し、村落部での政党活動を制限するために、農園に軍将校が配置された。軍と労働者、軍と女性などとの間の協調団体を設立することによって、軍は政党に結びついた労働者、農民、若者、それに女性組織にたいする支配権を発揮しようと努めた」[ibid. 73-74]。

一九六二年と六三年の非常事態宣言は、六一年の労働者の行動が短期ながら増加したことで、新たな勢いを得て支持された。最後に一九六五年の軍によるクーデターと、何十万人に上る共産主義者と目された人々の虐殺は、労働運動に残されたものが何であれ、すべてを殲滅した。組合活動への国家の制約についてこれまで要約してきたのは、この年代に組合の戦略が定式化されねばならなかった条件を理解していただきたかったためである。国家の介入の間接的な結果については、以下でもっと詳しく議論する。

階級という問題と現実の政治

労働運動が潜在的に持つ急進主義を抑圧し管理することは、国家や軍当局だけによって行なわれたわけではなかった。インドネシア共産党（ＰＫＩ）と「サルブプリ」の成員の内部で、大衆の抵抗と政治運動の方向が、インドネシアの階級構造それ自体に疑問を呈する爆発寸前の問題からは注意深く逸らされたと思われる。

ＰＫＩは、反帝国主義的であると同時に階級闘争にもかかわるという綱領に当初から執着していたけれども、力点は資本主義ではなく、つねに外国支配の方に置かれていた。インドネシア社会内部の階級的な分裂の分析はたえず避けられた。それは幹部教育会議では注意を喚起されるが、現実のイデオロギーとしてまた大衆組織の行動にまで浸透してくることは稀であった[32]。一九五一年のストライキの後、インドネシア共産党は「ナショナリスト的スローガンやキャンペーンを支持して、自らの階級政策を穏健なものとすることを決定した」[Mortimer 1974:62]。一九五四年までにはＰＫＩはある戦略的な選択をした。イデオロギーと実践における階級闘争を優先させる方針は、緊急の問題にたいする実際的な解決策のなかに包摂された。政治的影響力を確保するために、ＰＫＩは、連立、提携、それに統一国民戦線形成に必要な戦略にますます傾斜していった。

このことはＰＫＩがその支持者を裏切り、大衆的な社会福祉への関心を放棄したと言っているのではない。だがこの党がスカルノと提携したことで、社会変革のための左翼の戦略を歪めてしまったという証拠がいくつもある[33]。経済的・政治的帝国主義が大敵として再登場し、階級問題は「もっと人民主義的な主題と絡みあってしまった」[Mortimer 1974:160]。スカルノの下で階級とは、社会経済的なカテゴリーを指すものではなく、たんに「一般大衆」（ラックヤット *rakyat*）の「ために」なす人々と、それに「反対して」いる人々の間のたんなるイデオロギー的政治的区分であった。

一九六〇年代初期には、この二分法は、外国帝国主義という用語のなかに明瞭に定式化されていた。つまり、「政府の外交政策とナサコムの概念を支持する者は、すべて人民の一部をなしていた。マシュミ［イスラム党］とインドネシア社会党が外国の利害に同一化されたように、地主は「反愛国的」だとしばしばレッテルを貼られ、官僚資本家

〔本章二一六頁参照〕は、帝国主義者の親分のために行動していると批判された」[34]。階級を国民的な利益の下に置くことで、共産党綱領は農村貧困層という階級に特定される関心を切り捨てたわけではなかったが、大きく制限された。これにもかかわらず、遅まきながら一九六四年末から六五年にかけて、PKIは農村部ジャワでの大衆の抵抗から出された戦闘的表明——階級に基づく対立の特徴をすべて有する——を支持した。このキャンペーンが下部から党に強制されたものであるのか、あるいは権力を得るための党指導部の意図的な戦略であったのかについて一致は見られない[35]。しかしながら、その抵抗運動の焦点がたとえジャワに限定されたとしても、農村部の階級構造の緊張に触れたことは事実として残る。

鎮まったデリ農園

そうした戦闘性は同時期の北スマトラの農園ではまったく考えられなかった[36]。ここで階級が国家の（そして地域の）利益に役立つことは、一九五五年以降たえず変化した一連の出来事によって再強化され、大衆の抵抗にたいする非常に異なる条件と制限を生みだした。一九六一年に一時的に労働運動が活発化したことを別にすれば、名うてのデリ・プランテーション労働者の動きが鈍ったことは顕著である。一九五五年以降、北スマトラ農園労働運動の初期の活力の多くが明らかに失われてしまった。なぜこうなったのか。もし実力行使が運動に内在する戦略的な誤りによってその基礎を崩されたのならば、この戦闘性を構成していたものは何かをまず問うべきであろう。他方、その戦闘性は、もし単純に消散したのではなく、強引に圧殺されてしまったのであれば、組織化された行動の合間に秘密で組織化されていない形式の抵抗の痕跡を期待できるであろう。あるいはおそらく実力行使というのは抑圧の子であり、いまや農園の条件は目に見えるほどに改善されたのであれば、そうした戦術が日の目をみる場所がもはやなくなったのであろうか。

図5-2　北スマトラにおける労働争議（1952-62年）

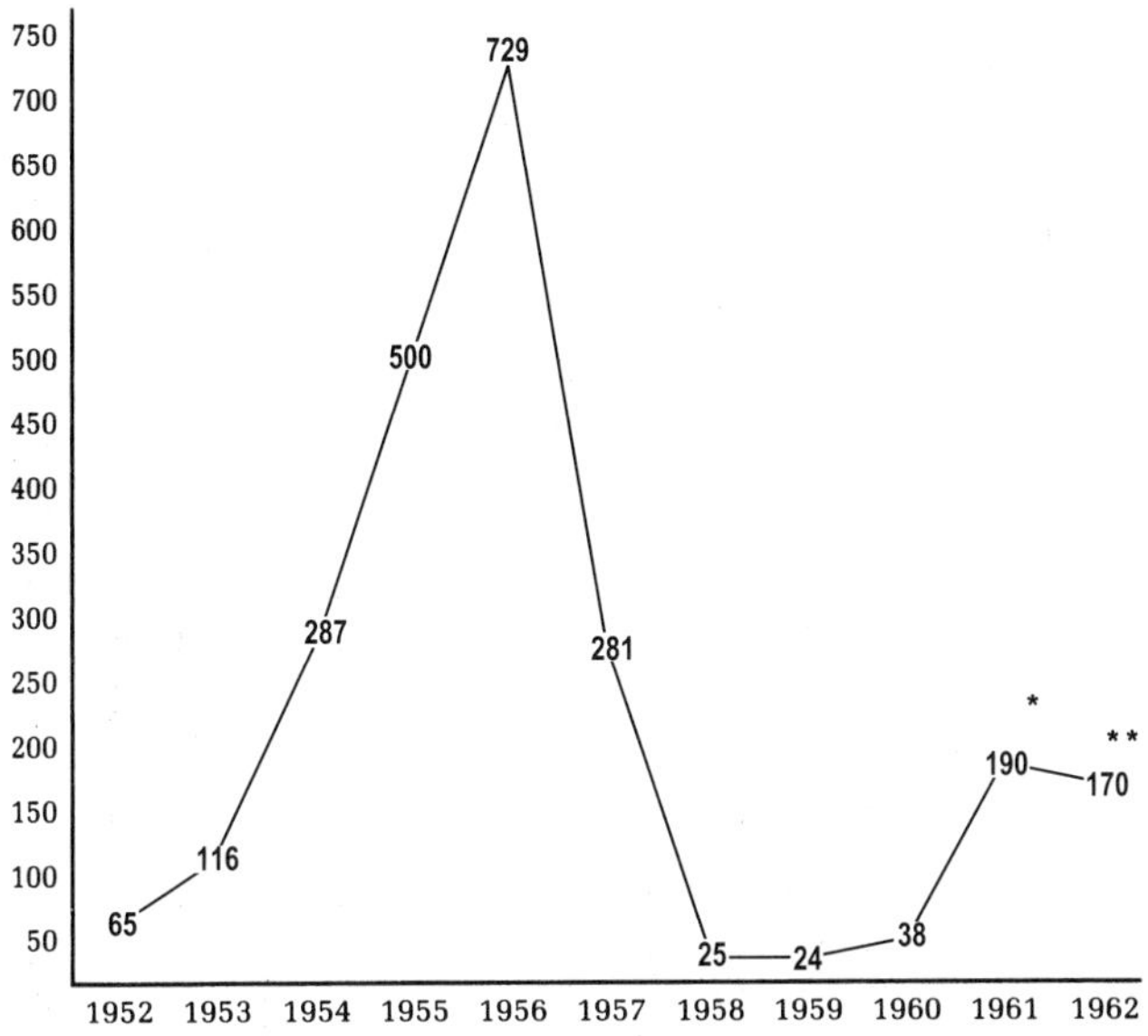

＊ KABIR.　＊＊ すべて外国プランテーション　　出典：AVROS, メダン

一九五二－六二年期の北スマトラにおけるストライキのパターンにかんして言えば[37]（図5－2参照）、一九五六年以前とそれ以降が際立った対比を示している。五六年に七〇〇件以上の怠業があったが、一九六〇年には五〇件以下である。こうした傾向のいくつかは八年間続いた非常事態によって確かに説明できる。他方、「サルブプリ」はストライキ権の制限に抵抗して、一九五〇年代初期には軍の布告や政府の禁止を繰り返し無視していた。さらに、農園の土地を不法に占拠することの禁止令にもかかわらず、不法占拠運動は一九五〇年代後半には勢いを得ていた。抑圧は労働運動を制限する一つの要因ではあるが、運動そのものを実際に停止させることは不可能である。労使関係の構造に内在する別の要因が関係していた。

その一因として、農園労働問題を解決する過程が一九五六年に重要な変化を蒙ったことが指摘できる。その年に、その決定が強制力を持つ「労働問題中央委員会」（P4P）は、農園での一般的な労働条件について、合法的な条件を提示した[38]。なかでも、賃金、社会保障制度、休日手当て、それに労使の義務などが明示された。このことだけでも農園での労働運動の緊急性がいくらか奪われてしまった。というのは、労働者にかんする決定は大衆の支持を結集するよりも、組合指導者による政治的ロビー活動に左右されるからであった。前にも指摘したように、「中央委員会」(P4P)成立によって農園そのものの中での組合活動は、主に「中央委員会」の決定とその後の修正条項を正しく実施することに限定される傾向があった[Sayuti 1968:224]。決定の実施にかんする議論は、組合支部の代表と個々の農園支配人によって取り扱われる一地方特有の論議であった。大量の労働者が動員の必要とされた、あるいは動員が可能となる問題ではなかった。

組合と労務管理

一九五〇年代末に共産党(PKI)がスカルノとの連携を通してさらに権力を獲得するにつれて、PKIは新しい責任を与えられた。その最も重い責任の一つである組合員の労務管理が、提携組合に押しつけられた。その支持者を代表するとともに管理する「サルブプリ」の能力は、農園労働者のスポークスマンを引き受ける第一の必要条件となり、PKIから政治的な支持を継続的に受ける適格性の条件ともなった。

労働組合を労務管理の明白で効果的な手段とさせるその構造的な特性は、そうした組合のインドネシア版に特有なことではない。アメリカの労働組合運動の発達についてスタンレー・アロノヴィッツはこう書いている。

> たとえ労働組合が闘争の主要な機関であったとしても、組合は労働者を法人資本主義システムへと統合する一勢力としても発達してきた。近代労働契約に内在しているのは、労働組合は労働者に恩恵を与える手段であり、かつ雇用者に安定的で訓練された労働力を提供する手段でもあったということだ。[Arnowitz 1973:218]

インドネシアでは組合のこの機能は、一九五八年のオランダ企業の国有化にともなってより顕著になった。その後、国家がプランテーション産業における主要な雇用者として、「外国人帝国主義者」の地位を共有することになった。

共産党に加入している指導者が、「高い地位を占めたことでその革命的な熱情を失ってしまった」というのはいささかできすぎた説明であり、それをわれわれが受け入れるにせよそうでないにせよ、一九五〇年代末から一九六〇年代初期に「サルブプリ」の指導者がスカルノの権力中枢に組みこまれたことは、いまやしばしば国家を代表している経営部門にたいする労働界の代理として交渉するその能力を傷つけてしまった。「サルブプリ」のある幹部はこの変化を次のように述べている。

一九五〇年代初期から一九六〇年代初期にかけて、リーダーシップに重要な変化が起きた。初期の頃交渉をする場合、経営部門の人々と同じホテルに泊ったり、同じ飛行期に乗ったり、農園に行く際同じジープに同乗するような敵味方を混同することがないようにと、われわれはわれわれの代表に告げたものだった。こうした接触によって指導者が影響を受けるだけではなく、「サルブプリ」の指導者が敵と交際しているのを労働者が見たら、彼らは何と思うだろうか。……後年、事態は大きく変わった……私の場合もそうだ……私もそうしたお先棒を担いでいたのだ。一九五〇年代末から一九六〇年代初期にわれわれは、容易に誘惑されてしまった。経営部門の人々と一緒に食事に招かれたら、われわれは彼らを敵ではなく、友達だとみなし始めるだろう。経営部門は「サルブプリ」を恐れていて、われわれに接近してきた。食事に招いてくれた人と交渉の場で闘うことは困難であり、これがまさに彼らの意図であった(39)。

ここにいくつかの問題点がある。「経営陣と付き合うこと」は経営陣に吸収されることに必ずしもつながらない。この場合、それは「サルブプリ」の地位の変化と矛盾の兆候であり、原因ではない。新たに国有化された農園の労働者のなかでは特に、労働者の実力行使を支持することはもちろん、ましてやそれを誘発することは無謀なことであった。「サルブプリ」の指導者は新たな「仲介者」(フェルトロウヴェンスマンネン)になるよう強制された。この場合、彼らは直接的に会社に恩義を受けないが、国家には恩義を受けたのである。

国有化と労働者の抵抗

インドネシアにおけるオランダ企業の特権的な財産権を保護する円卓会議協定〔一九四九年のハーグ円卓会議のこと〕の破棄によって、一九五六年に始まり、その三年後に全オランダ企業の接収と国有化によって終わった一連の出来事は、国内的・国際的な政治的陰謀の連続から起きたのだが、その過程でプランテーション住民は本当に周辺的な役割しか果たさなかった［Thomas and Glassburner 1965:158-79］。しかしながら、プランテーション産業と労使関係に与えたこうした出来事の結果は甚大で、個々の農園の境界をはるかに超えるところまで及んだ。

接収の過程で二三〇〇人以上のオランダ人がスマトラ東岸から離れ、一九六〇年代初期までには北スマトラの二一七の農園のうち一〇一の農園が政府の所有と管理の下に置かれた［Withington 1964; Mackie 1962］。オランダ農園の資産と管理が選ばれたインドネシア人の手に移ったことは、労働組合運動に数多くの影響を与えた。一九五〇年代に労働者の権利を「サルブプリ」が支持したのは、攻撃的な反帝国主義綱領に基づいていて、民主的でナショナリストの目標として解釈される事柄の範疇にあったからだと一部は正当化されてきた。この時に「敵」とみなされたのは外国人資本家による搾取であって、現地のいかなる階級によって作り出されたのでも、また支援を受けた搾取でもなかった。

農園の経営部門に新たにインドネシア人エリートが出現した外国企業接収の時代に至る頃には、共産党の党綱領のなかで階級問題が、実行可能な最優先課題とされなくなってすでに久しかった。この時代以来、政府系農園が労働者の抵抗の標的であったケースが、ジャワとスマトラでは例外として際立ったことは驚くべきことではない。「サルブプリ」は、小さな不満や要求を新しい国営農園センター（ＰＰＮ）プランテーションに訴え続けたけれども、労使関係の一般的な方針は、しばらく、慎重で、融和的ですらあった。なぜならば、接収の過程で農園行政のあらゆるレベルに、軍人が大量に流入してきたからであった。

少なくとも農園接収時の軍人による管理から始まり[Thomas and Glassburner 1965:169]、公式の国有化の過程を通じて、新PPNのメンバーとして、あるいはより高位の経営部門の監督官として、軍将校は例外なく含まれていた。一九五七年、国防大臣ナスティオン将軍は、軍と労働者の協調団体として「労働者-軍」（BUMIL）を設立した。その目的は、「労働問題で軍に助言を与え、オランダから接収された企業で労働者が義務を果たしているか、生産妨害行為がないか、作物は立派に育っているかを監視する」[Hawkins 1963:268]ことであった[40]。事実上その目的は、もっと特定化されていたと思われる。つまり、BUMILは軍の司令官に労働政策、組合活動、労働争議に干渉することを可能にした[van der Kroef 1965:210]。事実、北スマトラで実際に農園経営に携わった軍関係者はほとんどいなかったにもかかわらず、政策決定の際彼らがはっきりと優越していたために、国有会社にたいする急進的な労働争議はたしかに阻止された。

もっと一般的に言うと、その経営部門の新しいエリートは、政治的権力と生産への責任という新奇な組み合わせを握った。マッキーがその当時記しているように、接収以前その二つの領域は分けられていた[Mackie 1962:340]。一九六一年に彼はまだこう書くことができた。「彼ら［インドネシア人管理職］が、あらゆる広がりをもつ公式のイデオロギー的・政治的表明によって、政府の広範な政策に影響を与えることができたことを示す兆候は何もない」[ibid. 354]。だが、その一〇年後には、まさに国営農園の役員にはそれが実行できたのである。一九六〇年代初期には「自分の管理下に富を生み出す財産を持つこうした不可欠な専門家」は、まだ自分の領域での可能性を探り、「同様な社会的地位と背景」を持つ他地域のエリートとの連携を強化していた[ibid.]。一九七〇年代末には大規模な国営農園の役員会には、その地域で最も影響力のある人々、しかもインドネシアで最も裕福な人が含まれていた。

労働運動上の制約、その後の結果

国有化後の数年間にストライキがないのは、国家経済の苦境の時代における労働者の自制的役割と政府への支持の反映である、と主張する研究者もいる[41]。しかし、農園でも県レベルの政治生活でも軍の存在がますます増大したことは明確で、これは完全に選択の問題ではないことが示されている。

北スマトラ農園労働者の実質賃金は、一九五一年から一九六四年までの間に劇的に減少した。一九五三年の指標を一〇〇とすると、その一〇年後の指標は三四である[42]。一九五一年から一九五七年の間の組合活動が高揚した期間では、実質賃金指標は六二と一〇〇の間である。ストライキ禁止後の数年間の指標は、一九五三年レベルの半分をはるかに下回った。農園労働者は、現物支給を幅広く受けていない他の賃金労働者よりもかなりいい暮らしをしていたけれども、一九五七年以降は市民的自由の制限によって、交渉を有利に導く彼らの立場も弱められてしまったことは明らかである。

超インフレ時代である一九六〇年代初期に、農園の常勤労働者が悪化する労働条件に異議を唱える力量が落ちるにつれて、こうした労働者の多くが農園を完全に離れ、不法占拠運動を拡大する隊列に加わった[Sayuti 1962:31]。これはオランダ企業の国有化にともなって島嶼間輸送が中断されたことと一致した〔島嶼間輸送はオランダ資本によって運行されていた〕。それによってジャワからの労働者の補充が一時的に止まった。だから一九五八年には会社は、危機的な労働者不足を再び迎えることになった[ibid.; Thalib 1962]。まだ名目的に常勤で雇われている労働者の多くが、就業日に自分の占拠した土地でますます仕事をするようになったために事態は悪化した。外国企業も国有企業もともに農園の通常の仕事をさせるために、より多くの臨時労働者を雇ったが、組織化された労働者からは、ほとんどあるいはまったく抵抗の動きがなかった。一九六〇年のＩＬＯレポートによれば、そのすべてが北スマトラにあったインドネシアのアブラヤシ産業では、常勤労働者の約半分の数の臨時労働者を抱えていた[International Labor Office 1966:60]。こうした事態に「サルブプリ」のストライキが洪水のように増えることもなかった。「臨時労働者」（ボロンガン）にたいする現金による賃金は高く、組合がそれを受け入れるかどうかにかかわらず、ますます増えていくジャワ人不法占拠者も、あるいはバタック人不法占拠者さえも、こうした条件を喜んで受け入れた。

地方反乱についての大衆の見解

国有化から派生したことに主眼を置いてきたために、一九五〇年代後半に「サルブプリ」の活動を最も決定的に制限した要因の一つの検討を、われわれは回避してきた。つまり、労働貧困層へ及ぼした結果ではなくて、パワーポリティックスの観点から主に検討されてきた北スマトラ史におけるあるエピソードのことである。

スカルノと中央政府からスマトラの内政的、軍事的支配を奪取するために、また共産主義者の影響という風潮を阻止するために、一九五六年一二月から一九五八年六月までの間に、軍管区司令官らによって二つの主要な企てがなされた。一般に受け入れられた見解によれば、この動きは二つに限定され、本質的に軍内部の陰謀であった。最初のものは、大規模な軍事作戦であったにもかかわらず、「無血で」一九五七年末には収束したと伝えられている [Feith 1962:531; Smail 1968:173]。第二の局面は一九五八年二月、西スマトラのパダン〔ブキティンギの間違い〕でのインドネシア共和国革命政府（ＰＲＲＩ）の宣言によって表明されたもので、数カ月間で中央政府によって鎮圧された[訳注一三]。

この二つの出来事だけを強調すると、こうした活動の社会的意味を誤って伝えることになる。ゲリラによる抵抗がその後三年間は続いただけではなく、農園会社と農園労働者自身にたいする放火、労働妨害行為、強姦、殺人、誘拐、ゆすり、窃盗などの事件も頻発し、一九四六年の「流血の社会革命」時の犠牲者とほぼ同数の犠牲者を記録した[43]。その反乱にかんする軍の政治はすでに分析されていて、そのごく簡単な要約をここで示しておく。なぜなら、われわれが関心を抱く大衆の歴史は、エリート政治のドラマが終わって長く経ってから始まるからである。

一九五六年一二月、反共主義者として名を馳せたトバ・バタック人のマルディン・シンボロン大佐は、中央政府とのつながりを切断し、新国民内閣の任命が差し迫っている時に、北スマトラにおいて戦争状態と包囲攻撃を宣言した。(44)スカルノは直ちにシンボロンをその地位から外し、彼の部下のカロ・バタック人のジャミン・ギンティングス中尉に指揮を執るよう命じた。ギンティングスがその命令を実行できない場合には、共産党の強い支持を受けていたアブドゥル・ワハッド・マックムル中佐が指揮を執るよう規定されていた。フィースが指摘するように、これはジャカルタ政府側の賢明な戦術的な措置であった。というのも、ギンティングスが彼の上司、シンボロン大佐にたいしていささかでもためらうことがあれば、マックムル中佐が行動を起こし、そうすれば北スマトラでの軍の反共産主義的リーダーシップが間違いなく刺激されて、ギンティングスが行動を起こさざるをえないからだ。事実、マックムルが民間の支持者——大部分は「サルブプリ」、「ソブシ」、それに共産党出身者——を武装し始めるや否や、スカルノよりも共産主義に強く反対していたギンティングスとその信奉者は速やかに行動を起こし、シンボロンをタパヌリ高地に退却させた。

一九五七年初頭に〔スカルノに任命された〕マックムルは、北スマトラの支配権の放棄を余儀なくされた。一〇月までに村落や農園を中心とする武装した民間集団の大部分、つまりマックムルによって設立された「農村先駆者機構」(OPD)がその武器を引き渡した。スメイルの記録によれば、東スマトラに一万七〇〇〇人以上のOPDメンバーがいた。ただそのうち「サルブプリ」から何人参加したのか、また何人が実際に武装していたかはつまびらかではない。しかしながら、〔反乱軍の〕シンボロンと彼の下に参集した民兵の観点からすれば、なぜ北スマトラの農園とその住民がゲリラの作戦の主要な標的にされたかについては十分な理由があった。

その理由の第一は、農園の住民はジャワ人で、かつ共産主義者を支持する人口の最も集中する場所であり、そのためプランテーション労働者は、反乱グループ〔シンボロン軍〕の「自然な」敵として特色づけられた。第二の理由は、外国人農園の財産を破壊することは、反乱を背後で支持していたと当時は考えられていた西欧列強の目に、中央政府の信用をさらになくす手段の第一歩であった(45)。第三の理由は、政府のＰＰＮ農園を混乱させることで、反乱軍は国家の主要な収入源を直接攻撃しようとした。最後の理由として、いつもながら、農園は反乱軍が生き延びていくのに不可欠な現金、食糧、その他の物質的資源を揃えている最大の貯蔵庫であったからである。

だが、シンボロンの軍はタパヌリに一時的に退却を余儀なくされた。その後すぐにシマルングン、アサハンを経て東に移動し、それからラブハン・バトゥの南に移り、その道程で周辺の農園の大部分に大きな傷を与えた。一九五八年、五九年、六〇年に、プランテーション地帯の南部にある農園への反乱軍の攻撃の数は、ほとんど世には知られていないけれども、驚異的割合であった。たとえば、ハリソン＆クロスフィールド社のノーウォーク農園は、工場の設備が焼かれ、反乱軍の攻撃を受けて、労働者が自宅を放棄してしまったので閉鎖を余儀なくされた。ラウト・タドール農園は同じ会社の所有であるが、反乱軍は労働者にもし仕事に留まるならば殺すと警告した。グヌン・ムラユ・プランテーションでは、反乱軍の一部隊が重火器を繰り返し発砲することで、アブラヤシ工場の発電所を破壊してしまった。それにグッドイヤー社のウィングフット・プランテーションでは、「バズーカ砲と自動小銃で農園の発電所、電話交換局を広範囲に破壊し、そしてバズーカ砲攻撃で農園支配人の事務所を完全に破壊してしまった(46)」。

プランテーションの倉庫から次々とその貯蔵品が奪われ、労働者の家からは何トンもの米、多数の家禽、多量の衣類などが「集め」られた。反乱軍部隊は一カ所にしばらく留まり、臨時革命政府の名で税金を徴収し、月単位で会社に何十万ルピアのお金を強要した。農園の人員が殺されたり、誘拐されて身代金を要求されたり、農園の女性が強姦されたり、ランタウ・プラパット‐メダン間をあえて旅行するヨーロッパ人が自分の持ち物だけではなく、命までも失う危険は稀ではなかった。

労働者の何百もの家が焼かれるか、投石され、そして略奪された。反乱軍兵士のために奪った物を運ぶために、まだ逃げていない家族のなかから男たちが狩り出された。ジープは没収され、産物を運んでいたトラックは火をつけられた。こうした例は孤立した事件でも、彼らの鮮烈さを示すために注意深く選ばれたのでもなく、一九五七年から六〇年にかけて、ラブハン・バトゥや北は中央アサハンからほとんど毎日報告された事件の典型である。(47)

こうした事件はかなり恣意的な暴力を特色づけるようだが、「サルブプリ」とそのメンバーが特別な「関心」のため、特に選ばれていることを示す証拠がある。「サルブプリ」の事務所が焼き討ちされたある事例では、農園の他の建物は無事だった。反乱軍が来るというニュースがマリガス農園に届いた時、「サルブプリ」は本部にある看板を取り払ったが、反乱軍に評判のよいムスリム政党系組合支部である、インドネシア・イスラム労働者党（ＳＢＩＩ）の看板は堂々と架けられたままだった。一九五八年七月にウィングフット農園では武装集団が敷地に入り、職長に党（ＳＢＩＩ）の身分証を見せるよう求め、「共産主義者」の居場所を知りたがった。ウィングフットのすべての労働者は「サルブプリ」であったけれども、質問された時に、誰も進んで情報を提供する者はいなかった。一九五九年と一九六〇年に、外国支配下にある農園は「サルブプリ」を支持する最大の農園でもあったが、どのような規準からある農園は他の農園よりも攻撃に悩まされ、破壊されたかを示す規準はなかった。いずれにせよ「サルブプリ」の拠点が無傷に残ったことはほとんどなかった。

こうした混沌の副作用の一つが、反乱軍部隊（ゲロンボラン *gerombolan*）以外の人々が飛び入り自由の形で参加したことだった。管理部門の人々は、ほとんど攻撃者の身元を特定できず、軍服の違いを識別できなかった。支配人はほたして反乱軍に攻撃されているのか、あるいは変装した自分の農園の労働者に攻撃されているのか、大声で訝った、というケースも二、三あった。だが、地元の村人や労働者が現行犯で捕まったケースは稀であった。反乱軍に攻撃されて住む家と仕事を放棄せざるをえなくなった多くの労働者が、生きていくために別の手段を探した可能性はありえた。なかには非合法的に農園のゴムのタッピングをする者もいたし、反乱軍による賦課のため食糧不足がとりわけ深刻な所では、労働者が会社の倉庫に押し入ることもあった。この戦闘区域に住んでいた外国人は、異常に敵対的な環境の下に自分がいるのに気づいた。外部からつねに攻撃を受けるので、彼らの唯一の「味方」は自身の農園の労働者で、「普通の」条件下では反会社的妨害行為者の烙印を押された者たちであった。

このパワーポリティックスとゲリラ行動にかんする挿話が、「プランテーション地帯」に与えた影響は一様ではなかった。反乱軍の活動が絶えず、しかも激しい地域では、農園産業は労働運動とともに破壊された。左翼的傾向のある多数の住民を中心としたＯＰＤの民間人護衛はそれ独自な社会運動を構成していた、とスメイルは指摘しているけれども、個々の農園からの毎日のレポートは、農園で働いている大量の住民がこうした事件で急進化するよりも、犠牲となっていたことを示している。確かに彼らは、会社あるいは反乱軍にたいして攻撃的な立場にはいなかった。他方、反乱の余波で、労働者のスカルノ支持は以前よりも強くなった。実際、反乱軍の攻撃を受けなかったという意味で比較的安全な農園地区でも、その制約がいかなるものであれスカルノによる「指導された民主主義」と、シンボロンとの選択は難しい選択ではなかった。ここで再び、中央政府機構との提携の必要性は、労働者の運動を保護し、同時に抑圧するものであったことがわかる。

不法占拠運動

一九五〇年代末の労働組合の運命は、労働組合と曖昧な形で結びつけられていた不法占拠運動の運命ときわめて対照的だった。労働組合の闘争性が失われていったのにたいして、不法占拠運動は前例のないほどの活力で加速していった。両者の違いを詳しくみる価値がある。なぜなら、両者の連帯感がしばしば過剰に強調されてきたためであり、また大衆の支持という点で両者は明らかに異なったものを基礎にしていたからであった。

労働運動をその内外から制限する理由を、政治的戦略による実用主義と、組合自身の内部にある意思決定上のヒエラルキーに関連づけて、これまで説明してきた。そのようなリーダーシップによる管理のメカニズムを、不法占拠運動の理解のために適用することはもっと困難であった。

まず、農園の土地の不法占拠に参加している人々は、実際的な意味で、統一された運動にまったく参加していなかった。彼らは以前農園で働いていたジャワ人であり、タパヌリ高地から来た土地を持たないバタック人であり、アチェ反乱地区から来た難民であり、武装闘争の終結とともに無一文になった前軍人であり、代々の権利を「主張している」マレー村落民であった [Cunningham 1959; Pelzer 1957]。それに、不法占拠者権が法的に認められる以前、異なる民族集団間で、この権利を売買していた数多くの土地相場師がいた。

このことは不法占拠者の権利を積極的に支持し、土地の占有を鼓舞する農民組織がなかったことを意味していない(48)。不法占拠を支持する組合のなかでPKIと提携していた「インドネシア農民戦線」(BTI)は最大で、最も戦闘的な組織であった。しかし、一九五七年に北スマトラで不法占拠者は五〇万人に達し、そうした組織の内部にいる者とおそらく同数の者がその外部にいた。不法占拠の多くは、確かに何百人という男、女、子供たちが、一斉に農園の土地に夜襲をかけるようBTIに巧みに編成された実際の侵略の結果であるが、もっと控えめな規模の不法占拠もあった。農園の縁辺部の耕作されていない小さな土地を、ある家族、あるいは数世帯からなる集団が静かに、そしてこっそりと耕作し始めるのは珍しくはなかった。土地は少しずつ開かれ、藁葺小屋が建てられ、農園の守衛がその存在に気づく前に、ものの数日で「カンプン」[部落]が出現したりするものだった。

二〇〇〇ヘクタールもある農園では、その全周をパトロールするのはほとんど不可能であった。不法占拠者のゲリラ戦術でパトロールはほぼ無意味にされ、大規模で統制のとれた侵入はよく計画されていた。それにたいして、もっとでたらめに占拠する場合、参加者はやりたい放題であった。土地から離れるよう命令された占拠者は、一旦はその命令に従うが、次の日の夜また戻ってきた。占拠者の耕した土地を均すために会社がトラクターを持ち込むと、女、子供たちは車両の前に横たわり、そこを動こうとはしなかった。そうした状況に直面した運転手は、自分の職務を遂行するよりも馘になるのを選んだ。かくして不法占拠者は居残った。そうした抵抗の戦術は、専門的な指導者によって教えられたわけではなかった。間断のない対立の経験から学ばれ、他に生存手段のない人々の直感的で「自然な」反応であった(49)。

こうした不法占拠者の行為と労働者の怠業とをはっきりと区別するのは、不法占拠は抵抗の戦略的な行為、あるいはある目的のための手段ではなく、目的そのものに具体化された行為であるということである。他方、怠業は会社の譲歩を勝ち取るための武器であり、会社の確約を強要する挑発であった。そのようなものだから、ストライキという行為とその期待された結果との間には形態的な一致はない。これは重要な区別である。なぜなら、大部分の労働争議は抵抗の場として一括りにできるからである。そこでは特定の議論が可能な限り長く続くが、解決が達成されるか約束されるとすぐに推進力を失ってしまう。

不法占拠者の行為の場合、占拠した土地に留まることは、ほとんど土地の権利が与えられたのも同然と考えられた。それは参加したそれぞれの人々に権利の承認を意味したからだ。そうした条件の下で「トラクターで引っ張り出された」人々にとって、部分的な妥協や譲歩はなかった。さらに、別の人間に代表されるような不法占拠者の行為は意味がない。つまり、自分自身で土地を取得するか、そしてそれを守るか、あるいは土地がまったくないかであった。団体交渉の基礎であるリーダーシップのヒエラルキーは、不法占拠者の文脈では無意味であった。なぜなら、こうしたレベルでの交渉は、不法占拠の過程においてほとんど役割を果たさなかったからである。

もちろん、外国企業の資産の蚕食を禁じる政府と会社当局による多くの試みがあった。さらなる不法占拠を禁じるために、一九五〇年に提出された強硬な法案でも抑制効果がなかったことが、一九五一年には明白となった。外国のタバコ会社は二五万ヘクタールのうちの一三万ヘクタールを公有地として返還することに同意したが、残りの土地を向こう三〇年間新たに賃借することが交換条件であった[Pelzer 1957:157]。どのような土地を会社が放棄したかが明らかになるまでは、表面的には会社側の寛大な譲歩のように思われた。土地改革委員会のレポートでは、会社が放棄した一三万ヘクタールのうち、四万ヘクタールは耕作不能な山岳地で、さらに四万ヘクタールはジャングルや沼沢地であり、二万ヘクタールが定住的な居住村落であった。残りの三万ヘクタールは大部分、第二次大戦前から不法占拠者によってその土地への権利が主張されていた。(50) この返還の同意が問題をほとんど軽減しなかったことは驚くべきことではない。その代わり、農民組織を不正な会社にたいする闘いにさらに向けさせた。

数年間、この政府‐タバコ農園協定の実効性はなかった。一九五三年、タンジュン・モラワ・タバコ会社に返還されるはずの土地から、占拠者を強制的に立ち退かせることで効力を発揮させようという試みが実行された。警察と不法占拠民(彼らは警察をなだめようとした)との間のうち続く衝突で、四人の中国人と一人のジャワ人が射殺され、多数が逮捕された。これは地方の事件に留まらなかった。立ち退きを支持し、また外国資本を明白に支持したウィロポ内閣〔一九〇九‐八一年、インドネシア国民党系の政治家、五二‐五三年に首相〕は、この悪名高いタンジュン・モラワ事件の直後にそれが主たる原因で倒れた[Feith 1958]。

一九五四年、緊急令第八号が発布され、すでに土地を占拠している人々には法的地位が与えられ、法施行後土地を占拠した人々には立ち退きを要求した[Pelzer 1957: Gautama and Harsono 1972:113]。その法令はほとんど効力を発揮しなかったが、特に一九四九年のハーグ円卓会議協定が一九五六年に破棄された後はそうだった。同年、新しい不法占拠者の波が農園に向かい、政府が緊急の行動をとらない限り、閉鎖に追い込まれかねないほどタバコ会社を麻痺させた。一九五六年、より厳重な罰を科す緊急令がさらに発布されたが、それもほとんど無視された。一九五〇年代末までには不法占拠者問題はさらに深刻になり、最強の農民組合でさえコントロールできなくなった。

運動は拡大を続け、新たな問題が提示された。初期の不法占拠者は焼畑耕作を行なっていて、一年、あるいはせいぜい数年内には土地は肥沃さを失い、この種の耕作法に耐えられなくなった。だから多くの不法占拠者の集団は灌漑水路を開き、小さな川から農園内の土地に水を引いた。その過程で、よく統御された灌漑を必要とするアブラヤシやゴムの木の多くに損害を与えた。農園の苗床や植え付け直後の土地はしばしば水浸しになり、道路は縦横に走る水路で浸食された。水路を作るチームは月明かりの下で仕事を行ない、農園の警備員は、水路に横たわる女、子供たちによって水路を埋め戻す作業を妨害された。水路が埋められると、次の晩には不法占拠者によってまた掘り返されるだけだった。

不法占拠者の侵入は一九六〇年まで拡大し続けたが、同年、軍当局によって厳しく実施された新法によって事実上停止された。この法律第五一号は先の緊急令に代わって、不法占拠にたいしては通常の禁止を規定している。だが、以前の裁定を取り消して、この法律は不法占拠者を裁判所の命令無しに立ち退かせることができた。不法占拠者自身に重い罰を科すほかに、この法律はそのような行為を「教唆、指示、勧誘、あるいは口頭／文書で画策する」者は誰でも訴追されると規定された［Gautama and Harsono 1972:13-14］。法律の施行の際、より強力な軍の参加と農民組合の制限を同時に行なったことで、不法占拠された土地が目立って減少し、数多くの不法占拠者が自分の占拠地から引っ張り出されて（ディトラクトルカン　*ditoraktorkan*）しまった。

根本的には不法占拠運動は、その戦闘的な大衆行動、影響が遠くまで及ぶその政治的結果、それに本質的に保守的な個人的動機が独特な形で結合し具現化したものであった。参加した多くの人々は、同時代の他の大衆運動に比類のないぐらい熱心に、また粘り強く参加した。外国資本にとって不法占拠者は、労働運動よりもはるかに深刻な脅威をもたらした。つまり、これはシステム内での平等を求める努力ではなく、農園の土地を不法占有することは農園産業の破壊を必然的にともなうので、意図的であろうとなかろうと、システムそのものを壊す試みであった。

しかしながら、ジャワ人農村貧困層の多くにとってこうした不法占拠活動に従事するのは、二五年前の契約クーリーにとってもあるいは現代のスマトラにいるジャワ人にとっても大いに関係する目標に動かされていた。つまり、小さいが、独立し、個人所有の自作農地を求める欲望である。一九五〇年代のシナリオは、それ以前のものとやや変化していた。小さな土地を買うだけの十分な蓄えをもってジャワに帰る代わりに、スマトラで土地を持つことに夢は置き換えられてしまった。不法占拠による耕作は、安上がりで、便利で、現実的な夢の実現であった。

今日、農園周辺部の村に住む老齢者は、一九五〇年代の不法占拠による侵入に際する彼らの役割を回想して、こう言った。それは、農園の仕事にたいする嫌悪感を初めて具体的に表わした表現であり、そうした感情に基づく行動であった、と語った。なかには占拠は、会社とのしがらみをまったく断ち切ってしまうことを可能にするのだ、と当時信じていた者もいた。「命令されたくない」（オラ・ギレム・ディレ *Ora Gilem Direh*）というたびたび繰り返された成句は、多くのジャワ人に貧弱な年金生活を断念させ、耕作だけで生活が完全に営めることに賭けさせる要因となった。当時不法占拠は、不自然な期待ではなかった。彼らの主張は法的には確実ではなかったが、一九五〇年代の政治的風潮の下では、そうしたリスクには合理性があると、多くの人々は感じていた。

けれども、一九八〇年代の観点から見ると、不法占拠した自分の土地での耕作と、農園労働運動が同時発生したが、耕作だけで生活ができる世帯がほとんどなかったことによって、参加者にはその期待に反した結果になってしまった。臨時労働者として後に農園に帰ることを余儀なくされたため、不法占拠者自身は、植民者が何年も前に作ろうとした労働者予備軍となってしまった。労働力のかなりな割合が農園から引き離されたため、それによって会社は労働者を再生産させる負担から解放された。土地の占有は一つの出口を提供したと思われたが、矛盾したものであった。というのは、それはプランテーションにおいて労働者が実力行使に訴えることを根本的に弱めてしまったからであった。

抵抗する労働者、一九六〇年代の復興について

一九六〇年代初期に、「サルブプリ」によるプランテーションを中心とする活動が短期間だが復興したのは、軍による労使関係への介入が増えたためである。特に、インドネシア労働者統一機構（ＯＰＰＩ）を設立させて、複数労働組合主義を完全になくしてしまおうとした一九六〇年のスカルノの試みが失敗に終わったことで促進された。そうした動きは、「ソブシ」による労働運動の管理を事実上終わらせてしまうはずだった。にもかかわらず、労働者はスカルノを信頼し絶大な支持を続けて、一九六〇年代初期に開始されたそうした反労働者の動きの時にも、スカルノを攻撃することを用心深く避けた。

北スマトラでのこれにかんする最も鮮烈な例は、一九六一年、賃上げを要求し、軍による管理の失敗に抗議してストライキが決行された時であった。ストライキは数週間続いた後、一度だけ中止された。スカルノが一日だけメダンに立ち寄った際に、二四時間のスト停止が呼びかけられたのだ[51]。スカルノが出発した後、ストライキは再開され、こうした形式的な意思表示の意味についての疑義は出されなかった。

労働者統一機構にたいする、また労働問題への軍の介入にたいする「ソブシ」の反応は、たとえストライキがまだ禁止されてはいたけれども、国益に完全に沿う政治問題で労働者を動員することであった。その一つがコンゴにおける「ベルギー帝国主義」への報復として、インドネシアにあるベルギーの会社に向けられたキャンペーンであった。一九六一年三月、「サルブプリ」はラブハン・バトゥとアサハンにあるベルギーの農園を占拠した［Van der Kroef 1965:244］。その農園は、労働者に実際接収されたのではなく、政府（軍）の管理下に置かれた。だが、その行動がナショナリストの観点からは賞賛されたという事実は、「ソブシ」自身が一時的に活動を禁止されている、という事実そのものからうまく注意を逸らした。

インドネシア労働史の研究者であるルクレルクは、私信のなかでこう言っている。たとえ軍と国家が大衆動員運動

を無力にした後でも、外部の政治的問題、特にインドネシアに持ち株のある外国による帝国主義的介入を、戦略的に重要な時に大衆動員の合法的な理由づけとして、「ソブシ」は利用した。北スマトラでは、組合活動は外国帝国主義と軍を交互に攻撃したが、それは連続的で絶え間のない騒乱のなかで起きた。政治的表明としてはそうした活動は明瞭であったが、農園住民の労働条件を目にみえる形で改良したかどうかには疑問が残る。

一九六〇年から六一年の間に北スマトラにおけるストライキの数は、三八例から一九七例〔図5-2では一九〇例〕に増加している。そのすべては「自然発生的」、つまり予告無しで非合法的なものであり、その多くは政府の農園で起きた。軍による経営の失敗を非難して、「サルブプリ」は北スマトラの農園経営者を表現するのに、官僚資本家〔KABIR〕というレッテルをここで初めて用いた［Mortimer 1974:258］。一九六一年七月と八月に、賃金問題や農園での生活条件の悪化への抗議として、そのような山猫ストが集中的に発生した［Van der Kroef 1965:244］。

こうしたストがジャカルタの本部の指令ではなく、本当に「自然発生的」であったとする「サルブプリ」の主張を疑問視する専門家もいた［Mintz 1965:11; Van der Kroef 1965:244］。ジャカルタに本部のある「サルブプリ」の元オルグは、両方の要素があると述べている。彼はシアンタルから始まった大衆ストライキの組織化を支援するために、メダンに派遣されていた。彼の説明では、ストライキの主導権とストライキを「必要な限り長期に」（ブラパ・ラマ・サジャ *berapa lama saja*）続けることは、地方の組合代表の発案であるとのことだった。また、「ストをやらねばならない」（ハルス・モゴック *harus mogok*）と言うのは彼らであった、と彼は言う。つまり、ストライキの計画が限られた支部指導者の間で秘密の暗号を用いて練られていたという事実は、一九六一年夏の作業停止がおそらく自然発生的ではないことを示しているが、かならずしも遠方で仕組まれたものでもないように思われる。軍は地方組合指導者の多くを逮捕し、その後で何百人という労働者を解雇するという対応をした。(52) 地方での運動において、共産党、「ソブシ」それに「サルブプリ」は目立ってはいないので、こうした組織は公式には関係がなかった。

作業停止は一九六二年も続いたが、違った方針に従った。その年の一月から一〇月までに起きたすべての行動——全体で一四一日間のストライキ決行日に達した——にかんして言うと、政府農園で起きたストライキは一日ストライキ二件だけであり、それは大多数はアメリカの大企業に向けられた。「サルブプリ」が、軍と「官僚資本家」へのキャンペーンを「新たな攻撃性」をもって高めたという主張［Van der Kroef 1965:243］は、北スマトラでの状況として知られていたこと、つまりストライキのほとんどが支給米の遅延をめぐってグッドイヤー社やユニロイヤル社の農園で発生したことと矛盾する。(53) 他方、この根本問題はどうも最初思われるほどは簡単でない。米の配達はストが起きた会社の管轄責任ではなく、メダンの政府機関が管理していた。これは会社のレポートが繰り返し強調している事実である。だからこうしたストライキは、ほとんどストレートに、軍による農園管理の失敗と、より一般的には地域の問題を反映しているし、またそれに向けられていた。

政府農園の労働者を動員する「サルブプリ」の能力は、軍に支援された労働者組織——農園の全従業員を含み、縦に組織され、管理部門が優位を占める——が、一九六二年に結成されたことで衰退した。(54) 軍によって「ソクシ」（SOKSI、インドネシア社会主義労働者中央機構）が結成されたのは、「ソブシ」〔全インドネシア労働者中央機構〕が指導する労働運動の概念上かつ実際上の基礎を壊そうとする試みの一つであった。北スマトラでは「ソクシ」はほとんどうまくいかず、軍が最もうまく支配を確立した政府農園のいくつかで、ただ受け入れられただけであった。しかしながら、その存在そのものによって、プランテーション労働者における「サルブプリ」の組織能力がいちじるしく妨害された。

大衆の組織への軍の介入にともなって、「ソクシ」を手始めとして、まったく新しい社会的語彙が用いられた。その最も顕著な例は、「ブル」（労働者）が「カルヤワン　*karyawan*」という言葉に置き換えられたことである。「カルヤワン」はトップの管理部門から末端まで無差別的に全従業員に適用され、国家への一様な奉仕と義務を言外に含んでいた。そのようなものとして、こうした「カルヤワン」組織〔ＳＯＫＳＩ〕は、労働者組合の構造的な自律性を掘り崩そうとしただけではなく、階級闘争の必要性を少なくとも語彙の上から、一撃で消し去ってしまい、組合の基礎に概念的に挑戦した(55)。

軍人主導の官僚資本家に向けられた「サルブプリ」のキャンペーンは支持されず、一九六三年から一九六五年までは、大衆動員のためのエネルギーと戦術は、再び外国帝国主義に向けられた。イギリス、特にアメリカの「新帝国主義」への関心を集中させることで政治を急進化させる試みは、一九六三年のイギリス企業の接収、一九六五年初頭のアメリカ企業の接収に帰結した。第一の事例は、イギリスの保護の下、マラヤ連邦設立〔マレーシア連邦の間違い〕をめぐるマラヤとの対立によって、突然引き起こされた。第二の例は、インドネシアがアメリカの援助を受け入れることが切迫していることに必然的にともなうと多くの人々が感じていたことであり、政治的保守主義と経済的依存への恐れが増大したために起きた。一九六四年末のトンキン湾でのアメリカの介入は、アメリカとの関係に反対して共産党が警告したことへの信憑性を増し、それに続く数カ月間アメリカの文化、政治、経済の分野での活動が全面的にボイコットされた [Mortimer 1974:203-46; Van der Kroef 1965:280-84]。

労働組合が主要な役割を果たしたこうした行動は、二つとも左翼にとっては議論の余地のない勝利であったけれども、プランテーション労働者の大半にとって重要性はほとんどなかった。それが事実である。こうした農園の管理が、ヨーロッパ人の手からインドネシアの軍人の手に移ったけれども、その変化は文字通り皮相的なものにすぎなかった。というのは、労使関係の構造は実際変わらずに残ったからである。「サルブプリ」にとって多くの点でそれは、犠牲が多くて引き合わない勝利であった。なぜなら、軍によるより直接の支配は、〔軍が推薦する〕「ソクシ」に加わるよう労働者へのより直接的な圧力であり、あるいは少なくとも「サルブプリ」が支援する行動に参加しないように、との圧力であったからである。

一九五〇年から一九六二年までの労働者の抵抗と労働組合の活動については過剰なほど詳しい資料があるのにたいして、一九六五年のクーデターまでの三年間は、同じ資料に依拠してもデータが不足している。ユニロイヤル社の農園で労働者と不法占拠者が一九六五年に共同行動をとったことについては散発的な資料は存在しているが、そうした記述はきわめて少ない。この期間は植民者協会も大混乱していたという単純な事実のせいである、と一部は説明できる。「ゴム植民者協会」が一九五〇年代半ばまでは太鼓判を押してきた組織的な諜報ネットワークは、国有化とともにすでに崩壊を始めていた。それでもなお、労働者蜂起の要約的リストは用意され続けていた。もし一九六三年と一九六五年の間に多くの事件が発生したとすれば、その痕跡は同協会の書類のどこかに残されているはずであるが、残っていない。

この時期の組合活動を制限するものに、私はいくつか言及してきた。官僚資本家（ＫＡＢＩＲ）はその権力が増すにつれ、付与された権益が明らかに増大した手強い敵になった。第二に、一九六三―六五年の間にジャワからの契約労働者の募集により、この三年間に二倍以上の五万五〇〇〇人超の新規労働者がやって来た [McNicol 1968:71]。新規補充者は最も戦闘的な労働者の仲間に入らなかっただけではなく、この新たな労働力の流入によって以前の臨時労働者の雇用が奪われた。確かに労働者の過剰は、経営陣との労働者の交渉上の地位を強化することにはならなかった。第三に、「ソブシ」のエネルギーの大半は国家権力を求める政治的操作に、また国家レベルの政治の急進化に集中していた。それは究極的には労働者に利益をもたらす戦略ではあったが、短期的には労働者とその利益をほったらかしにするものであった。最後に、悪化する農園での生活条件にもかかわらず、他の賃金労働者に比べれば、ほとんど全部が現物支給からなる賃金パケットによって、プランテーション住民は天井知らずのインフレから比較的よく保護されていた。

一九六三―六五年の三年間に、地元の組織化された労働運動が活動しなかったことは、スマトラにいるジャワ人農村貧困層が彼らの運命を受動的に受け入れたことを意味しない。支持者がいようがいまいが、農園労働者は組織化された行動の間隙に自身の生存と抵抗の戦略を追及していた。農民として自らを「再構成する」彼らの試みは、確かにある種の抵抗の手段、防御線としてピッタリである。彼らの生存条件をどれほど改善できるか、軍、国家、それに組合の制限があってもどのような選択が彼らにあるかについて、彼らは先行する一五年の経験に教えられた。不法占拠者の戦術はより洗練され、一九六四年と六五年も外国農園であれ政府農園であれ、農園の土地への侵入は続き、それによって多くの者はいまだにリスクを犯す覚悟ができているという事実が証明された。事実、ＩＬＯと「サルブプリ」はともに国家の独立に決定的なものとして生産の増大という目標を支持していたにもかかわらず、農園産物の盗みは衰えず、欠勤率は高く、生産性は低かった。

しかし、個々人に細分化された抵抗のこうした戦略が、重要かどうかの判断は難しいが、支配的経済秩序に深刻な打撃を与えるものではなく、そうした秩序への適応とも考えられる。公的な組合組織が大部分禁じられている時代に出現する大衆の抵抗は、特有の形態をとるものだ。そうしたものは攻撃の戦術ではなく、束縛からの解放という行為であり、農園の、それに労働運動の、政治的・経済的周辺部へ退却する兆候である。

第六章　現代の労務管理の概観——一九六五－一九七九年

一　一九六五年以降のプランテーション地帯における政治経済学

政治の時代は危機の時代に加速され、退潮期に停滞する、とレギス・デブレイは述べたことがある[Debray 1970:194]。一九六五年の軍によるインドネシアの乗っ取りは、はなはだしい政治的加速の一例である。この場合、過去数十年間に左翼が台頭したことにたいする暴力的な反応として、反動的に出現した。一九六五年九月三〇日〔一〇月一日未明〕、六人の軍最高司令官である将軍が殺された。それはＰＫＩ〔インドネシア共産党〕によって計画され、実行されたクーデターの一部であるとみなされた。その行動に共産主義者がいたことは比較的確実であるが、ＰＫＩはただ手先で、この権力奪取の立案者ではないということを多くの証拠が示している[1]。

たとえ九月三〇日運動をめぐっては曖昧さが残っていても、その破局的な余韻はぞっとするほど明白であった。九月三〇日運動を、軍は、共産党から権力を奪取するために長い間追及してきたことを正当化するものとして利用した。その直後にスハルトによってスカルノは失墜させられ、共産党とその関係団体のメンバーとみなされた、あるいはそれに共感するインドネシア人が、軍の主導で何十万人と虐殺された。

数カ月で、中国とソ連を除けばアジア最大の共産党が、文字通り殲滅された。その指導者と党員は殺され、投獄され、あるいは離散させられた。同じく、独立後インドネシアの方針を大部分決めてきた左翼労働運動は、禁止され、壊滅された。クーデター後数週間以内に、一九四〇年代以来、以前の農園の土地を自分のものとして耕してきた不法占拠者は、家から追い出され、生活の糧を奪われた。要するに、過去一五年以上にわたって形成されてきた、インドネシアの政治生活の大部分で保障された現実と思われてきたことが、数週間で跡形もなく消えてしまった。

この身の毛もよだつようなシナリオを出現させたパワーポリティックス、外国の（特にアメリカの）介入、それに社会的緊張そのものの分析は、ここでの私の議論の守備範囲ではない。むしろこの章では、この不連続によってもたらされた決定的な経済的・政治的変化と、北スマトラ・プランテーション地帯という現場で働く人々の生活へその変化が、いかに伝えられたかを検証する。第一節では、労働者の募集、削減、それに管理の部門で会社側の戦略を劇的に変えてしまった、広範に及ぶ国内および対外政策を扱う。第二節では、スマトラ東岸農村部での階級構成の変化を検討する。第三節ではこうした政策が、今日の北スマトラ・アサハン地区のいくつかの農園住民の、家庭の構成とコミュニティの組織にいかに影響を及ぼしてきたかを問う。

説明されていないものの説明に向けて

クーデター後六カ月以内に実際に殺された人々の推定数は大きく異なる。けれども、陸軍によって「共産主義者とそのシンパ」を掃討するのを手伝う許可が与えられ、激励を受けた、軍人、右派のムスリム、それに他の民間人によって、二五万〜一〇〇万人のインドネシア人が殺されたということで、多くの記録は一致している。(2) インドネシア人研究者のチームによって一九六六年に報告された数字によれば、犠牲者はジャワで八〇万人、バリで一〇万人、それに「スマトラでほぼ一〇万人」に達した [Hughes 1967:184]。

スマトラでの殺戮の大部分はスマトラ東岸に、特に登録されている左翼労働組合員が集中している農園を中心として起きた。この時代の北スマトラを報告した数少ない外国人ジャーナリストの一人によれば、軍は「メダン地区にいるゴムプランテーション労働者の二〇％」を殺したと報告されている[ibid. 142]。しかしながらこの報告は紛らわしく、間違った引用をしているか、間違っている。なぜなら、メダン近辺はタバコ農園に囲まれていて、ゴム農園ではない。もしくはヒューズは、植えられている作物を間違えたか、もっとありうるのは、その報告はさらに南北に広がるデリ-セルダン地方のかなりの部分を含むより広い範囲について言及したものである。

もしその推計が全体としての農園労働力の蒙った死傷者を少しでも代表しているのならば、五万六〇〇〇人以上の労働者が、一九六五年末に殺されたことを意味している。この主張を実証する直接的な証拠はない。われわれが本当に知っているのは、クーデター直前に全農園労働者は、ほぼ二八万三〇〇〇人であったということである。(3) 一年後にその数は四万七〇〇〇人、一六％も減少した。(4) その減少した労働者のどの程度が殺されたか——投獄、解雇、行方不明（逃亡）ではない——はわからない。しかしながら、確かなことは、「サルブプリ」〔農園労働者同盟〕の組合指導者、支部長、あるいは農園部代表者で、今日生きているとわかっている者は、ほとんどいないということである。

アサハン地区の農園労働者はこう語っている。近くの川という川が仲間の死体で溢れ、父親が「サルブプリ」の地方指導者（クトゥア *ketua*）であった息子たちは、彼らとその家族が同じ運命に陥らないよう、処刑の現場を見るよう強制された。その虐殺にかんしていまだに支配している沈黙と恐怖は、「共産党の残党」（*sisa-sisa PKI*）全員を除去するためのキャンペーンの成功を、思わず自慢する政府の役人によってただ破られるだけである。彼らも殺された者の数については沈黙している。むしろ、一九六五年以前の「数多くの共産党員」について、また現在彼らの地区に住んでいるＴＡＰＯＬ（政治犯の略語）の数が少数であることを好んで語るだけである。

殺されなかった者にとって、「サルブプリ」に所属していたという烙印を押されたことは彼らの人生を大きく変えた。スハルトの「新秩序」の下で、左翼的傾向のあったすべての労働組合と他の組織は非合法化され、いくつかの農園地帯では「サルブプリ」のメンバーは、即座に解雇され、農園の常勤労働者のブラックリストに載せられた。こうした政策の実行は必ずしも効果的ではなかったし、すべてに当てはまるわけでもない。労働者の九〇%以上が「サルブプリ」の組合員であったような農園では、そのような大量の解雇は実行不可能で、彼らはしばらく仕事にとどまることが許された。生産を合理化し労働コストを削減するために試みられた新しい農園政策と関連して、クーデター後一一年も経った一九七六年になって、表向きは「以前共産党に加入していたために」大量の労働者が解雇された。この策略がいかに効果的に採用されたかを見るためには、新秩序政府が経済の「安定化」プログラムに課した要件をより子細に検討する必要がある。

農園産業への外国の援助

スハルト新政権〔訳注一四〕によってとられた最初の措置の一つが、外国人投資家と投資機関との古いつながりを再確認し、新しいつながりを作ることであった。後者にかんして言うと、舞台に最も早く登場したのは世界銀行であった。ある銀行の一九五四年版調査報告書によれば、インドネシアの政情と経済状況は「不安定」で、投資は危険で望ましくなく、それゆえ貸し付けは不適当であるとみなされている。一九六五年八月、スカルノは、世銀と他の国際機関から一斉に脱退した。スハルト新秩序下の一九六七年四月、世銀に復帰し、その一年後インドネシアは国際開発協会（ＩＤＡ）に加盟した[Thompson and Manning 1974]〔ＩＤＡは第二世界銀行とも称される〕。

外国為替獲得の急増をめざした開発のための資金援助プログラムでは、農園産業の復活と合理化に一番の優先順位が与えられた。一九六八年から一九七四年に種々のプロジェクトに配された総額一〇億三三四〇万ドルのうち、道路工事を除く最大の借款、五九〇〇万ドルが政府農園に向けられた。これには十分な理由がある。つまり、ＩＤＡや世銀にとって、こうした借款はきわめて「信頼できる」投資であった。返済はすばやく、輸出による稼ぎが、他の部門よりもっと急速に増加するのが無理なく期待できた。これを確実にするために、世銀は最も豊かな政府農園への投資を助言した。そして、こうしたプロジェクトの有益な効果は小自作農に滴り落ち、全体として農村経済を押し上げるという推測の下、「最強のものへの投資」（つまり、融資が最も必要とされていない農園への投資）という長年の伝統が維持された(5)。

しかしながらそうした主張は、北スマトラでの広範に及ぶ失業問題を無視するだけでなく、それに直接的に寄与したプロジェクトにたいする、浅薄な理論的根拠であった。このことは、農園で採用されたすべての新労働政策は世界銀行だけのアドバイスに基づいて実施された、と言っているのではない。その最初のプロジェクトがスタートする以前にも、スマトラ東岸全体の農園は一致して常勤労働者を減らす努力をすでに始めていた。この時は政府の賛同を得て、抵抗する組合はなかった。一九七二年世銀報告によれば、「統合」がこの時代の「合言葉」であった。一九六五年から六八年に農園労働力は、すでに三四％減少していた [World Bank 1972:5]。同報告はこう述べている。

> 農園労働者の採用は一九六六年以後かなり鈍化した。過去数年［ジャワへの］帰還者は新規採用者の数を上回っている。……たとえ［北スマトラからの］こうした流出量は、スマトラにおける未熟練労働者の総数と比べると重要ではないものの、もし政府農園で労働生産性を上げようとするこの時代の運動が、生産量の増加よりも労働力の削減へと転換されるのならば、確かにそのようになったであろう。次の数年間にはこのことは実際よく当てはまる。訪問した農園では統合が合言葉であり、労働者の増加はほとんど、あるいはまったくみられない。[ibid.]

事実、労働生産性の上昇は大部分「労働力の削減」という言葉ですでに理解されていて、一九六九年からの世銀プロジェクトは、そのプロジェクト費用の見積もりでこの仮定をすでに含めていた。一〇〇頁に達するそうした文書のなかに簡潔な形であれ、この問題に言及しているのはたった二カ所しかない。つまり、「多くの農園は必要とされている数よりも多くの労働者を雇っている。その結果プロジェクトを実行する労働力は、さらに増やす必要はない」[ibid. 1969:6]。そして別の箇所の脚注ではこう書かれている。「他の費用の一般的レベルに比べると、賃金は毎年三％、プロジェクトが続く限り絶えず増加すると仮定されてきた。しかしながら、投資期間中に、年平均三％の労働者の削減が、管理の改善で達成されるだろう、ということも仮定されてきた」[ibid.]。

一九六九年から七四年までに、労働力は毎年平均三％ではなく六％（二％から一二％の幅がある）削減されたことがわかった。その結果、一九七四年の常勤労働者の総数は、その九年前の半分をやや上回る数になった（表6-1参照）。第一に、この労働力の削減は、農園産業界が全体として経験した逆境的な経済状態を反映しているという考えを、われわれはただちに放棄すべきである。同時期に、生産は莫大に増えた。特にアブラヤシではそうであって、古いゴムの木を新しいゴムの木に植え替える大転換計画によって、またゴムからアブラヤシへの転換を図ることによって総生産面積は拡大した[6]。

生産の拡大（ゴムだけで四四％増）と一ヘクタール当たりの常勤労働者数の減少は、ともに技術革新と労働過程の再編の結果もたらされた。こうしたなかで最も重要なものは、高収量のゴムとアブラヤシの分枝群《クローン》の導入、若い木と同じように古い木からもラテックスを増産させる刺激剤の採用、手作業による除草に替わる化学薬品の散布、化学肥料を広く大量に散布すること、ゴムからアブラヤシへの転換、古い工場の再建と、新しいより効率的な加工工場の建設、一人の労働者が一日に採液する木の数を増やすために新しいタッピングの方法とそのスケジュールの見直しなどであった[7]。

こうした手法がすべての会社で同じ程度に、あるいは同じ効果をともなって実施されたわけでないことは明白だ。たとえば、フランス、ベルギーとインドネシアの合弁会社であるＳＯＣＦＩＮＤＯによって、過去一〇年間に導入された高度な労働省力化案に匹敵する省力化を実施した会社はほとんどなかった。会社のなかには化学薬品散布のコス

表 6-1　北スマトラにおける農園常勤労働者とその扶養家族（1965-78 年）

	全労働者数	男	女	非労働女性	扶養子弟
1965	282,804	218,521	64,283	118,617	467,429
1966	235,559	174,003	61,556	115,706	n.a.
1968	186,350	130,750	55,600	100,142	443,567
1969	175,500	127,800	47,700	98,990	452,710
1970	158,187	111,090	47,097	85,538	432,956
1971	151,176	106,926	44,250	81,992	429,994
1972	132,987	95,480	37,498	75,975	399,371
1973	126,222	91,923	34,299	74,682	384,781
1974	123,785	90,637	33,148	71,226	363,808
1975	121,485	89,281	32,204	71,190	345,832
1976	119,125	87,818	3,1307	71,080	341,008
1977	119,006	88,176	30,830	72,939	339,097
1978	119,738	89,299	30,439	73,431	332,606

出典：BKSPPS, メダン

トがかさむため実施しなかったところもあるが、ＳＯＣＦＩＮＤＯは手作業による除草に替えて、化学薬品散布を全面的に採用した。一九六七年から一九七七年にかけていくつかの農園では、一ヘクタール当たりの労働者数を六〇%も削減した。つまり、一ヘクタール当たり、〇・四九人から〇・一九人になる。その他の所では労働者の削減はあまり劇的なものではなかった所もあったが、全体としての北スマトラの農園産業が、（可能な所では）労働集約的な経営をやめ、また労働集約的な作物の栽培をやめる傾向がしばしば見られたという事実は残る[8]。

これにかんする二つの最も顕著な例は、「プランテーション地帯」全域を通してゴムからアブラヤシへの転換が見られること、また常勤労働者が臨時労働者に置き換えられたことに認められる。インドネシア農業省レポートは、一九七二―七六年にアブラヤシに当てられた土地がわずかに二五%しか増加しなかった（ゴム園は同時に減少した）けれども、その生産は二五〇%増加したことを示している[Departmen Pertanian 1979:110, 118-19]。ゴムからアブラヤシへ新たに力点が置かれた原因は、いくつかの重要な要因に帰せられる。一つは、アブラヤシから作られる製品にたいする世界の需要は、その世界市場における価格の上昇とともに急激に上昇し、その傾向は続く、と予想されているためである。他方、ゴムの価格は一九六〇年代末に下がり、一九七〇年代を通して下がり続けた。第二に、アブラヤシは単位面積当たりの利益が多い事業であり、投資を回収するのがはるかに早い。アブラヤシが成熟するのに三年しかかからないのに、成熟まで七年もかかるゴムとは対照的である。第三に、アブラヤシ栽培の労働力の必要量はゴム栽培ほど厳密ではない。インドネシアにおける非採取産業製品〔栽培作物〕のなかで、アブラヤシは労働集約性が最も低い作物である[Paauw 1978:453]。ゴム、茶、タバコよりも労働集約性がはるかに低いだけではなく、収穫作業は単純で、熟練労働をそれほど必要としない。その結果、また非常に重要なことだが、常勤労働者ではなく、臨時労働者の使用を可能にした。最後に、多くの農園支配人が言うように、アブラヤシの実はラテックスよりもはるかに盗みにくい。ラテックスを盗むのはスマトラ東岸で日常的になされていた伝統であった(ただ実際は、アブラヤシの実は支配人たちの期待に反して「窃盗を免れては」いなかった。それは組織的で大規模な略奪と投機の対象にされた。ゴムの場合、より小さな窃盗団と個人の労働者が頻繁に盗んでいたのとは対照的であった)。この問題は後で詳しく検討する。

このもっと利益の上がる工業用作物〔訳注一五〕への転換をなしたのはインドネシアだけではない。実際、マレーシアの転換プログラムはもっと広範になされてきたが、同じ結果をもたらさなかった。北スマトラではこの転換の事実がまさに、失業問題を増大させた。だがもっと重要なことは、この転換は他の労働コストの種々の削減手段と並行してなされ、そのことで問題がますます複雑になり、その最も深刻なものが、常勤労働者が「臨時」労働者に置き換えられたことであった。

農園「臨時」労働者の増加

第五章で述べたように、臨時労働者の使用は精力的に論じられてきた問題であったが、一九五〇年代を通して政治的信条を持ったすべての農園労働組合の抵抗を受けていた。共産党が主導した「サルブプリ」と軍主導の「プルブプリ」〔プランテーション労働者連合〕はとりわけ、ある時は臨時労働者の政府による管理を求め、ある時はそうした労働者の完全な廃止を求める共同キャンペーンを指揮した。しかしながら、一九六五年のクーデター直後から、会社はまた臨時労働者に頼ったが、今回はその支配力が邪魔されることはなかった。政府の公式計算によれば、一九七三年から一九七六年までの間に臨時労働者は、政府農園の全労働力のうち一〇%から二九%にまで増加した [Department Pertanian 1979: 109]。これはかなり控えめな推計である。外国企業の経営する多くの私営農園と国営農園では、政府所有の農園と同じく、臨時労働者(ブル・ルパスとかブル・ボロン *buruh borong* と呼ばれていた)は、全労働者の五〇%以上を占め、常勤労働者として同じ仕事をした場合に稼ぐよりも、はるかに安い賃金で雇われていた(9)。

その他の農園では、農園周辺の村、あるいは農園内集落から連れて来られた外部の労働力を使うことによって賃金を低く抑えたので、いくつかの業務での労働コストを七〇%も削減した。会社にとっては明らかに有利なことが一つあった。つまり、こうした労働者は、労働請負人(プンボロン)によって募集管理され、彼が賃金を払い、責任を持った。社会保障も、住宅も、家族米の支給も、あるいは他の社会的給付が彼らに支払われることもない。さらに、ますます増大するこの部分の労働力が被る酷使について、会社は容易に無知を装うことができた。児童労働が幅広く使われ、法定最低賃金以下の賃金の支払いは、表面的には会社の管理、理解、関心の外にあった。

こうした労働力募集の形式から会社にもたらされる明白な利益は別にして、多くの農園支配人が、一九六〇年代末に農村部での労働力不足のために臨時労働者を雇うことを余儀なくされた、と主張した(10)。問題は明白である。つまり、世銀が農園労働者の過剰を報告し、同じ年代に労働力をさらに削減する政策を継続することを計画している時に、いかにこうしたことが起こりえたのだろうか。一九六〇年代末から一九七〇年代初期にかけて、何千人という不法占拠者が占拠した土地を失い、生計の大部分を得るために農園に依存させられた時に、いかにしてこうしたことが可能になったのだろうか。

これまでに提供された証拠に照らしてさえ、占拠地を失った人々とか、政治的理由で馘にされた者とか、経済的な理由で解雇された者などからなる潜在的な労働力は、その時に農園が雇っていた労働者よりもはるかに大きかったことは明らかである。会社がこうした労働者を雇う意思がなかったという事実は、ジェンダー特有で、政治的に左右された「労働力不足」が起きたことを意味した。すなわち、会社は以前「サルブプリ」に所属していた者、あるいは多くの場合女性を常勤として雇うことを拒絶した。この二つのカテゴリーは別にして、この仕事の賃金の安さと不安定さにもかかわらず、何万人というジャワ人の大人も子供も農園の臨時職を渇望したことを考えると、いかにして労働力不足のことを話題にできたのだろうか。

常勤労働者のこうした不足が完全な虚構ではなかった、という点が一つだけある。一九六五年から一九六八年にかけて常勤労働者は九万六五五〇人、あるいは三四・一％減少した。外国の資金が農園に再び流入してきたこの時期の直後に、大規模な再植栽計画のほとんどは始まった。多くの会社は、高度で集中的な労働力の投下――古い木の伐採と整地、再植栽直後数年間の集中的な除草作業、化学肥料散布や、重点的な資本投資という尋常でない時期に結びついたその他の仕事――を必要とする大規模プロジェクトをまさに開始した。たとえ植え替え計画は周期的に起こり、農園が続く限り起こるものではあっても、それほど短期間にこれだけ植え替えが大規模になされたのは稀である。だから一九七〇年代初期に労働力の需要が急騰したのは、ある意味で人工的に押し上げられたものである。会社は雇っていた常勤労働者をできるだけ多く削減したので、数年間労働者を本当に必要としていたけれども、ほとんどの会社はただこうした移行期の作業にだけ多くの常勤労働者を使うことはなかった。一九六七年のＩＬＯレポートは、アブラヤシ農園では実際に必要とされる労働者の半分以下しか雇っていないことを示している [McNicoll 1968:70]。常勤労働者を雇うことを農園の側で制限したことで、巨大な数の臨時労働者の必要性が生み出されたことは驚くことではない。だがこのことは農園産業が、「労働者を魅了するのが困難になった」[Pasaribu and Sitorus 1976:35] と主張することとは大違いである。それは、仕事が溢れているが、それを埋める十分な労働者がいないことを意味するからである。

臨時労働者市場における女性と子供

農園政策の変化は、労働過程の再編に限定されただけではなかった。それは、こうした新しい地位を満たすために採用された労働者の、年齢と性別構成でも大きな変化をともなった。この変化は農園内の仕事から、〔女性が締め出されているという〕ジェンダー特性に明らかである。戦前の農園では、あるいは一九六〇年代までの農園においてでさえも、多くの農園にゴム園のタッパーとして男女とも雇われていた。いまや北スマトラでは女性のタッパーはいない。除草、植え替え、害虫駆除などの仕事は、伝統的に女性の常勤労働者によってなされてきた。現在こうした仕事のほとんどは、臨時職の女性、若者、子供によってなされている。若い男性が優先され、また相対的に賃金も高いアブラヤシの収穫作業では、女性労働者は完全に閉ざされている。スマトラ東岸の農園工場にはほとんど女性はいない。

過去一〇年間に農園の女性労働者数は、農園によっては五〇%も削減されていて、それに比べると男性労働者はわずか三〇%減になっている。一九五〇年代であれば、不法占拠した畑で仕事をするために常勤職（ディナス *dinas*）を自発的に辞めた多くの女性が、あるいは、理由は特定できないがとにかく仕事から「解放された」女性が、今や労働市場に臨時職として戻ってきた。農園の役人は、女性というのは臨時職の「融通性」を好むものだ、大部分は自分の意思で常勤職を辞めたのだ、と言う。これが真実であろうとなかろうと、選択は彼ら自身によってなされたのではない、という事実は残る。常勤女性労働者は、単純にコストがかかる、と農園役人は躊躇なく認めている。政府が規定している育児休暇や生理休暇は、どれも臨時労働者には適用されないので、この種の臨時の仕事に女性を格下げすることで、農園労働のコストは大きく削減される。

現在の規模で臨時労働者が導入されたことで、児童労働の使用も増加することにつながった。常勤労働者としては雇用できない一八歳未満の若者はもちろん、九歳前後の小学校期の子供たちが臨時労働に狩りだされた。こうした労働力にかんする公的な統計がなく、また農園の事務部門もそうした統計を集めることを嫌がるのは、会社と国家の側の一般的な態度の反映である。大部分の農園支配人は、こうした労働者が増えていることを「知らない」とまったく否認するが、なかにはただたんに「知りたくない」という支配人もいる。知らないことを装う好都合な理由がある。つまり、この「無知」によって会社は、六五年も前に違法とされた雇用慣行をいまだに行なえるのである。

けれども、その事実は否認するのがより困難になってきた。第二学年以降（別の所では一学年以降）の出席率が急落しているのは、子供たちが小さい頃から農園の仕事に狩りだされている動かぬ証拠である、と多くの学校の先生や村の役人が、一九七七－七八年のフィールドワーク中に私に指摘してくれた。一九七八年初期に農園職員側が無知を公言したが、それはまったく無駄な努力と思われた。というのは、その数カ月後、北スマトラの農園での児童労働の使用に特に焦点を当てた一連の暴露記事が、全国的な週刊誌に登場したのである [*Tempo*, 4 Nov. 1978]。『テンポ誌』（インドネシアの『タイム誌』）のそうした記事の一つは、アサハンにある米ユニロイヤル社の労働慣行を詳細に伝えた。そこでは七歳から一二歳までの子供たちが請負者に直接、あるいはその両親を「手伝う者」として間接的に雇われていた。政府の役人によるいささかおざなりな「一掃運動」が続いた。多くの子供たちは査察の期間だけ仕事を辞めた。この問題にたいするキャンペーンが終わり、報道が関心を失うと、彼らは再び仕事に戻った。

これまでのところ、農園再建の最初の数年間の「緊急」手段としておそらくは採られてきた、と解釈される労働者採用慣行の変化に注目してきた。そうした変化によって会社は、労働生産性を高め、特定の仕事に一度にかかる全労働時間を減らすことが可能になった。ときに、新政府とその債権者がいかなるコストを払ってでも輸出を増大させることで、収益を上げる必要を感じていた時代であった。しかし農園で働く人々への不利な結果は、一時的でもなかったし、緩和されることもなかった。北スマトラ農園プロジェクトを評価するＩＢＲＤ〔国際復興開発銀行〕最終評価レポートでは、「賃金が上がらなかっただけではなく、農園の平均的な労働者に超過労働が課せられていたので、実際の時給は下がった」可能性が指摘された。[11]

ＩＢＲＤレポートはあまりにも性急にこの結論を引き出すことには慎重であったが、この主張を裏づける他の評価要素がある。最も重要なことは、家族支給米を除いて、賃金の現物支給（ナツラ）に含められていた一一の基本品目の支給が廃止され、同額の現金支給に替わったことである。当時の現金による賃金は同じ品目を買うのに必要なお金のほんの数分の一にしかすぎないことを考えると、実質賃金は劇的に下がった。第二に、われわれは今、その構成が一〇年前とは大きく変わってしまった農園労働者について語っている。もし、臨時労働者を含むすべての農園労働者の実質平均賃金を計算するならば、賃金の実質価値はどんな公的な計算が認める数字よりも、はるかに低下してしまったことは明らかである。というのは、労働者総数がつねに増加する（どこでも二五％から六〇％増）のは、臨時労働者の増加のためであったからだ。

労働者の削減はジェンダー特有の現象であり続けている。そのことは別の見方をすると、あるジェンダーに非常に選択的であった。一九七〇年から一九七八年にかけて、「結婚している」男性労働者数（扶養家族のいる者）は三二％も減った。「未婚」男性の数は、同じ期間に二一・四％増加した。あるいは、非常に印象的な観点から見ると、一九六五年から一九七八年までの間に、一三万人以上の扶養児童に支払われるべき米支給費用を農園産業は免れた。[12]

このことはもちろん、一五年前に比べると農園に依存している者がはるかに少数になった、ということを意味しているのではない。むしろ、会社の影に隠れて、合法的とはとても言い難い収入源で生きている人々が多くなったということである。

二　階級構造と企業のヒエラルキー

インドネシア国内政治の変化は、その生計が直接的あるいは間接的に農園産業に依存している、ある種選ばれた社会集団の経済的見通しだけではなく、農園産業の経済的展望をも作り直してしまった。労使関係に新しい方向が与えられたので、この変化は独立後すでに芽生え、特に一九五七年のオランダ企業の国有化後に目立つようになった、インドネシア内での階級構造を明確にした。

他方、農園企業のヒエラルキーには、古い地位を埋めるインドネシア人代理人の新しい集合体が存在するようになった。この点でヒエラルキーの形式的な構造は植民地的外観の多くを残している。オランダ支配下におけるように、農園主席行政官（ＡＤＭ　アーディエムと発音）、数人の副支配人（アシステン・クパラ *Asisten Kepala*, ASKEP)、特に植栽部門担当の監督助手、事務官（クラニ）、技術者、こうした部門内のいくつかのブロックに責任を持つ職長（マンドル）、それにこうした職長の下にいる大量の一般労働者という組織は残った。ある点では会社の構造と階級の構造は互いに類似しているが、両者は決して同形ではない。いちじるしく変わったことは、こうした地位が委ねられた新しい政治的・経済的な効用であり、そうした効用から生み出される富と投資である。

業界を全体として再編することによって、次々に新しい地位が作り出された。こうしたものは新しい階級ではなく、しばしば起きた業界の再編の副産物として現われたものの断片である。企業ヒエラルキーの頂点と農村社会の特定部門を簡潔に見ることから始めよう。

政府農園（以前はオランダ人の所有であったが、国有化された）は、一九六八年に独立した二八の経営体に組織され、一般的に生産物と地理的な位置に応じてグループ化された。こうした経営体、つまり「国営農園」（ＰＮＰ）は、メダンあるいは地理的な中心に位置する農園に本部を置き、全体で一万三〇〇〇〜四万四〇〇〇ヘクタールの栽培面積を管理した。それぞれの経営体は農業省（あるいはＰＴＰｓ――より財政的な自律性を持つ政府農園――の場合には財務省）によって任命され、またそれに責任を負う取締役会によって運営された。

この取締役会のメンバーは業界の最上層を構成していて、底辺から這い上がってきた者はほとんどいなかった。彼らは教養があり、コスモポリタンで、政治的に立派な地位にあり、国内規準でも国際規準でも富裕な人々であった。彼らの子弟はしばしば外国で教育を受け、彼らは休暇をヨーロッパで過ごし、会社から提供された農園内の住宅以外に、メダンかジャカルタに豪華なセカンドハウスを持っていた。要するに彼らは、官僚資本家のトップを構成するいくつかのグループの一つであり、その富と権力を自身の高給と職階からよりも、建前上彼らの支配下にある財、サービス、契約のフローにおける彼らの戦略上の地位から得ていた(13)。

企業のヒエラルキーのなかでは、国家あるいは企業当局の直接の地方代表を努めるのがこうした人々の下にいるグループ、つまり、農園支配人とその行政上の補佐をする少数の人々であった。政府農園での生産の予算と一般的指針は、農業大臣とＰＮＰ取締役によって決められたけれども、要員の雇用や解雇、臨時労働者の使用や、労働請負人との交渉などでは、農園支配人は比較的自由な裁量権が与えられていた。

植民地風の衣服をまとい、その生活様式が数十年前のヨーロッパ人前任者を偲ばせるのがこうした支配人たちであって、彼らの上司ではないのは驚くことではない。似ていることの一部は、彼らの暮らしぶりにある。大部分の支配人は、デリの栄光時代の植民者によって建てられた豪華な家に住んでいる。しばしばそうした家は手入れの行き届いた庭に囲まれている。こうした砦は農園本部棟近くのやや高い場所に建てられていて、労働者の住宅を見下ろしているが、つねにそれから離れている。農園支配人ともちろんその妻も〔車で移動することが多いので〕歩いているところを見られたことはほとんどなかったし、今でもそうである。農園主席行政官と農園行政のトップは、それぞれその職務と私生活のための運転手付きジープを備えている。彼らの家は、高価だがプラスティック製の家具、カラーテレビ、冷蔵庫、地元出身の召使たち、他の必要な装身具などが必ずといっていいほど備わっていて、彼らの中流としての地位と都会的感性を際立たせている。

町にある豪華な中国人商店——かつて外国人植民者貴族社会に奉仕した——の顧客となっているのが彼らである。彼らは農村社会の一員ではないし、また自らをそうだとは思っていない。彼らは自分の高い地位が示され、明白になることならどんな苦労も厭わない。彼らの子供たちはメダンの学校に行き、妻たちはほぼ同じランクの地方在住の職員とのみ社会的に付き合い、実際「農園の現場」（ラパンガン *lapangan*）に「降りてくる」支配人がいたことはいたが、多くはそうではなかった。私が訪れた二〇以上の北スマトラのプランテーションで話を聞いた行政官の大多数は、農園周辺の村の名前をまったく知らなかったし、いわんや多くの労働者が集められている特定の村々については何も知らなかった。大部分は村々に足を踏み入れたことなどなかった。

公平を期すと、この孤立は彼ら自身が作り出したことでは全然なかった、と記しておくべきであろう。ある商人が言ったように、「彼らは周囲と付き合うことが許されていなかった」。植民地時代も、あるいはおそらく今日でさえ、高位職者の職の異動は頻繁で義務的であった。一人の支配人が同じプランテーションに三〜四年以上留まることはめったにない。さらに昇進は、ほとんど必ずどこかへの異動をともなっていた。かくして多くの高位職者が部下たちと親しい関係になかったことも、地元の状況について知ることができなかったことも、たやすく理解できる。他方、地元に住みながら農園の職を兼ねるという人々もいて、彼らは主に土地投機と他の投資によって大きな利益を上げていた。地域経済へのこの「参加」は比較的最近の現象であり、不法占拠者の権利を政府が弾圧した一九六〇年代末以降急速に起きたようである。多くの農園占拠者の村々は破壊された。ある場合には占拠者は単純に土地から引き離されたが、他の場合には名目的な現金での賠償を受けるか、他の（より小さな）土地を割り当てられることによる補償を得た。一九七七年のそうした計画の一例を見ることができる。それによってこうした強制移住の新たな社会的次元を明るみにできる。

アサハンの一地区のある外国の会社は、大多数が第二次世界大戦期から住み続けていた不法占拠者のコミュニティのすべてを、農園の一角から強制移住させた。インドネシアの農業法によれば、一九五四年以前に農園の土地を占拠した人々は保護されていて、その占拠地から引き離されることはないとみなされていた。しかしある状況では彼らは「完全な補償」を与えることで移住させることもできた。問題となっている不法占拠地の事例は、一九五〇年代を通して論争になり、その当時左翼農民組織である「インドネシア農民戦線」〔ＢＴＩ〕は、不法占拠者が占拠地に留まる権利を強く支持していた。一九六五年以後そうした不法占拠者の居住地は、共産党シンパとみなされた人びとの温床としてマークされ、最初に破壊された。不法占拠者はたいてい自らの権利を知っていたが、「共産党支持者」とレッテルを貼られるのを恐れて自衛のための手段を何も講じなかった。その地域の多くの人々は、立ち退き命令は非常に不当であると感じていた。ある地方政府の役人でさえ不法占拠者の大多数はたんに、「政治状況の犠牲者」であることをすぐに認めた。

いずれにせよ、一〇ランタイほど（ほぼ〇・五ヘクタール〔五〇〇〇平方メートル〕）を耕作していた不法占拠者は、農園の租借地内の周辺部にあり、灌漑が不可能な一・五ランタイ（六〇〇平方メートル）の土地を補償として与えられた。新しい土地へ移ってから二カ月後に一〇ランタイ以上の土地が、関係外国企業の三人のインドネシア人職員（工場次長、農園査察官、それに農園支配人その人）の手に渡った。数カ月後にはその三人は、一〇ランタイの土地のすべてを一〇〇万ルピア（約二五〇〇ドル）で隣の政府農園の一人の職員に売った。またその直後に、同じ地域のさらに一〇ランタイ以上の土地が、影響力のある地元の役人に売られた。

そうこうしているうちに、以前の不法占拠者に割り当てられた道路に面した小さな区画の地価が暴騰し、近隣の町の商人と周辺農園の職員はすぐにそうした土地を買い上げた。強制移住計画が始まってから六カ月後に、補償された不法占拠者の多くはその所有地のかなりの部分を売り払い、当座の居住地として二〇〇〜四〇〇平方メートルを残すだけであった。

このようなやつぎばやの取引を直接に目撃した者は、そうした悪習は稀ではないと言った。ほとんどの村人がそうした話を詳細に思い出すことができた。手近な例では、そのような土地を買った農園職員が、土地を整地し柵で囲いをするために自分の農園から労働者を連れてきたため、状況が悪化した。村人はその仕事をするために雇われなかったという事実によって熱い議論が引き起こされ、報復計画が立てられた。村人のあるグループは、抗議のため夜柵の杭を引き抜く計画を立てたが、それが実行されることはなかった。

土地投機は農園の監督要員にとって、儲けになる新たな収入源のなかの最良のものであった。だが、労働過程の変化に直接関連する他の収入源があった。「汚職」（プングリ *pungli*）はインドネシアの風土病〔と言えるもの〕であったが、農園にまで入り込んできた汚職は前例のないほどの規模で広まった、と多くの人々（労働者から政府の役人まで）が口を揃えて言う。最も流行っている汚職は、農園の経営陣と特定の建設とか耕作の仕事のために呼ばれた種々の「プンボロン」（請負人）との間の交渉に関連する。

前に記したように一九七〇年代の新しくそして「安定した」政治風土のなかで、政府農園であれ、私営農園であれ大部分の農園が、インフラ、加工設備、耕作システムを改善するための大規模な再建計画に乗り出した。こうしたプロジェクトは、原則として競争入札で選ばれた外部の請負人によってほとんどが実行された。実際には、こうした契約はこのやり方では決定されなかったし、そうして決定されるのは稀であった。経営陣と請負人との間には、財とサービスの大規模な交換のネットワークが発達していて、その詳細については普通の労働者でも十分に知っている。以下の例は、請負人自身が語るそうしたやり方の多くのバリエーションの一つであり、農園の経営陣も直接的ではないが関与している。

農園行政官あるいは支配人は、契約見積もりを実際の価格よりはるかに高い、たとえば五〇万ルピアで提出する。すでに沈黙の「パートナーシップ」の関係にある請負人はその請負見積書を受け取る。すると農園主席行政官（ＡＤＭ）は請負人から三〇万ルピア借りるが、その借金は決して返済されることはないという暗黙の了解がある。請負人は一〇万ルピアを自分のポケットに入れ、ＡＤＭは三〇万ルピア〔手に入れ〕、残りの一〇万ルピアがもともとの農園で計算された日当の半分から四分の一に当たる額で労働者に支払われるためにとっておかれる。他の証言では、労働契約予算の約三分の二が管理部門と請負人の手に渡る、とされている。労働契約の見積もりを検討することで、こうした慣行を証明する独自な証拠を私は手に入れた。多くの場合、平均日当は四五〇ルピアであり、実際のところ臨時労働者は、一二五〜一五〇ルピアを超える日当を受け取ることはない。そうした慣行は、利益を図るために結びついた種々のネットワークにおける取り決めの一類型を代表している。

農園支配人と特定の請負人とのこうした結託の閉鎖性を表わす指標の一つが、彼らの関係はある支配人が特定の農園に在任する三〜四年間の任期を超えて続き、またそれとは無関係であるという事実である。私がよく知っているある請負人は、彼の「パトロン」の支配人が八年間に移動した四つの農園のそれぞれの入札を毎年コンスタントに勝ち取っていた。おそらく他の請負人も、彼らの「パトロン」の支配人がどこに行こうと付いていったのであろう。多くの情報からすると請負人は、そうした「営業権」を維持するために喜んで支払いをする。テレビからジョニー・ウォーカー黒ラベルの大箱《カートン》、あるいは支配人の子供たちへの自転車や、求められればコールガールに至るまでの贈物は、そうした関係の具体的な証拠のほんのいくつかであり、〔それは彼らの関係を〕確実にするし、束縛するものであった。

会社の取締役が、こうした交際関係を十分に知っていたとは思われない。実際、ある全国規模の私企業（スワスタ *swasta*）農園の所有者は、ある副支配人を解雇し、「請負人」の使用をまったく廃止せざるをえなくなったと語った。なぜなら、彼らの仕事は劣っていて、請負人だけではなく彼の信頼していた部下を直接巻き込むやり方で、多額のお金が会社の利益から吸い取られたからであった。しかしながら他の農園では、請負の仕事を斡旋する責任を負った副支配人が、取締役に知られることなく、しばしば請負人を通さずに契約した。契約料を請負人に払うよりも、外部の労働者を受け入れるために職長や農園事務官に〔直接〕支払い、そうした副支配人たちは契約費用のかなりな額を自分のポケットに入れてしまった。

賄賂や横領の他に、農園の産物を盗み出すことでも多くの職員がポケットを肥やした。そうした人々は普通「稲の害虫」〔原文では寄生虫となっている〕（ウェレン *werreng*）と労働者に呼ばれていて、特有の図式で説明された。つまり、稲の害虫は内から外に穴を開け、植物を枯らしてしまう。そうした窃盗は横行していると考えられていて、特にアブラヤシ農園では、加工用の機械は容易にリセットすることが可能なため、パームオイルを含んだ核のかなりの量が「廃棄処分され」た。この方法で、何トンという「捨てられた」材料が私営の加工工場に売却され、その利益は会社の記録に算入されることはない。

農園の管理部門にいる全員がこうした悪習に参加している、あるいはそれで利益を得ているのではないことは明らかである。国際的な新聞の見出しに踊る石油をめぐるスキャンダルに比べたら、この種の「汚職」は些細なものである。だがそうしたものは農村の階級関係の現代的な軌跡を分析し、またなぜある集団が現在不当な利得を得ているかを分析する際、瑣末なものではない。こうした汚職の多くは直接的には労働者の賃金を犠牲にしている。そして汚職は、〔農園には〕多数の臨時労働者がおり、彼らは必要だ、という事実に折り合うものであった。さらに、管理職が下役に揮う権力を過小評価すべきではない。多くの農園職員は普通の労働者にたいしては高利貸しで、副支配人のなかには自分の配下の労働者に個人的な仕事を無報酬でさせる者もいた。そして以前と同じように、親戚の女性がある管理職のお気に入りになった場合、辞める以外ほとんど何もできなかった。

プランテーションの職員は、不法なあるいは半ば違法な投機に参加するために、ときとして彼らの農園内での地位を利用する。他方、労働請負人は農村部でのもっと広範な事業への投資の基礎として、農園の労働システム内の彼らの地位を利用している。農園とその周辺にいる労働者との媒介者として、農園と都市経済におけるビジネス上の得意先を、農村部の財のフローを支配するその地位と結合させることで、彼らは最も新しい農村事業家となった。彼らは、一方では白い糊のきいた服を着た管理職と付き合い、他方竹で葺かれた労働者の家で手軽に時間を過ごすこともできたので、社会的には管理部門と労働者との間の広大な社会的な距離をまたいで、うまく立ち回った。彼らはその富と民族的出自の幅の多様なことで特色づけられ、かなりの政治的影響力を持つ者もいた。

たとえば南部アサハンでは、農園請負人の大部分は中国人で、植民会社に長い間奉仕してきた商人家族の出身である。なかには労働者をその地区に散在する農園に送り届けるために、一四台ものトラックを所有している者もいた。自分名義の農園（五〇〇〇ヘクタールもの）の所有者として収入を補う者もいた。北部アサハンでは、「請負人」はいくらか小規模な仕事をしている。彼らは民族的には多様で、バタック人が最も多いが、インド人、それにジャワ人もいた。そうした仕事は多くの場合、家族単位で行なわれる。農園支配人との「いい関係」は心底切望され、「営業権」は彼らのきょうだいの間で注意深く譲渡され、父から息子へと継承された。

私がよく知っている八〜一〇人の請負人のうち、全員が農園での仕事以外に種々の資本集約型の投資事業に従事していた。何人かは南部アサハンの広大な土地を所有していた。自分自身で操業するか、賃貸に出して、脱穀機を所有する者もいた。メダンへの幹線道路沿いにレストランを建てた者もいる。ある請負人は、臨時労働者の大半を集めたいくつかの部落に発電機を設置し、送電線を張った。数カ月後、彼はその送電線を切断し、村人は電気代を払い続けないと苦情を言った。数週間後には脱穀機を回すために、発電機が隣村に設置された。

農園管理部門での収入を稼ぐ活動とは異なり、こうした投資のほとんどすべては地域とその住民についての詳細な知識の両方を必要としている。彼らはどの村で失業率が高いか、どこで稲作用の土地が余りどこで不足しているか、どこで収穫ができず、いつ収穫が始まるかを知っておく必要がある。第二に、こうした事業はほとんど請負人と農園の臨時労働者との間の、庇護の関係に似た人間関係を利用していた。たとえば、農業の賃金は南部で高かったので、多くの請負人は支配下の労働者を、こうした地域の自分の農園における植え付けや収穫に短期間だけ移送した。請負人は安い米を前貸しすることで「常連」をしばしば助け、労働者が病気の時はその費用を一部支払うこともあるかもしれない。農園の常勤職からあぶれ、またそれから得られる社会保障を利用できない労働者にとって、こうしたことはそのような関係が内包している付随的な要求や義務を受け入れる強い動機である。

請負人のなかには同時にいくつかの大きな会社を経営し、労働者の募集をする数多くの助手を雇っている者もいる。しかし、多くの小規模な「請負人」は「広報部」を自ら担い、バイクに乗って農園やその周辺の村々を縫うように進み、労働者をその名前で呼びとめ、茶を飲むためにしばらく停まることもある。他の請負人は、特に労働者の供給が豊富で確かな所では、管理部門との関係を確保するために多くの時間を使っている。

「臨時労働者」として働いている人々が真っ先に言うように、こうした関係を支配している明確な規則はない。請負人のなかにはけちで、信頼できないとみなされている者もいて、可能であれば彼らは避けられる。他の請負人はもっと「感じがよく」、柔軟で、だから好かれている。だが大部分の場合、こうした関係はまだ形成途上で、交渉の余地があり、多様である。たとえ請負人とその常連との間に永続的な関係があっても、大部分の労働者にとってその関係は束の間で、不安定である。たとえば、もし請負人が賃金を相場まで上げようとしなければ、常連でも次の給料日には仕事を辞め、賃金を上げてくれる請負人の許へ去っていく。だがこうした状況はめったに起こらない。請負人の間では労働者の独占権が非公式に設定されている。つまり、彼らは他人の領域を侵害しようとはせず、いくつかの部落を自分の村として囲い込み、労働者が耐えられるぎりぎりの水準まで賃金を下げようとする。村落民がこうした条件を受け入れざるをえない理由はすでに明らかなはずである。それ以外の理由については、次の節で議論する。

行商と農村の商人

他のグループも農園産業とその労働力の再編から利益を得ていた。二〇世紀に入った直後の「プランテーション地帯」の拡大の初期の時代から、メダン、シアンタル、キサラン、それに他の小都市や大きな町では、商人や小売商の大きな階層が育ち、彼らはデリの農園支配人たちに財とサービスを提供した。戦前はこの部門は中国人商人の独占であった。独立後、労働組合が現物支給による広範な賃金政策を無理に受け入れさせることに成功すると、こうした必需品（米、灯油、料理用油、衣服、その他の穀物類など）を中国人が継続的に供給し続けた。同時に、バタック人の活発な行商人集団が農園労働者との物々交換取引を始めて、農園から支給される物資と現物給のなかに入っていない物品との交換を行なった。物品の多くは単純に何回も使い回された。たとえば、労働者からある物と交換に衣服を受け取ると、行商人は農園にそれをまた売るといった具合だった。

一九六〇年代末には労働政策が改定され、現物支給の規程はしだいに消滅し、一九七〇年代初期には廃止された。農園の賃金は、現在では米の補助はあるものの現金で払われている。また戦争以来農園の外に住むジャワ人の数が莫大に増えた。この二つの新事情のため、農村経済の見取り図は非常に変わった。以前なら農園が土地利用権を持つ土地間のたんなる交差点であった小さな町が、重要な交易の中心地として急成長し、急速に拡大する農村人口に自分の産物を売り、必要な品物を買うための市場ができた。

大きな市場のよく品物の揃った衣料品屋は、まだ中国人に所有されている傾向があったが、もっと小さな地域の中心部ではバタック人の店がより目立った。バタック人は行商を支配し続け、衣服、調理用具、それに家具などの多様な品物を、村々や農園の「ポンドック」〔労働者の住宅〕に運んだ。こうした商売のほとんどは掛売りで、値段は交渉可能であったが、市場の価格よりはるかに高かった。村人は実勢の最高二倍の価格を請求されていたにもかかわらず、現金が思うようにならない現実のため、選択の余地はほとんどなかった。

市場町近くの衣料品屋は掛売りの条件にはもっと厳しく、多くの村人が質入をせざるをえなかった。そして最後には自分の土地、自転車、あるいは他の資産を都市の商人に手放した。こうした商売をする階層による村々の周りの不在地主制度は、急速に普通のことになりつつある。そうして土地を得た土地所有者は、畑に投資をする傾向にあり、生産に時間がかかるが高収量をもたらす丁子（クローブ）の若木を植えた。クローブは初期投資こそ大きいものの、維持するのにあまり手間がかからない。労働請負人と同じく、多くはアサハンに土地を所有していたり（それも人口稠密な北部から来た労働者が世話をした）、他に脱穀機を持っていたり、オートバイや電気製品などの個人的な贅沢品を所有していて、それによって彼らは農村貧困層から分けられた。

右で概観したグループは、農村部の社会的映像の完全な一覧では決してない。つまり、彼らがここで選ばれたのは、ジャワ人農園労働者のコミュニティにたいして社会的にも経済的にも戦略的な立場にいるからである。彼らのなかにはジャワ人もいたが、大多数はジャワ人ではない。彼らは土地、資本、それに労働の機会（必ずしもこの順序とは限らない）といった重要な経済的リソースの利用を管理し、ジャワ人労働者が最も頻繁に最も直接的に接触する人々であった。

企業の構造と階級の構造が同じではないように、民族的区分と階級的区分は同形ではないが、それらはほとんどつねに一致する。学校の先生、地方政府職員、農業相談員、助産婦、農村部でモノづくりをするほとんどすべての経営者の間で、バタック人が圧倒していること（と同時にジャワ人の不在）をこのリストに付け加えると、階級と民族はほとんど同じ列に収束する。次の節で見るように、こうした構造が一点に収束することは、北スマトラの農村部に住むジャワ人の社会的現実と、社会慣行におけるその表象を理解するには決定的である。

三　プランテーションの周辺部にあるジャワ人コミュニティ

この章の第一節と第二節では、過去一五年間の農園産業における政策の変化と、それによって強調され、また変形された農村の階層構成の特徴のいくつかに注意を払ってきた。この節では、ジャワ人農園労働者のいくつかのコミュニティの社会経済構造に焦点を当て、広く見られる生産と交換の社会関係だけではなく、その成員の生活の軌跡を変えてしまった条件についても関心を向けたい。

北スマトラの大規模プランテーションを取り巻くジャワ人村落は、決して同質的ではないけれども、その成員が住む独特な空間と彼らが従属している主要な経済的要素で規定される特性をいくつか共有している。おそらく最も顕著な特徴は、彼らがジャワ人であるという、体に感じられるほど明白な意識である。身体感覚的には、スマトラとその広大な未開発地にいるとはほとんど感じられない。家々は地面につくかのようなジャワ風に建てられていて、高床式に建てられる傾向のあるマレー人やバタック人の家々とは異なる。ジャワでそうであるように、家々はたくさんの果樹や野菜が家からやや離れたところに混植されている庭〔インドネシア語でプカランガンという〕に囲まれている。ジャワ人のコミュニティは、たくさんの家々が密集し村落を形成していて、畑と水田に取り囲まれている。孤立した、あるいは隣家と遠く離れたジャワ人の家を見ることは稀である。村は「ラメイ　*ramai*」（字義通りには「騒々しい」とか「賑やかな」という意味）であるべきで、それは外部の危険から村を守ってくれる安全な集住を暗示している。

シンパン・リマはそうしたコミュニティの一つで、それについていくらか詳細に見てみよう。シアンタル市とテビン・ティンギ市、それにキサランの町からそれぞれ五〇キロメートルの距離にあり、プランテーション地帯のど真ん中に位置しており、メダンの真南一五〇キロメートルに位置する。その三方を外国のプランテーションと政府所有のプランテーションに囲まれ、はるか東の境界だけが他の村と接している。他のよく似た村と同じくその村は、一九四〇年代末から一九五〇年代初期の農園の土地の不法占拠者によって作られた。初期の住民はわずかに残っているだけだが、シンパン・リマが現在に至るまでそのもともとの地域を手放していないのは幸運である。一九七二年までは、二つの会社がその土地の所有権を再確認するために議会活動をしていたが、土地は接収されないという土地安堵を保証した合法的所有権の政府発行の証明書を村人が受け取ったのは、つい数年前のことである。

シンパン・リマを社会的実体として語ることは、そのアイデンティティにかかわる二つの異なる側面に言及することである。一方では、その村は儀礼的な出来事の周期の点で、また家々が密集している物理的な配置、それにそうしたなかでの社会的・経済的相互作用の形式の点で、典型的にジャワ的である。他方、一〇〇世帯ほどがその内部にいるが、ほとんどが以前の「契約クーリー」の子孫であり、ジャワとスマトラ間を結ぶ彼らの動きはほとんど似たコースをたどった。すなわち、シンパン・リマはジャワ島と民族的につながることと同じぐらい、近隣の農園との特別の関係により定められた共同体である。その村は、公式にはいくつかの名前を持つ部落に分割された、より大きな村落行政単位に属しているけれども、こうした公式の地区に適用された名称は住民あるいは部外者によってほとんど使われない。その代わりに、今でも人々はブロックXの一部分と呼ぶ。つまり、二五年以上も前にその土地が農園の管理下にあった時に用いられていた植栽区の名称で呼ぶ。

社会的空間と社会的時間によって、この二分法は共有されている。出産、割礼、結婚、死などの儀礼的な出来事は、特にジャワ的なやり方に固執しているが、実際は労働と余暇の時間的なリズムは農園産業の流れに合わされていて、それに支配されている。シンパン・リマのジャワ人は「スラメタン *slametan*」(儀礼的共食)を放棄したのではない。いつそれをやるかを決める基準をたんに変えただけであった。つまり、ジャワ暦で決められた日ではなく、農園の給料日に変えたのであった。そうでなかったならば多くの客は、共食の機会に持参すべきお金の工面に苦しんだことであろう。月二回の給料日は、行商人が品物を売りに回ってくる時であった。給料日に人々は、町の市場で食糧を買い貯め、投資をし、ローンを支払い、あるいは延長した。現在一般に行なわれる行事〔スラメタンなど〕は、普通の日で日取りが決められるのではなく、直近の給料日か次の給料日との関連で決められる。

もしシンパン・リマのようなコミュニティが、元の農園とははっきりと無縁であると思われる——そこの住民もそう思っている——という事実がないならば、こうしたことは何も特に驚くべきことではない。そこの住民の多くは自らを「農民」（タニ *tani*）と呼んでいるけれども、半分以上の世帯は稲作地の耕作権あるいは所有権を持っていない。また彼らのなかで農業の収入のみで実際生活できるのは、ほんのわずかな人々だけである。村の行政単位では（シンパン・リマは二つの部落からなる）、一九五七年と一九七八年の間の平均土地所有は一人当たり〇・四ヘクタールから〇・一三ヘクタールにまで落ち込んだ。これは主に一九五〇年代に農園労働者や以前のプランテーション従業員が村に流入してきたためであり、また成長した子供たちが自分たちの家庭を築き、親の土地が分割されたことが村落内で増えたためであった。

一九六〇年代後半と七〇年代初期に何万人というプランテーション労働者が大規模に馘にされたことで、そうしたコミュニティにおける人口圧はいっそう悪化した。馘になった労働者は農園の敷地外で生活の空間を見いださざるをえなかっただけでなく、彼らの子供もほとんど定職を見つけることができなかったため、子供たちも農園の社宅《ポンドック》には住めず、農園の周辺部に閉め出された。シンパン・リマは他の不法占拠者の開拓村ほどは悲惨な状態にはなっていない。以前は陸稲や水稲の畑に囲まれていたこうしたコミュニティの多くが、完全にその農業的基盤を失い、今や未熟練労働者予備軍が大量に住む、ただ農村部の居住のための土地に成り下がった。子供も大人も住民のほとんどは、農園のための労働請負人の下で「臨時労働者」として働くのみである。

会社の観点からは、こうした新たに形成された労働者の居住地は、可能な限り世界最良のもののようであった。どんなケースでも、デリの外国人植民者が約五〇年前に理想的な労働者コミュニティとして描いたものに酷似していた。つまり、農園のすぐ近くに大量の労働者の供給地があるが、農園は彼らに責任を負わない、というものであった。しかし実際は、その仕組みは会社と労働者双方にとって理想とはほど遠かった。労働者の確保のために村から人員を引き抜いたのは会社だけではなく、農園労働者や他の村人も生計のために会社から盗みを行なった。シンパン・リマや近隣の他のコミュニティで発達したのが地下経済で、農園の監督システムと生産過程の非効率性に起因する、その場限りで、一定の形をとらない、稼ぐための戦略であった。

シンパン・リマにおける収入源の変化

農園産業とそこから間接的に利益を得ているこうした農村部の階級に挟まれているので、農園周辺部にいるジャワ人は、自分の労働力を売ること――彼らは「ジュアル・トゥナガ *jual tenaga*」、つまり字義通りには「自分の〔労働〕力」を売る、という――、しかもそれを安く売ること以外に自分たちに開かれている収入源はほとんどないことがわかった。二〇年も前だったらシンパン・リマの住民のなかで「臨時労働者」であったのはほんのわずかな数であったが、今や八〇%の世帯に少なくとも一人の「臨時労働者」がいて、しばしばそれ以上の成員が臨時職に就き、それを主な収入源としている。

「臨時労働者」はほとんどあらゆる年齢と性のグループで増加している。まず、何年か前に農園の常勤の仕事を辞めるか馘になった多くの女性が、この臨時職に戻ってきた。第二に、一九六五年以後政治的理由で馘になった以前の「サルブプリ」のメンバーがいた世帯では、通常、夫、妻、子供たちはこの立場〔臨時職〕で仕事をしている。第三に、シンパン・リマには「半引退」した年配の男女が異常なぐらいたくさんいる。つまり、多くの者はまだ十分に働けるほど若いのに、常勤労働者として残るには歳を取りすぎていると農園からみなされていた。最後に、臨時職の仕事についている数多くの子供と若者がいるが、彼らは定職を得るには若すぎるか、年齢は問題なくても仕事が手に入らなかった。彼らは経済的独立のためにそうしている場合もあるが、多くの場合必要に迫られて臨時職の仕事をしていた。

村の住人が仕事をしている農園の多くが半径二〜一〇キロの範囲内にあったが、若者は家から二五キロも離れた農園で働くことを普通好んだ。トラックの荷台に積み込まれて、彼らは朝五時か六時に出発する。除草、草刈、鍬を使った作業は四〜六時間も続く。彼らが家に戻るのは夕方である。なぜなら、トラックは他の村の労働者を降ろすために迂回するからである。

農園で働く若者は、同年齢の子供たちに期待されている世帯の仕事をすることは通常できないし、家庭で仕事をしている際に両親から受けるような監督下におかれているわけではない。特に歳取った世代は、トラックに詰め込まれた若者がいちゃついたりふざけたりするのを苦々しく思っていた。朝まだ薄暗いうちに、派手なスカーフ、スカートをまとい、お化粧をした若い女性の一群が幹線道路にやって来て、それはまるで婚礼の行列のようだと、歳取った世代が顔をしかめて苦言を呈する。イラクサや除草用鍬から身を守るためにスカートの下に長ズボンを履いているので、やっと彼らもそうした労働者の一団であることがわかる。

もし若者がその仕事がもたらす自由のために低賃金や飽き飽きする仕事を甘受できるのであれば、年配の世代はそうした仕事に彼らの生活が依存していることを完全に否定することでその仕事を受け入れる。シンパン・リマで農園の仕事（カルジャ・クブン *kerja kebun*）のことを話す時、彼らはただ常勤労働（ディナス）のことだけを話す。臨時労働者は「ムランタウ *merantau*」という動詞を使って表現する。つまり、ある農園から別の農園へと「一時的に移動する」という意味である。つねにあるプランテーションへ「ムランタウ」することが不可避であることは、暗黙の了解で重要ではなく、その言葉の地元での用法では当然のこととされている。ある人間が一年中いつも「ムランタウ」しているのは、ほとんど議論されない。大部分の女性は、自分が望むならば、いつ「ムランタウする」か選ぶ自由（ベバス *bebas*）があるから、「ムランタウ」をすると言う。しかしながら、こうした「自由」の発動は非常に制限されている。なぜなら多くの労働請負人は、月最低二五日以上顔を出さない者を馘にするかもしれないからだ。

シンパン・リマの労働者が出かける農園は、全体でおよそ一三ある。大部分の「臨時」職は村から歩いていける距離にあり、こうした請負人の下では定常的な雇用がある。大人のなかにはもっと離れた農園での仕事を好む者もいるが、特に、監督がうるさくなく、「つねに見張られている」のではない、と彼らが言う農園であれば好まれる。女性たちの間では労働戦略が議論され、共有されている。経験者は若者を叱るが、若者の働きが非効率的であるからではなく、職長にそうであると悟らせるからである。ある女性が言った。

私が彼ら［若い女性］に言うことは、あなたがたは自分の労働を売っていること、そしてそれを買う者は、交換に何が得られるのか確認したいのだ、ということを忘れるな、ということです。彼が傍にいる時には働きなさい、しかし彼が行ってしまったら休んでいい。だが、視察官がいる時は、いつも働いていいいいいいいいいるようなふりをすることよ。（強調は話者）

女性の多くはそうした外観を保つのに特別に習熟している。彼らは、（若い男性がそうであるようには）すばやく仕事をするべきではない、と言う。そうすることで請負人が負担を増す口実となるからである。仕事はいつも十分疲れる。着実に、注意深く、そしていつも、「ゆっくり」と仕事をしなければならない。

農園常勤労働者

「臨時労働」はシンパン・リマのなかで最も広くゆきわたった賃労働の形態であるが、この村の居住者はそれだけで生きているわけではない。一五歳から五九歳までの成人男子の二〇％は、農園の常勤職（ディナス）についている。中年労働者の大部分はゴムのタッパーであり、アブラヤシの収穫作業は、若い男性にもっぱらあてがわれている。まだ「常勤職」として働いている村の女性がたった一人いる。大家族のいる男性の多くは、独身者や子供の少ない若い男性を優先的に採用する会社の新しい労働者採用政策に苦しんでいて、彼らを排除しようとする会社の直接的かつ巧妙な方法に憤慨している。

たとえば、一〇年以上ある民間農園に雇用されていた「常勤職」労働者は、アサハンのはるか南にある同じ会社の管理するプランテーションに移るよう抜き打ち的に命令された[14]。会社が引越し費用を負担しないために、事実上自分は馘になった、と彼は言った。なぜなら、彼は自分の負担で荷物をまとめ、引越しをするつもりもないし、またそのお金もないからであった。近年解雇された他の労働者は、被扶養者が多すぎるとか、仕事についていくにはもはや「適して」いない、と言われた。以前は、こうした解雇は争われたが、今日では「共産主義者のトラブルメーカー」というレッテルを貼られる危険を誰も犯そうとはしない。

アブラヤシの収穫作業は、農園産業で最も高い賃金が支払われる仕事の一つである。その仕事はある程度の技術と力が必要とされているが、大部分は長時間の不規則な労働に耐えられるかどうかである。そのため、稼ぎもよく、ボーナスも相対的に大きい。新しい品種や肥料の使用で一ヘクタール当たりのアブラヤシ生産は、この一〇年間に大きく増大したので、ある労働者が一人で一日の割当量をこなすのはほとんど不可能になってきた。農園のなかには新しい収穫システムを導入する農園もあった。そこでは、農園ではなく「常勤」労働者が、自分で二人の補助員を雇う。一人の「運搬屋」（トゥカン・ピクル *tukang pikul*）が、重いアブラヤシの房を最寄りの積み込み地点まで運んでくる。もう一人の「トゥカン・ブロンドラン *tukang brondolan*」が、地面に散乱した熟れた核を集める〔核からもパームオイルが取れるから〕。ボーナスは三人で分ける。

収穫作業のこの合理化はいくつかの重要な変化をもたらした。第一に、こうした二人の補助員によってなされた仕事は、もはや「常勤」労働者によってなされた仕事ではない。家族への米の補助とか、年金、その他の社会福祉を提供しなければならない常勤労働力を増やさないで、農園はその生産性を目に見えて増大することができた。第二に、「ブロンドラン」の仕事はつねに小さな子供がしたが、彼らの賃金は「臨時労働職」の賃金に応じて支払われた。こうした付加的な労働は農園の計算では労働生産性の増大として現われてくるけれども、収穫に費やされた全労働時間の増加、つまり一労働ユニット当たりの生産性の低下ともみなせる。児童労働は他のセクターより普通に見られるが、それにかんする公的な労働レポートは存在しない。

農園に関連する他の収入源

シンパン・リマの住民の経済活動で最も顕著なことは、彼らが仕事を頻繁に、また容易に変えることである。その収入源が比較的固定している、常勤の農園労働者、三人の学校の先生、一人のダラン *dalang*（影絵芝居の人形使い）、一人の仕立屋、一握りの専従農民、それに年金生活をしている数人の老人を除いて、大多数の住民は、ある就労の機会が現われ他の機会が閉ざされるたびに、ある仕事から別の仕事へたえず移っている。定職に雇用されていない若い男性は、これを「モチョッ・モチョッ *mocok-mocok*」（「何でも屋」の仕事を強調した言葉）と呼んでいるが、固定した仕事がなく、あらゆる範囲の活動に手を染めざるをえないことを指している。

いかなる年齢グループにおいても、たとえば二〇歳と三〇歳の年齢集団において、年長者と年少者との雇用形態を比較すると、年齢の若いグループは数年間に一〇回も職を変えているが、年長の者は同じ仕事、同じ農園に数十年も留まっていることがわかる。しかしながら、両グループは同じ制約下におかれているので、今日両者の雇用類型にはあまり変わりがない。

二〇年前と今日との労働類型の最も明白な差は、大部分の男女が今は定期的には雇用されていないということである。これは人々があまり働かないということを意味しない。女性の場合を例にとってみよう。一九六五年以前ははるかに多くの女性が「常勤職」の仕事をしていて、彼らは四〇日間の産休を与えられた。「臨時職」として彼らの大部分は、今日では一五日から二〇日間の産休を取れるだけである。つまり、従来の半分から三分の一の期間に減ってしまったわけで、かつて農園は女性の産休に給料を支払っていた[15]。会社はそれだけこうした費用負担を免れたわけで、今や農園の全労働日のかなりの日数を、こうした女性労働者の負担によって利用できる。

現代の男女の労働類型が反映しているのは、会社も村も増大するジャワ人人口を吸収する十分な雇用機会を創出していない、という事実である。一九五〇年代初期には、農園とのつながりを断つことを選び、比較的肥沃で処女地である半ヘクタールほどを支配していた人々は、農業上の収入で生活できた。今日こうした選択は、シンパン・リマの住民のなかで非常に限られた少数の人々の間でしか望めない。

過去一〇年間の厳しい農園政策によって、いくつかの収入を生み出す活動も奪われた。今ではそうした仕事は、農園の産物の安全と品質双方に脅威とみなされているものである。たとえば、家畜の飼育は農園の境界内に住んでいる世帯だけではなく周辺の村人にも重要な収入源であったが、プランテーションの土地内で家畜を飼うことや放牧することを禁じた新しい会社の規則によって、そうしたことはほとんど消えてしまった。多くの会社は、植栽されていない地域（つまり、古い木が切り倒されたが、まだ次の植え付けが始まっていない所）で、一時的に家畜を放牧することを許した。だが、再植栽のペースが速まるにつれ、禁止は公式でより厳しく実施された[16]。子供たちは農園の土地内で家畜の飼葉をいまだに集めているが、すべての農園がこれさえ認めているわけではない。

いくつかの収入源はあまり儲けにならなかったし、あるいは禁止されてしまったけれども、他の収入源がそれに取って代わった。その一つが数年前から、農園の支配人やパートタイムの交易商によって始められた。新しいアブラヤシが植えられると、苗木を囲む空間には低生のグラウンドカバー（カチャンガン *kacangan*〔豆類〕）が植えられる。それは土地を肥やすために植えられたのであるが、雑草と土の侵食を防ぐためでもある。一定期間後にこのグラウンドカバーは間引かれ、その種子は別の場所での次の植え付け用に用いられる。時間のかかるこの仕事のために労働者を直接雇う代わりに、経営陣は他の方法を選んだ。つまり、女性や子供たちは農園に来るよう奨励され、密生したカチャンガンをこそぎとって、新しい発芽を促す。そして彼らはその種子を選別するために自分の村に持ち帰り、その後「仲買人」（アゲン *agen*）に売る。仲買人はそうした種子を農園に再び売った。多くの会社では公式にはこうした慣行を禁じているが、シンパン・リマ周辺のプランテーションでは黙認していた。

第二話。これもゴムからアブラヤシへの転換にかんするもので、アブラヤシの一日の生産の割り当てが高い多くの農園で起きている。「常勤」労働者は、補助員の助力を得ても、地面に落ちたアブラヤシの核をそのままに放置しておくことが多い。こうした地面に落ちたアブラヤシは法的には農園のものであり、外部の者は集めることが許されていないけれども、多くの村人はそれをやる。彼らは落ちた核を求めてアブラヤシの茂みを数時間かけて探し、自宅で外皮を突いて剝き、核を仲買人に売る。仲買人は核を私営の調理油工場に売るか、あるいは農園に再び売った。このバリエーションが、外皮を取り去る機械を通過したアブラヤシの核の巨大な「捨てられた」山から、まだ使えるものを漁ることである。このため、外皮は再び粉砕され、核は再び外部の仲買人に売られる。

両方の活動から得られる一日の収入は農園の臨時職程度であったが、大部分の仕事は昼間しなければならない他の仕事とかち合うことなく、自宅で行なえるという利点が際立っていた。廃棄物漁りと粉砕の仕事は女性によってなされたが、子供たちもその仕事に参加することもあった。多くの女性は農園に直接雇用されるよりも違法すれすれの仕事の方を好むというが、その仕事から得られる収入は悪くても一定だった。少なくともある政府系農園では一九七九年に、状況の収拾がつかなくなったとみなし、この廃棄物漁りを全面的に禁じた。すると、収穫をする者たちは地面に多くのアブラヤシの核を残し始めて、自分の仕事をスピードアップした。彼らの後から女性や子供たちが、残った核をきれいに拾い上げることを知っていたからである。

農園とはあまり関係のない収入を得る他の活動は、調理済み食べ物やスナックの販売で、「臨時職」の賃金が支払われる給料日にも売られるが、農園内でも売られた。これもまた散発的な仕事であった。女性は材料を買う現金と、その準備をする時間がある時にそうした仕事に参加する。一年中定期的にそうした仕事を行なっていた店を構えた屋台店（ワルン *warung*）はほんの数軒あるだけだった。

労働者の移住

こうした地元での収入源にもかかわらず、農園にも、もちろんコミュニティ自体にも吸収されない多数のシンパン・リマの住民がまだいる。村の生活の本質的な側面として、村をしばらく離れ戻ってくるという途切れることのない人の流れを指摘できる。たとえば、若い女性はアメリカでかつてロードハウスと呼ばれた道路沿いの店のウェートレスとか、メダンや都市近郊の女中さんになることが多かった。若い男性は数カ月あるいは数年間でも村を離れ、カロランドの裕福な市場向け野菜生産農家の賃労働者になるとか、都市中層の中国人の召使、夜警、トバ・バタック人農民企業家《ファーマーズ》に雇われる農業労働者になった。他の者は労働請負人の監督する道路作業員や、マレー人トロール漁業者の漁民として働いた。なかには数カ月間森の伐採作業に従事するとか、その地域のココヤシ工場や炭窯で働く者もいた。男女とも一回に数週間ほど南部の米の豊かな地域の収穫作業に出かけたが、通常これはあらかじめコネが必要であった。

こうしたほとんどすべての仕事は「臨時職労働者」に支払われる賃金よりも高い稼ぎを得ることができたが、そうした仕事は危険もともなっている。道路工事や森の伐採の仕事に従事する人々は、請負者が彼らを見捨てるとか、村を出る時に示された額よりもはるかに低い賃金しかもらえないなど、騙されることが多いとこぼしている。ウェートレスや召使として働いた少女にとってそうした仕事は、売春への入口になることもあれば、その婉曲な表現でもあった。というのは、店の主人や上客の性的誘惑に応じなければ仕事を失うことを彼女たちの多くは知っていたからであった。こうしたことは証明することがむずかしいけれども、彼女たちがそのような仕事に従事している明白な証拠があると、村人は主張している。なぜならば、彼女たちのそうした仕事から得られる平均的な賃金（月一〇ドルをわずかに超える額）と、少女たちが家に帰った時に、彼女たちが身につけ、両親に気前よく贈る宝石類とか、すてきな服、現金、その他高価なプレゼントの価値とを比べてみれば、そうとしか考えられない。誰がこうした仕事をしているかを、誰もが知っているようだが、それでも彼女たちはコミュニティや家庭から追放されることはない。窃盗と同じくそうしたことは、周辺で生きる人々にたやすく認知され、それに割りのいい仕事の一つにすぎない。

不法な手段で金を稼ぐことは、村の生活の重要な部分である。そうしたなかで最も重要なのが、農園の産物、特にゴムを盗むことである。村のある若者は、「誰もがやっている、あるいはやったことがある。間抜けな奴が捕まるだけだ」と断定した。ラテックスを盗むのは、農園の職長、事務官、外部の仲介者が関係する、よく組織化された作業である。その参加者は実質的にいかなる反社会的な烙印も負わず、そのため若者のなかには（通常は盗みをやめた連中だが）、ラテックスを盗む冒険を誇り高く語る者もいるほどである。

実際捕まる者もいたが、これはあまり効果のない抑止力であった。たとえ「常勤職」労働者であっても、降格されることはあっても、馘になることはめったになかった。職のない若者は、盗みは気楽に出かけられるものであることを知っていた。とはいえ多くの場合、彼らの情報ネットワークは非常に円滑なもので、もし警察の手入れが近づくと、警察の探索が一段落するまで村を離れるだけであった。大部分の盗みは、小さな集団で夜行なわれた。ゴムの木が夕ッピングされ、ラテックスはその場で直接仲買人に売られた。他のやり方は、労働時間にラテックスに水を混ぜ、「取り分」を入れたブリキ缶を隠し、暗くなってから缶を取りに戻ってくるのである。一晩の稼ぎは一〇〇〇ルピアから六〇〇〇ルピアに達したが、それは道路工事や「常勤」労働などのまっとうな仕事で得られる額の二倍から一二倍に達した。

村人はその盗みに直接かかわる時だけは不安になった。たとえば、ある若者は自分の盗んだ物を貯めておくために、隣人から「借りた」ドラム缶（雨水を貯めるために使われる）を見つけるために村中を必死に探しまわった時には不安になった。ドラム缶は見つかったが、乾燥したラテックスの臭いがして、それに数週間風を通すことが必要だった。他のケースでは息子が盗みで捕まった父親は、若いチンピラどもの訪問を受け、もし見返りをたっぷりと払えば息子を連れ戻してやるという提示を受けた。会社は会社で盗み自体についてはよく承知しているが、犯罪人のなかに会社の監督業務を行なっている者がつねにいるので、そうした行為はある程度寛容に扱われている。

このことは、シンパン・リマの住民が全員、盗人、ギャンブラー、あるいは売春婦であるということではない。しかし、相当数の世帯のかなりなメンバーが収入にかんする質問紙調査に、完全に信頼できないというわけではないが、非常に疑わしい答えをしている。そうした仕事をしている娘からの送金は、家計にかんする質問紙への答えに現われてくることは決してないが、村のなかにある数軒のレンガ造りの家を建てる費用に回された。他方ギャンブルで失敗すると、以前快適なコミュニティ生活を送っていた村人が土地の売却を強いられる理由となった。この地域では家計費の数字は、家族の実際の収入と支出がぴったり合うことは稀である。何人かのプランテーションの幹部職員や「労働請負人」のように、多くの村人は農園の労務管理システムにおける現代の状況や不備とされる場で、活動の場所を切り開いてきた。彼ら自身の説明では、そうした行為をすることに特に不都合なことは何もない。ほとんど何も変えることはできない、ということが経済構造上での彼らの「立場」であり、自らの従属的な役割も十分知っている。

農園の周辺でありながら、同時にそれに支配されてもいるという立場のジレンマは、村の生活のほとんどあらゆる側面に現われていて、それがコミュニティ内の諸関係にも家庭組織の中核にも影響を与えている。以下見るように、世帯——もっと限定的には通常世帯がその中に含まれる核家族——は、ヒルドレッド・ギアツがジャワについて書いたものとは異なり［Geertz 1961:5］、「定位のための安定した点」では必ずしもない。スマトラ東岸の農村部では、ジャワ人の家族・社会関係のいくつかの決定的な諸側面は急激に色あせてしまい、別のものが再生産され続けている。社会変化がこのように選択的に起きている理由については、後で議論する。

シンパン・リマにおける家庭の絆と社会関係

私はシンパン・リマを典型的にジャワ的な村と記述することで始めたが、このことは部分的な真実でしかない。ジャワ人の儀礼的な行事は日常生活で実践される社会慣行であり、彼らの精神世界は紛れもなくジャワの神々を含んでいるけれども、こうした二つの領域はプランテーションの周辺で生きているという明白な社会的現実による要請を受け入れざるをえず、またそれによって変形され続けてきた。

前に記した経済的諸活動から、シンパン・リマの経済状況についていくつかの特性をはっきり認めることができる。まず、そこは相対的に貧弱な物質的基盤に依存しているコミュニティである。その乾燥した土地では、プランテーションが拡大した初期の頃は米作が行なわれていたが、土地資源を深刻なまでに枯渇させてしまった。ここのあらゆる土地では今や根菜類とか灌漑を要しない作物だけしか生産されない。さらに、灌漑されている土地は質が悪く、生産性が低く、たとえ収穫があったとしても、通常年一回の収穫があるだけだ。数年前に政府が奨励し導入した高収量品種米は、あまり成功しなかった。実際その収量は、一ヘクタール当たり三トンの収量のあった旧品種に比べてもはるかに低いものであった。こうした収量はジャワの大部分の平均収量よりも二五％も低く、インドネシア全体の平均よりも低かった。[17] 高収量品種米は稲の病気に抵抗性が少ないことが判明し、こうした品種が導入されて以来、米の収穫が何回も台無しにされた。さらに、高収量品種米は毎年植え付けをするたびに化学肥料の使用を増大させることが必要である。その量は政府が補助金を出したビマス（ＢＩＭＡＳ）〔大衆指導〕信販計画が規定した量よりも、はるかに多いものだった。そのためシンパン・リマの米栽培者のほとんどはビマス計画から撤退を決めた。

生産の地としてシンパン・リマは、上記以外の就労の機会をほとんど提供しない。一握りの老人が竹製品やヤシの葉製品（床のマット、家の壁、帽子など）を作っているが、誇れるほどの工芸の伝統はない。特にココナッツを定期的に売るなど、菜園から取れる産物は重要な収入源である。しかし、菜園とはたんにほとんど労働力を投下しない空間であり、ランブータンやクローブ（丁子）、ドリアンなどの利益が大きいが、生長に時間のかかる樹木が植えられた土地を所有する家族は少ない。

シンパン・リマの成員の多くが自らを「農民《タニ》」と引き続き考えているけれども、そのコミュニティはまず、全体としての地域経済――農園や他の民族集団の小規模資本による事業――のための、安い労働力の供給地であるという事実は残る。かくしてシンパン・リマの住民の大部分は、内部で農業（あるいはその他の）生産を強化することではなく、コミュニティの外での雇用を求めることによってその生活費を得ている。この結果は、稲作における、そして稲作の周辺で発達してきた特有の生産形態において、特に農村部ジャワとの比較をすると、最も明らかになる。

ジャワでは稲作地を利用する権利が、パトロン‐クライアント関係が決定的な役割を占める一連の大きな社会的経済的関係を決定する。農村部ジャワ村落の土地のない、あるいは少ない成員にとって、小作人として土地を耕し、村の富裕な土地所有者の持つ田の田植えや収穫に参加する機会は、一つの戦略的な資源であり、家庭の一年の収入のかなりな割合を占める[Stoler 1977b]。シンパン・リマでは、各世帯間での土地のあるなしによる富の歴然とした差は、コミュニティに基盤を持つ非対称的な社会的なつながりを同じように豊かには発生させなかった。ある者にとって、小作地の配置は変わりやすく、固定していない。そしてパトロン‐クライアント関係は小作関係によって成り立ってはいない。小作地の配置などは実際的で、その場限りのもので、私の知る限り、負債や労働で支払われる他のいかなる義務にも基づいていない。

第二に、土地耕作の大部分は、田植えと収穫時に召集される女性グループによるのではなく、一〜二の家族によって行なわれる。せいぜい、他の世帯（普通は親族）から二〜三人がこうした仕事の手伝いに呼ばれるだけである。ときとして、若者が数日間だけ田起こしなどの重労働に雇われることもあり、給金は現金で支払われるが、こうした機会は稀で、その手配はつねに即席で、一時的な絆である。だから水田の利用は強力なパトロン‐クライアント関係をともなわないし、田の所有者に社会的な権力を与えない(18)。すでに述べたことであるが、階層の違いは多くの場合、村の外、民族集団間で現われ、プランテーションのヒエラルキーと、そうしたヒエラルキーを源泉とする補足的な部門において明らかになる。

その結果、コミュニティに基礎づけられた社会関係を再確認し、強化することに時間とエネルギーを投下することは、富の不平等な世帯間だけではなく、比較的平等な経済的な地位にある世帯間でも、少なくともこの観点からは非常に減少した。農村部ジャワでは同規模の土地所有をする世帯間での稲の収穫時の労働交換は、しばしばより広い相互義務を繰り返す互恵的な相互扶助協力組織（ゴトン・ロヨン）という大きなシステムの一部である [Stoler 1977:681; Jay 1969:254-59]。シンパン・リマではそうした交換とそれがもたらす互酬性は、はるかに小さく、社会的実践は異なった力点へと向かっている。

このことは、村の土地が重要な経済的資源ではない、と言っているのではない。急激に上昇する土地の価格上昇だけが、土地の価値の証拠となっている。しかし農業用の土地での財産権は、すべてを包含する基本的な生産関係ではない。裕福な村人の機嫌を取らないと重要な資源の利用も就労の機会も得られないジャワとは異なって、ほとんどあらゆる形態の現金での報酬——農園や建設現場での仕事、森や漁業での労働、レストラン、食堂、工場、それに個人の家庭での仕事を含む——は、基本的に村という社会的空間の外で起こり、民族間の境界を超えることによってのみ接近できる。

けれども過去数年間に変わってしまった土地所有の類型は、村の別の姿を暗示するようだ。つまり、以前なら定年退職後そこに住もうなどとは考えてもみなかった地位の低い農園職員が、しっかりと建設された住居と居住用の土地へ投資を増大させていることは、将来的には村は、階層的にも民族集団的にも多様になることを示唆している。同様に、隣接する地区の中心部にいる公務員や商人による村の「ラダン」（灌漑されていない畑）の購入と、それに土地への投機の増加は、財産権の急激な転換を示している。それでもなお、外部の者に渡った土地について最も衝撃的なのは、それが文字通り村の領域の外にいってしまったことである。〔そうした土地にたいしては〕もはや労働、賃貸、あるいは購入することはできなくなり、村人に耕作されることはまったくない。そうした土地のすべてが灌漑されておらず、大部分はクローブが植えられている。前にも記したようにクローブはあまり手がかからない。こうした金のある「定年退職者」が、村のなかで土地を持つパトロンとしての地位を獲得すると信じる理由はほとんどない。

稲作での労働関係は、伝統的で狭い範囲の社会的結束が明白になる唯一の分野である。たとえば「共食儀礼《スラメタン》」の準備の際、大量の仕事を頼まれた隣人は、「相互扶助《ゴトン・ロヨン》」の精神で参加するよりも、はるかに強い目的をもって手伝いをする。ジャワにおけるように、そうした隣人とその家族はその共食儀礼の間じゅう食事を豊富に提供される。しかし多くの人々には、彼らの労働にたいする対価として現金が支払われる。もっと重要なことは、高価なもてなしや食事を提供できる家族の間においてさえも、そうした高額な出費はほとんどなされないということだ。シンパン・リマでの「スラメタン」は質素になる傾向が強く、農村部ジャワでのジャワ人の間での同様な機会に比べても、あるいはスマトラのトバ・バタック人の間でのそうした機会に比べても、相対的に小さな社会的投資である。

不和の表現

ヒルドレッド・ギアツはかつて、「調和、協力、努力の一貫性、対立の最小化」を意味する「ルクン *rukun*」の概念が、ジャワ人家族、さらに一般的にジャワ社会を組織する道徳的原理の一つであることを示した［Geertz 1961:47-48］。そうした規準は現実にはめったに達成されることはない、という事実はあまり重要ではない。もっと重要なのは、「ルクン」であるという「外観」を広く装うことであり、その現実性ではない［ibid. 146,149］。だが、「プランテーション地帯」の農村部に住むジャワ人の間では、これが当てはまるかどうか明瞭ではない。「ルクン」の外観を装うことすら守られてはいない。試みられた時はいつもぶち壊しである。

これにかんして注目すべき例がいくつかある。一つは、大規模な饗宴《スラメタン》を出す際に起きる、冷笑的で、不和を起こさせるような、しかも絶え間ないゴシップである。私が参加したそうしたすべての機会において、男も女もそうした饗宴が準備されたやり方を批判した。たとえば、彼らは大声で、食べ物の量が十分ではないとか、質が悪いとか、食事があまりにも早い時間に料理されたために「臭う」とか、あるいは準備が遅すぎてせかせかと出されたとか、手伝いを頼まれた人々が少ないとか、もてなしが安っぽいとか、主催者がお金を使いすぎたとか、あるいはケチったなどと、悪口を言った。どこにそうした批判が向かおうとも、コミュニティの「調和」ではなく、くどくどした不満がその後数週間も繰り返された。

これは「ルクン」の理想がまったく消えてしまったというのではなく、「ルクン」に道徳的あるいは現実的な実体を与える努力がほとんどなされていない、ということである。そこでの「調和的な外観」が何であれ、村の内部で盗みが頻発するため、たびたび壊されてしまう。たとえば、一九七八年のイスラム暦の新年が始まる直前に、コミュニティ全体に盗みが横行した。数週間の間に家々から自転車、家禽、ヤギ、椰子の実、米などがなくなった。そのたびに、最初にある村人が犯人と名指しされ、そして次の村人が指差された。

悪意のあるゴシップは、外観的に「ルクン」を取り繕うことの重要性を否定しないが、そのことは「ルクン」への信頼性を減らすことになる。それにシンパン・リマにはそうしたゴシップが溢れている。たとえば、誰それの娘はメダンで売春をしているとか、誰それは他人の夫の不義の子を産んだとか、誰それの妻はかつて売春をしていたとか、誰それはギャンブルで生計を立てているとか、誰それは妻を殴ったとか、誰それは怠惰だ、貧しい、欲深い、インポだ、等々。こうした主題は明らかに人間関係の楽しみであり、どこにでもある話題であるが、ここで顕著なのは、そうしたものが日常生活での冷やかしを表わす鈍い伴奏音ではなく、皆に知れ渡ってしまうような話題であるということだ。

対立がないことは「ルクン」の概観を装い続けることの一つの方法として解釈されるけれども、「ルクン」を装うことも敵意にさらされる。「スラメタン」にある隣人がいないこと、あるいは稲の収穫の際招くことを「忘れること」は、対立のないこととは考えられない。そうしたことは不和の公然とした表現であり、軽蔑的な注釈を巻き起こす。人間の行動の微妙なニュアンスが注意深く監視されているような世界では、このような「消極的攻撃」であるしくじりは派手な喧嘩と同じく強烈である。

周辺部における家庭内の緊張

シンパン・リマが商品経済の過程に吸収されているという事実をわれわれは、世帯間ではなく実際は世帯の内部でおそらく最も強烈に見いだす（だろうと予想した）。若い世代と年長の世代において政治的・経済的経験がいちじるしく異なるのは、世帯の維持、つまり、家計に誰がどの程度貢献すべきなのか、についての考えが対立していることを示している。そして究極的には賃労働にたいする態度の違いとして示される。

労働やレジャーの分野で社会的「調和」が衰弱していることは、家庭という単位においても認められる。中ジャワでは農村部の世帯は消費の単位であり、一部生産の単位でもあり、その成員の間で収益は蓄えられる。このコンテクストにおいて、意思決定のプロセスを支配し、家計だけでなく、子供たちの時間と労働の割り当てを管理するのは女性である[Stoler 1977a:85]。ベンジャミン・ホワイトの研究とそれに倣ったその後の多くの研究によって、小さな子どもの労働を含む家族労働が、重要な一連の社会的・経済的活動に決定的なものとして動員されていることが示された[White 1976a]。

　シンパン・リマでは、稲作とか世帯の仕事への子供の参加は少ない。このことは子供たちが働かない、と言っているのではない。これまで見てきたように、多くの子供たちは九〜一〇歳で学校を辞め、農園の仕事をする仲間に入り、アブラヤシの収穫や、ゴムのタッピングの仕事をするか、そうした仕事をする父親や年長の近親者を手伝う。どの場合でもある世帯の成員は、共通の雇い主＝農園を持つ、という大雑把な程度の結びつきしかない。世帯員の労働は、農業生産、家内生産、あるいは村のなかの活動に動員されることはない。子供たちが自ら「臨時雇い」として、あるいは「アブラヤシ収穫の手伝い《トゥカン・ブロンドラン》」として自力で働いている時、彼らは稼ぎを家族のために蓄えることはなく、自分のために使う。

　私が生活した中ジャワの村では、稲の耕作、家畜や子供の世話、あるいは他の仕事を必要とされた若者は、荷物をまとめて勝手に村を去ることはなかった。彼らは収入になる活動をしばしば求めていた。それは、自分の個人的な必要だけではなく、世帯の生産力にたいする自分の基本的な責任を果たすためでもあった。シンパン・リマの世帯には、こうした凝集性が欠けている。多くの事例において女性は、自分の子供の労働も、家族の財布の紐も管理していない。女性はしばしば自分の夫がどれだけ稼ぐかを知らないし、両親のなかには子供たちの稼ぎを何も使えない者もいる。子供たちが世帯の一部に留まっていようといまいと、あるいは村に留まっていようがいまいが、家族の緊張はかきたてられ、残る。

　シンパン・リマの若者の状況は、明らかに全体としてのコミュニティのジレンマの反映である。自らを「自営農民《タニ》」として考えがちな年長の村人がいるにもかかわらず、ここでは大多数の村人はコミュニティの外で働くことで生計を立てている。それにたいして、ジャワでは、村の外で働くことと村の中での稼ぎのいい労働が組み合わされている。シンパン・リマにおける家族としての単位は、村とその内部の絆を弱体化することで皮肉にも再生産されている。若者は家に留まらない、家庭での生産に専心しない、といって叱られるのであるが、しかしもし大多数の者がそうしたら、実効性のない生存戦略となってしまうであろう。

この状況は一九四〇年代後半に、「命令されたくない」として農園の仕事を辞めた一人の歳取った村人の言葉によって、うまく、しかも辛辣に要約される。彼は過去二五年間、かろうじて生計を営んできて、独立して農業をすることと、賃労働を二度としないことを誇りにしてきた。一方、彼の五人の娘と息子たちはそれぞれ彼の主義を見捨て、全員が今や農園の「常雇い」として、または「臨時雇い」として、あるいは他の場所での賃労働者として雇われている。彼は彼らの選択を向こう見ずなものとみているが、次のコメントを残した。

> 今日の若者の問題は、彼らが自分の労働を売りたがることだ。畑仕事をやりたくないのだ。

彼は正しい。村の大部分の若者は、両親の土地で働くことを拒絶する。同じ仕事を農園の賃労働としてやりたいのだ。そこで得たお金は時として自分のものとして使える。こうした状況を非合理的だと評価することはできない。

商売をするために年長の娘の手伝いを必要としていた隣人は、娘が今やっている仕事でもらう賃金とほぼ同じ賃金を支払うことで、仕事を辞めさせることができた。同様に、ある父親は二人の息子を自分の土地で働かすために、賃金を払わねばならなかった。なぜなら、「そうしないと子供たちは何もしようとはしなかったからだ」とその父親は言った。両親とその子供たちとの仲は、賃金と時間の配分という同じ問題で繰り返し悪くなった。子供たちはすぐに使える現金を要求し、親たちは「自営農民《タニ》」になることを望んだ。その対立はさらに表面だけではなく、完全に「非ジャワ的な」やり方によって、たとえ物理的な攻撃性を示さなくとも、しばしば公然と言語的な表現を用いてなされた。両親といつもそうした問題で衝突していたある若者は、ある日荒れ狂い（アモック）、父と母の顔の前で包丁を振り回し、「殺せ、殺せ」と叫んだ。彼がたとえどんな精神的な問題を抱えていたとしても、彼が爆発した直接の原因は、農園のある仕事を受け入れるべきかどうかについて意見が激しく対立した、ということが事実として残る。同じような苦境にいる若者は多数いるが、かなりの数の若者はただ家を出た。稼ぎのいい仕事を見つけられた者は家に送金する。他の者は家族との財政的なつながりを完全に切り捨てる。

右で見たようなその老人のそうした努力は、シンパン・リマが農業のコミュニティではないこと、それに自己完結的なコミュニティでは確かにまったくない、という事実を否定しない。シンパン・リマは都市近郊の小邑で、北スマトラの農園と地域の労働市場の要求を満たしており、そのなかに侵入しようとする労働者に「居場所を提供する」。しかし彼らは必ずしも農業生産ではなく、他のセクターにいる世帯の他の成員が稼いだ賃金で食べていた。われわれが見ているものは、一つの消費の様式であり、資本主義からかけ離れたものではなく、その一部である。先に見た家計への貢献をめぐる緊張した関係は、こうした貢献がなされないということを意味していない。稼ぐ単位としての世帯は多種多様であり、なかなかうまくいかない、というだけである。

二つのことが今明らかにされるべきである。つまり、シンパン・リマはその生存の条件を再生産することができないことと、従属している部分があるにはある、独立した生産様式の場所とは考えられない、ということである。農業への労働投入量は少なく、農業はしばしば年配者の片手間の仕事であり、そうした人々は他の成員が稼いでくる稼ぎで養われている。労働の商品化が意味することは、家族労働は「家族」農場で働く者の補充すら困難であるということである。シンパン・リマが農業を基礎にした農村としての外観をたんに保っていても、現実には都市近郊の小邑である事実は、独立した、村を基礎にする生産関係が実質存在しないことから確認できるし、それは村人間の〔儀礼的のみならず経済的な〕交換関係が衰退化することと機を一にしている。

シンパン・リマでの階級とエスニック・アイデンティティ

シンパン・リマのコミュニティと家庭生活についてこれまで述べてきたことは、不和を引き起こすような要素や、不協和音の背景となる経済状況を明白に強調してきた。しかし、シンパン・リマはたとえ動揺しつつある絆ではあっても、たえずこうした絆を更新し再確認する一連の社会的・儀礼的交換関係を持つ共同体として、その成員には考えられている。たとえどんな対立がコミュニティの核を弱めることがあっても、その成員と子供たちは、誰が「われわれ」であり、誰が「彼ら」であるかの境界を規定する準拠枠をいまだに作り続けている。どの社会集団がこの両極のどちらの側に属しているかは、ジャワ人の社会意識の指標の一つであり、北スマトラ農村部において搾取の様式がいかにぼかされ、また見分けられているかを明快に示す指標の一つでもある。

コミュニティ自身の内部である社会関係がアトム化し、崩壊したにもかかわらず、シンパン・リマの住民にとっては、われわれというカテゴリーはつねにジャワ人であり、もっと細かく言うと村に留まっている住民であり、一方彼らとは村の外部の者である。日常生活のレベルではわれわれはつねに同じ経済的な階層の成員であるけれども、彼らと分類された社会集団は階層に沿っては規定されていない。彼らは政治的、経済的、あるいは他の社会的分類に基づくよりも、むしろ民族集団によって規定されるカテゴリーである。たとえば、農園の支配人、金貸し、商売人、あるいは地元のエリートを構成する人々は、村の基準によりこうした特定の個人の組み合わせに適用される顕著な特徴を特段持っていない。他方、民族集団は集合として、複数形で容易に分類される。彼らとはバタック人であり、マレー人であり（オラン・カンプン〔村人〕はあたかもやや汚い言葉であるかのように、この言葉を囁く）、あるいは中国人である。その上、彼らを分類する、辛辣で、含蓄があり、形容詞による表現法が存在する。バタック人は、抜け目がなく、粗野で、攻撃的である。マレー人は汚く、中国人小売商は信頼できない。〔訳注一八〕

シンパン・リマでは村人がバタック人について話すことが普通のように、バタック人がジャワ人について話すことも普通のことだった。しかし農園エリートであれ、あるいはいかなる集団であれ、彼らを純粋に経済や政治の用語で規定する用語はなかった。ある特定の農園の支配人は、一般的にまた一貫して適用される包括的な属性ではなく、ことのほか過酷だ、よそよそしい、あるいは同情的な個人として、彼らに話題にされる。E・P・トムスンは一八世紀イギリスの階級意識の成長を、労働者階級がゆっくりとかつ集合的に搾取のパターンを理解し始めた過程として記述している。このことはイギリス労働者階級が、以下のことを理解し始めた時に起こった。

……「やつら《ゼイ》」は彼の政治的権利を否定した。もし景気の後退があれば、「やつら」は彼の賃金を切り下げる。もし、景気が回復すれば、彼はこの改善のなんらかの分け前を獲得できるような地位を「やつら」から闘いとらなければならない。もし、食糧が豊富であれば、「やつら」はそこから利益を得る。もし、食糧が不足ぎみならば、「やつら」のうちの何人かはもっと利益を上げる。「やつら」はあれこれの事実においてばかりでなく、すべての事実が正当化される、根底にある搾取関係で共謀していたのだ。[Tompson 1966:207]〔訳注一七〕

シンパン・リマでは、トムスンが記述するような「本質的な搾取の関係」という単一の作用はない。むしろ社会生活の諸局面を横断し、本質的に「不正」であることとは、こうした搾取の関係が犠牲者の支配下にないことを繰り返し確認させるような、搾取を表現する一連の隠喩があった。

搾取は日常の会話でたびたび現われる言葉ではなく、抑圧、支配、それに〔会社側による〕不正な抜き取りを表わす概念が存在する。さらに、「支配する」を表わすインドネシア語の「ムンジャジャー *menjajah*」は「植民する」という意味でもあり、通常は特定の歴史的文脈に限定されている。農園との絆を断ち切ることを選択した少数の老人だけが、全体として農園の労使関係の不愉快な面やヒエラルキーを伝えるためにその言葉を用いる。そのような人々は「常勤職」の仕事を辞めていて、ジャワ語で「オラ・ギレム・ディレ」、あるいはインドネシア語で「サヤ・ティダ・

マウ・ディジャジャー　*saya tidak mau dijajah*」（私は誰にも指図されたくない）と説明する。他方、農園の仕事を拒絶した若者はこうした表現をめったにしない。彼らは「テルイカット　*terikat*」されたくないというが、その意味は農園に縛りつけられているという新しい表現で、直接的な関係のヒエラルキー的意味合いが抜け落ちている。彼らは「押しつけられている」（ディプレス　*dipres*）、あるいは仕事の量に「食われている」、という。

自分よりも強い力によって「食い尽くされる」という観念は、労働という状況に限定されない非対称的な関係を表現するのに用いられるが、インドネシアだけに限定されない。たとえば、悪霊を寄せつけないよう十分な霊的耐久力を持たない人々を悪霊は「食べてしまう」し、最終的には殺してしまう。妻が応じられるよりも、あるいは妻が適当だと考えるよりも過剰な性的なサービスを要求する夫は、妻を食い尽くしてしまうだろう。そのために妻は痩せ細る。労働者は農園によって「食い尽くされてしまう」のであって、ここでも犠牲者は「不当な」要求を強いられていることを示す隠喩が再び示唆されている。

こうした隠喩で喚起される連想は、すべての事例で一貫しているわけでないことは明らかである。しかし最も一般的なレベルでは、「食い尽くされる」（ディマカン　*dimakan*）ことは人々の間での直接的あるいは何かが介在する関係である。それぞれの場合において、それはいくぶんの過剰性、当事者の一方が礼節、正義などの限界を超える度合いを意味している。しかしもっと強烈な意味として、それは質的な侵犯である。それはたんに労働者の労働が使用されたというのではない。その場合には「彼女は私の労働を使った」とたんに言うだけであるが、「食い尽くされるとは」その労働者自身が労働過程において消尽されたことを言外に示唆している。

搾取の表現として「食い尽くされる《ディマカン》」を用いることは、一人の労働者が一定期間に費やすことのできる一定量の労働があることを意味している。この量を越えた要求は、自己を支え再生産する能力もまた消費され尽くすことを意味している。アブラヤシの収穫作業に従事している何人かの若者は、高いボーナスを支給されるだけの仕事はしているという。この仕事をすると八年間で「燃え尽きてしまう」から、そんなに長く続けられないが、こうしたことを知っているにもかかわらずこの仕事をし続ける、と彼らは言う。

「食い尽くす」ものが精霊であれ、バタック人であれ、農園であれ、せいぜい、人はそうした危険を受け、それによって傷つくことを制限する試みができるだけである。しかし最後には、個人は自分を管理できなくなる。基本的な関係は問題ではない、たんに内在する危険のある与えられたシステムのなかでどううまく対処するかの問題である。夫と妻、雇用者と被雇用者の間で妥当とされる行動には幅がある。ある者が夫あるいは雇用者を変えようと自由であるが、関係の基本的教義が疑問に付されることはない。

より強力なものへの従属が、北スマトラで再生したジャワ的霊的世界の中心思想である。『ジャワの宗教』のなかでクリフォード・ギアツは、「霊的世界は象徴的に転換された社会的な世界である」と主張している[Geertz 1960:28]。霊魂にかんする真正ジャワ人のシンパン・リマ的変形は、このことの正しさを強く支持している。ジャワにおけるように、霊的世界は日常世界のほとんどあらゆる変則的出来事——気の遠くなるような呪文、たなぼた的利益、説明のつかない青黒いあざ、ココヤシを盗むこと、饗宴時の降雨——を説明する存在として呼び起こされる。そうした出来事のタイミングと原因を説明するものは、イスラムの聖典ではなく、悪と善の神格が濃密に存在する霊的世界による策謀である。ここでその全目録を提出することはできないが、この領域での一つの決定的な構造的特徴に気づくべきである。

まず、そして最も重要なことは、最も危険な精霊や強力な黒魔術はジャワ的なものとは考えられていないことである。そうしたものは必ず外来の力であり、シマルングン・バタック人や、トバ・バタック人、あるいは土着のマレー人によって支配され、操作されている。たとえば「プルン *pulung*」と呼ばれる霊のことを考えてみよう。ギアツはジャワのプルンを定義しているが、プルンは人々を統治する村役人や高位の人にのみ憑く「政治的霊」である[ibid.

26]。北スマトラではプルンは民主化されてしまった。誰でも取り憑かれるし、誰もそれを所有できない。それは狂っていて、自由に徘徊し、「無法で」（リアル　*liar*）、それゆえ非常に危険である。それはジャワ人の治療師（ドゥクン　*dukun*）による悪魔祓いはほとんど不可能であるとされている。マレー人あるいは通常はシマルングン・バタック人のもっと強力な「黒魔術」（イルム・ヒタム　*ilmu hitam*）を必要としている。さらに、プルンは強欲な霊で、慰撫され、金を払って追い払わない限り、犠牲者をすぐに食べ尽くす（そして殺す）。シンパン・リマで最も教養のある住民でも、その一人は学校の先生であったが、年長の親戚の者が麻痺し憑依した時には、「正しい」霊的な解放を得るためにシマルングンの四～五人の別々の治療師の所に赴くのを恥とは思わなかった。

こうした理解の枠組みのなかで、病気、窃盗、片想いとして処理されてきた出来事のほとんどは、非ジャワ的な霊によってのみ媒介されてきたが、邪悪なものも非ジャワ的な霊で生じたと考えられることは稀だった。呪いは隣人によって、あるいは他の民族集団のより強力な黒魔術に引き込まれた親戚（生きていても死んでいても）によってほぼ引き起こされる。だから犠牲者は報復としてジャワ固有の霊的な力を使うことはできない。別の教師が説明しているように、「シマルングンの治療師はお金のためなら何でもやり、邪悪なものにより近く、それを扱うことに熟達している」。地元のジャワ人の情報によれば、他の霊の多くは変形プルンに比べると見劣りがし、大した力がなく、操ることができる。

ジャワにおいてと同じく、治療師は彼自身の出身地を越えてより高い名声を得る傾向にある。かくして、遠い農園から来たジャワ人「治療師」は、同じコミュニティに住んでいる「治療師」よりもはるかに高い名声を保持している。しかしシンパン・リマではさらに一歩先を進んでいる。より「強い」治療師は地理的に遠い空間にいる治療師だけではなく、より異なる遠い社会的な空間にいる治療師もまたそうである。このように霊的な世界についての短い余談によって、シンパン・リマの社会的な意識とその限界についてさらに付加的な洞察が得られる。少なくとも、それはプランテーションの周辺部にいるジャワ人が、彼らの物質的（それに精神的）生存に必要な従属と媒介についていかに考えているかの一例を与えてくれる。

労務管理と社会意識

シンパン・リマのジャワ人は、彼らの政治的見解や経済的苦悩を自分たちの言葉で表明することを、二〇年前よりもはるかに躊躇しているが、彼らは自分たちが生活しているシステムについての知識を欠いているわけでも、それが個人に帰結することについて政治的に素朴なわけでもない。実際、そのシステムがいかに作用し永続しているかについての彼らの理解は、おそらく良すぎるぐらいで、そのシステムを克服することは実行できるわけがない、とほとんどの者が見ている。

シンパン・リマの住民は消極的ではなくて、札付きの冷笑家である。彼らの利益を守るはずの政府が支援する現在の労働組合（FBSI）を、彼らは軽蔑している。農園での仕事の安定性は、たとえ「常雇い」であっても、つねに弱々しいことを彼らは理解している。新聞を読む者は、いつも小声ではあるが、政府の国内政策に鋭敏な政治的コメントを寄せていた。一九七八年の数カ月間、新聞であるシリーズが毎日掲載され、多くの民間農園と政府農園における嘆かわしい状況、農園労働者の安い賃金、労働者保護の必要性が報道された。記事を読んだ村人は、一九五〇年代に彼らの何人かが闘った状況とまったく変わらないことを知り、何も感銘を受けなかった。ある村人が言ったように、「人々がそれに抵抗をしたためにその時代には投獄されたのであるが、どうすれば、今日何かを変えることができるのか」。

コミュニティは二〇年前とははるかに異質の政治的空間であり、政治的支持という側面では非常に異なった——特に慎重な——住民が住んでいる。「サルブプリ」のメンバーの大部分は、煽動者や活動家とみなされたため、殺されるか投獄された。「たんなる追随者」（イクット・イクタン *ikut ikutan*）と分類された者は、警察の監視を受けながら村に残り、許可なく旅行をすることを禁じられ、最近まで「常勤」職につくことを禁じられていた。地区〔現在の行政では県、つまりカブパテンレベル〕の役所は以前の共産党員とみなされた者の全ファイルとその友人関係、それに〔特に重要な〕統計をいまだに保持している。村の記録でも名前の隣に「オラン・ヒタム *orang hitam*」（文字通りには「黒い人」）とマークされた人を示すために星印がつけられ、前「サルブプリ」メンバーであることを示していた。

こうした妨害だけでも、人々に歯に衣着せない、あるいは集団的ないかなる形式の抗議も押し留めるのに十分であった。農園の労働政策は多かれ少なかれ彼らをひるませた。「サルブプリ」が一九五〇年代初期に予期したように、常勤労働者とは異なる賃金基準と地位にいる臨時労働者の利用は、労働組合の勢力と二つの労働者カテゴリーの交渉上の地位を弱体化させた。そのことはまさに予想通りになった。過去一〇年間、会社は核となる少数の常勤労働者を養成し、また場合によっては彼らにたいする手当てを増額させた。これにたいして、会社は「臨時労働者」の数をますます増やした。会社は彼らにはいかなる責任も認めず、政府はほとんど保護を施さなかった。こうした二つの集団に帰属している労働者はしばしば同じ世帯に属しているという事実は、なお一層抵抗の可能性を殺ぐことになった。批判すると、家族の他のメンバーが「常勤職」の地位ゆえに提供されていた米の補助、医療手当や年金などが危険にさらされた。誰が「臨時職」の賃金に異を唱えることができようか。

「臨時職」として働くことは、労働者には社会保障も影響力も何もないことを意味する。実際それは正規の「仕事」としてはまったく考えられていない。女性は、その仕事は都合がいいと言う。男性は、ただ収入の補助にすぎないと言う。シンパン・リマの住民がジャワ語の「自営農民《タニ》」を気取って、労働市場の気まぐれから表面上は独立していると振る舞うのは、おそらく少しも軽減されることのない農園への従属からの防御の彼らなりの形態であり、それにたいする文化的な抵抗である。これまで見てきたように、外見を保つのは容易ではない。ときには危険で、不確かで、まったく非合法的な一連の生存戦略に頼ることが、それには要求される。そのためには、他の集団と区別されるほどジャワ的であるが、自分たちの力ではどうしようもできない民族と階級による支配という社会的現実に明らかに適応した一連の社会関係が必要とされている。

シンパン・リマの歳取った世代の人々は、現状を辛抱強く受け止める傾向があるけれども、こうした矛盾をよく知っている。彼らは言う。

現代は「繁栄の時代」（ザマン・ケマクムラン *zaman kemakmuran*）である。われわれには仕事があり、なかにはいい給料を貰っている者もいる。村にある自転車、ラジオ、ランプを見よ。数年前に誰がそうした高価な品物を見たであろうか。だが現代は「正義の時代」（ザマン・クアディラン *zaman keadilan*）ではない。それはすぐに来るであろう。もしその時代が本当に来れば、物事は転倒してしまう。注意せよ、なぜならその時代は、ジャカルタにも、ヨーロッパにも、あるいはアメリカにも関係するからだ。北スマトラに限定された問題ではない。

第七章　結　論――抵抗の声域

デリの農園の労働史には、大画面ドラマを構成するほとんどが含まれている。つまり、むせ返るようなジャングル、性的な手柄話、途方もない富、それに暴力等々。実際、インドネシアのさほど大きくない映画産業は、すでにデリに注目し、その主役としてハンサムだが無慈悲なオランダ人植民者を配し、彼の共演者として、征服され暴行を受けるが、気高いジャワ人女性クーリーを配している。彼女は性的な虐待を受け、挙句は子供とともに捨てられるが、何百万というインドネシア人若者の心を揺さぶった。適切にもその映画は『ブアヤ・デリ *Buaja Deli*』（文字通りには「デリのワニ」という意味だが、隠喩的には「デリのドン・ファン」を意味する）と題され、白人男性とアジア人女性との性的な対立を示しながら、植民地の野獣による手の込んだ略奪を、私が第二章で行なったよりもはるかに簡潔に捉えている。

私は、『デリのワニ』の製作者と映画製作上の同じ必要性に制限されてはいないために、その煽情性を克服しようと努めてきた。公平に言うと、私の物語と映画の物語はまったく同じではない。『デリのワニ』は芸術的なレベルではなく、グローバルなレベルで言うならば、デリの植民地史の記録である。つまり、ある場所、特定の人物、先駆けとなる投機的事業、それにナショナリズムについての歴史である。それは少なくとも植民地とプランテーションの物語であり、西欧の観客にとっては第一世界による植民地の略奪を痛切に感じさせるものだった。結局、彼らのゴムのおかげでわれわれの車が走っているのだ。

こうした脇筋《サブプロット》がわれわれの語りのなかにも含まれているけれども、本書の歴史はそれとは異なった主題を追求してきた。「センセーショナルな」ことに焦点を当てたこともあるが、その文脈をより詳しく見るためであって、労務管理が内包している支配と抵抗の、華やかではないが、戦後も続く持続的な関係を理解するためであった。この意味でこれは、誰が誰を支配しているかという歴史ではない——とにかくそんなことはほとんど驚きではない。むしろ、労務管理の理念とその実行の歴史である。なぜならそれが、デリの労働者の生活の進路や意味を構造化し、作り直したからであった。

このような概略を描く際、私はさまざまな出典、視野、主題を用いながら、でこぼこな地平を辿ってきた。私は見方を変えながら、同じ物語を何度も語った。そして、時空間的な観点から農園の構造と、その内的なヒエラルキーを検討した。ある時には、より広い拡がりのある見解を随時取り入れ、ジャカルタからアムステルダムへ飛び、再び東スマトラのクーリーのバラックに戻ってきた。ここでも、法人資本の策謀を農園内の諸関係をめぐる個人的な陰謀に関係づける際、私はしばしば歴史的記録の読解のために人類学的概念に訴え、また同時に、日常生活という「人類学的」領域を扱うために歴史的説明に訴えてきた。

だから私は、人類学と歴史学の区分を分析上は切り刻み、同時にそうした試みが含む危険を冒した。数年前にジェノヴィーズが書いているように、そうした危険なことの一つが社会史の分野における「人類学の最近の流行」である。そこでは、文化から人種に至る想像上民族学的とみなされる漠然とした概念一覧によって、歴史分析の焦点としての階級対立——権力と支配——が駆逐されてしまった [Fox-Genovese and Genovese 1976:205-20]。

私のデリの歴史の研究では、あるアプローチに特有な還元主義と別のアプローチにみられる軽率な注釈を避けようとした。労使関係の構造と経験にともに関心を集中する際に、私は社会的行為の階級的決定要因に注意しようとしてきた。なぜなら、そうしたものは日常生活において、民族集団間、人種間、それにジェンダー間の関係によって顕わになるが、多くの場合には曖昧にされるからである。今度は、こうした関心はより一般的な目標の一部になる。つまり、人民は「自身のドラマの作者であるとともに役者でもある」[Marx 1973:115] というマルクスの主張に、さらに実証的な内容を与えることである。あるいは換言すれば私は、資本主義的な発展の道筋を、階級関係によって単純に押し付けられたものではなく、階級関係によって活性化された過程、として描こうとしてきた。

このように努めた結果、いくつかの分析的手法によって歴史的記録を精選し、研究課題が設定できた。こうしたものは労働者の管理と企業のヘゲモニーにかかわる諸刃の概念であり、両者とも労働過程そのものの内外で変化する支配と抵抗の領域への関心を必要としている。結局、「労働者の抵抗」を表現し、鼓舞する歴史的出来事――抵抗の構造的な帰結を予言すらした――を見分けることは、最初に想像したほどは簡単な試みではなかった。労働政策上のあらゆる目に見える変化も、また労使の交渉上の地位のあらゆる微妙な変化も研究対象になる可能性があり、またそれぞれの変化は農園の労使関係にたいする内的／外的要因が交差した時に起きた。

こうした偶発的な出来事の変動の範囲を処理しやすくするために――すなわち何が起きたかを分析するために――無数の、また分析的には当てにならない変化と変革を「測定」可能とするいくつかの基準に、われわれは頼らなければならなかった。要するに、出来事のなかには、他の出来事よりも顕著で、体系的変化を引き起こしやすいものもある。われわれの最初の課題は、こうした決定的な変化を分離することであり、次に、そうしたものが必然的でもなければ偶然起きたわけでもなく、権力独自の性質により、権力にたいする挑戦があるにもかかわらず、切れ目なくまたうまく再生産されながら、つねに類型化されてきたことを示すことであった。

たとえば、第二章と第三章でわれわれは、農園産業の成立から第二次世界大戦の終結までのデリにおける企業の労働政策は、二つの異なる戦略とみなされるものに分けられることを見た。初期の政策は、契約労働者への剥き出しの強制、罰則条項による法的な強制の時代、として特色づけられた。一九二〇年代末までには、こうした特定の形態による社会的暴力の支配は消え去った。最初の試験的な試みが、契約労働を廃止することであった（完全廃止は一九四一年）。次に、新たな優先順位が以下のようなことに与えられた。すなわち、プランテーション周辺に労働者予備軍の設立、家族成員の採用による現地での労働者の再生産、それに村落生活の装いをかもす常勤労働者の集落を作ること、等々。

こうした変化にともなって、技術・組織上の生産要素において劇的な変化が起きた。労働の強度と時間を増やすのではなく、労働生産性を増大させることで利益を上げられることを会社は理解した。こうした傾向とあいまって、白人の支配人とアジア人労働者との暴力的遭遇の頻度と激しさが急激に減少し、会社の財産への襲撃が減り、労働者の集団的な抗議の機会が低下した。

社会的・経済的改良の幕間に起きたことを説明するために、別の解釈をいくつかもっともらしく提出することは可能である。たとえば、プランテーション産業のこの合理化は、世界市場からの圧力の結果として解釈できるだろう。その圧力の最も明瞭なものが一九二九年の大恐慌であった。大恐慌は世界規模で諸産業の労働力のコストを実質的に引き下げることを強いた。さもなければ産業界は完全に倒産していたであろう。北スマトラの農園産業の経営者は、本質的にこれを理論的根拠として、全労働者の半分、一六万人以上を解雇し、ジャワに帰還させた。

一方、契約労働者から「自由」労働者への変化は、経済外的な強制から労働過程そのものに内在する強制へと進む、資本主義的発展で決められた筋道の一部として説明できるかもしれない。あるいは、危機の時代において資本は、より高度の労働生産性と全労働時間の削減に向かう傾向があり、それが達成されたとも説明できるだろう。または最後に次のように言うことも可能だ。すなわち、契約労働の廃止は、業界の不正な労働政策にたいする労働者側の意図的で、おそらく成功したキャンペーンの直接的な結果であった、と。それは罰則条項の廃止後、白人への殺人や襲撃数が急減したことで支持される命題かもしれない。

こうした解釈が農園の労使関係にかかわる経済的・社会的強制という点ではそれぞれ妥当であるとしても、なぜそうした強制がデリで起きたのかについてはその解釈だけで説明できない。労務管理のような変化と戦いの場に関心を集中すると、こうした出来事の類型がより豊かに配置されて現われてくる。まず、われわれが知ったことは、契約労働から「自由」労働への移行は名目だけで、強制の減少ではなく、強制の及ぶ範囲が置き換わっただけであったことである。第二に、大恐慌は業界の合理化の道筋、あるいは合理化が必然的にともなう労働者の再編の本質を規定したのではないことを、われわれは見てきた。会社は一六万人の労働者をたんに恣意的に馘にしたわけではなかった。会社は馘にする人員を慎重に選んだ。馘にされた人々は必ず、「危険な」「過激な」「望ましくない」連中だと疑われていた。残った人々は、その忠誠心、勤勉さ、それにその従順さによって選ばれた。残った人々がほとんど「危険」ではなかったかどうかは問題外であった。つまり、個人的であれ集団的であれ、かつて公然たる反抗を少しでも示した労働者の大部分には、そうした基準がでたらめに適用された。会社は最初、未婚の（厄介な、と読む）男性をジャワに送還したが、既婚女性は馘にしたが送還せず、農園の仕事に感謝する既婚男性には新ルールの厳しい労働規範を厳守するよう強制した。

すでに指摘したようにスマトラは、大恐慌によって大規模な賃金カットと厳しい失業率がもたらされた唯一の場所ではないが、デリでなされたその規模は「客観的な」経済的な必要性よりもはるかに大きなものであった。たとえば隣のマレーシアでは、ゴム産業の合理化では労働力の削減はもっと少なかった。事実、同時期のマレーシアの農園での労働者の採用は、増加しているという証拠もある[Jain 1970:224]。

解雇と、もっと重要なことだが、農園人口の多くをジャワに帰還させたことは、デリでは経済的な要請であると同時に、政治的な要請とみなされていた。そしていつものように、状況についての植民者の分析は大きな間違いを犯してはいなかった。南ベトナムでは、北部からの移住労働者が故郷に送還されることなく単純に解雇されたが、そうしたプランテーション・プロレタリアートが、大恐慌時代に加速された労働争議に活発に参加した [Hémery 1975 ; Vien 1974]。他方、一九二〇年代に燎原の火のように広まった農園を中心とする抵抗は、一九三〇年代の北スマトラでは、実質的に停止に追い込まれた。

労働者の補充と管理の戦略は、予想される反乱の可能性にたいする反応ではなく、農園の利益を厳格に追求した計算の結果を考慮したものであったことは驚くことではない。その後数年間は、実質賃金が下がり続けているのに、農園労働者の抵抗が衰退したが、政治的抑圧の国家的コンテクストを視野に入れて初めてそれを説明できるのであって、このことは明確に裏付けられる。こうした出来事を、資本主義の辿るあらかじめ決められたコースの一部だと、あるいは政治的な意図を持つ抵抗が必ず辿る結果、とみなすことはできない。なぜなら、そうすることは労務管理が逆説的に発達したことと、そこで選択された抵抗の形式を理解できなくするからである。

家族への住宅支給制度、肉体的・言語的虐待からの保護、さらに性比の改善でさえも、その評価が分かれた。一方では、こうした変化は、不正、極端なもの、暴力的な報復を是認するものとして、労働者に直ちに経験される、より明白な抑圧の形態を緩和するものであった。他方、こうした変化は労使関係の基本的な構造は不変のままにしておいて、別の形で搾取を強化することの容認そのものであった。他の観点からすると、大戦前と独立後の二つの時代において、プランテーションの周辺部にいる農民として「再構成」するこの作用は、抵抗の一つの声域であったことをわれわれは見てきた。だがそれは、周辺部に住む大部分のジャワ人の従属を強化するのにも役立った。

かくして、大恐慌以前に起きた労働者の抵抗が、経営側のより虐待的な慣行をある程度制限したが、こうした抵抗とそれが生み出した恐怖が、労働者の削減という筋道を形成し、最終的には公然かつ持続的な政治的実力行動の基礎を弱めた。オランダ植民地国家の側のさらなる力の誇示と関連づけて考えてみると、一九三〇年代のほとんどの期間、デリの労働者は、蘭領インドの他のどの集団よりも沈黙していた。それは同時期のオランダ、イギリス、フランス、

アメリカの東南アジア植民地帝国で、農民層や都市貧窮者による反乱や暴動が頻発したことと対照的であった。(1)

デリの農園史における植民地の章では、対立と管理の問題に繰り返し洞察が加えられてきたが、大部分の実質的な形式はただ独立後の数年間に現われた。たとえば、農園住民の曖昧な政治的立場——中心的であると同時に周辺的である——は、独立をめざす政治的覚醒化の新たな産物ではほとんどなく、数十年も前にほぼいかなるコストを払ってでもそれを阻止しようとした企業の労務管理政策から生まれたものだ。オランダ植民地経済にとって、また独立後のインドネシアの国民経済にとって、北スマトラにいるジャワ人は重要であったので、どんなに些細な政治的覚醒も、反抗の波紋も、権力を持つ者によって知覚され、対抗処置を施された。この意味で社会的秩序を分裂させる彼らの潜在力はあまり活発ではなく、外国の農園に依存していた他の土着の集団による実際の大破壊よりも、もっと重要とされた。さらに、集団的行動と共通の利害を促進する農園のいくつかの条件(一カ所に集められた同じ環境に住む労働者の居住用施設)によって、比較的無害な要求に基づく行動でさえも容易に監視され、抑圧が可能になった。

しかしながら、政治的覚醒化に影響を及ぼした最も基本的な逆説は、おそらく、労働者のプロレタリアとしての期待と利害、地位が、農民としての期待、利害、地位と実際明らかに一致しなかったことだろう。私がこれまで議論してきたように、この不一致は、商品化の過程そのものから発達し、ジャワからの移住を促す誘引、労働力の補充と管理政策の背後にある戦略が統合された結果であった。ジャワで広く行なわれていることと酷似する「正常な」労働市場をスマトラで確立しようと農園産業は試みたが、その試みの中心が、第二次大戦以前に提起された種々の労働者の居住地計画であった。われわれが見てきたように、こうしたプログラムは労働者に農業による最低限の生存基盤よりも少ない量しか割り当てなかった。それは、ギリギリの状況では労働者の日々の暮らしを維持するには十分だが、農園の雇用から独立するためには大きく不足していた。

日本占領時代には、こうして注意深く計画された計画は、その立案者にはきわめて不利になってしまったようである。第二次大戦以前の植民者による一時的な土地配分プログラム――それは日本占領時代に拡大した――から離れて、大規模な不法占拠運動が起きた。それは、かつて結合していた経済的な必要性と政治的な決断によって加速された。こうした期間中、多くの農園労働者は独立した生存の基礎を確保しようとして、続く一〇年間を自分の保有地を維持し、拡大する闘いに費やした。その結果、彼らは農園の土地を深く侵食し、その過程で深刻な労働力不足を引き起こした。（われわれが見たように、この「労働力不足」も曖昧性を含んでいたけれども）。

こうした雰囲気のなか、戦闘的な労働者の行動が大胆な土地強奪と結合した所では、労働者の声は最も高揚し、響き渡った。このような組織化された労働運動＝不法占拠運動は、資本家側の権威の全能性にたいして前例のない挑戦となった。それは、農園労働の条件を問い直しただけではなく、もっと重要なことは、農園の労働市場から労働力を引き上げたことである。何千人という労働者が一時的に会社の影から消えてしまった。逆説的であるが、この労働力の引き上げそのものは、最終的には会社の支配を掘り崩さなかったのではなく、農園の労働運動の威力を損なってしまった。なぜならば、不法占拠者＝農園労働者は、プロレタリアとしての利害と行動と、農民としての利害と行動との忠誠の間で揺れたためであった。パワーエリートの構成が、〔オランダ人からインドネシア人へと〕劇的に変わったけれども、権力の性質は実質不変のまま残った。

第六章においてわれわれは、農民とプロレタリアの地位が分岐したと見えるその様相が、農民とプロレタリアは二つの別個な生産システムという神話を、いかに維持し続けてきたかを検討した。その神話は現代の農園産業の利益にも等しく役立っている。農園周辺部のコミュニティの多くの成員が、資本家の労働市場の一部門、つまり農園の労働市場からは周辺化され続けてきたけれども、このことによって彼らは農園に依存することからは解放されなかった。それは北スマトラのより広い地域経済のなかで、お金を稼ぐもっと多様な仕事に参加するよう彼らを強制しただけだった。

北スマトラの農園労働史の最も顕著な特色については次のように指摘できる。つまり、戦争、革命、独立、農園内での強力な労働組合運動と、農園外での攻撃的な不法占拠運動にもかかわらず、シンパン・リマとそれに似たコミュニティには、五〇年以上も前に会社によって描かれた理想的な労働者の居住地との類似点が明らかに見られるという事実である。このことは歴史が完全な意思によって構成されるという主張に私が与しているのではなく、また植民者が単独で資本と労働の行方を「決定している」と言っているのでもない。この二点は繰り返し指摘した。そうではなく、商品化の過程を促進し、シンパン・リマをできそこないの農民社会——農民の生活をかろうじて留めているだけ——に留めてきた条件が収斂する先を理解することの重要性を主張しているのだ。

「再編された農民」という観点から、また「外部から強制された管理体制」を持つ農園産業に対応した抵抗という観点から北スマトラのプランテーション地帯の周辺部を見ることで、この外見上の農民化、あるいは脱プロレタリア化の過程が何であったかが理解できる [Mintz 1974:132]。北スマトラでは以下のようなコミュニティが、そのような抵抗の姿勢を代表することの証拠としてわれわれは提示できる。つまり、二〇世紀に入った直後に農園周辺部で成長した秘密のジャワ人集落。厳重な小作協定を喜んで受け入れ、高い地代を払い、あるいは自給用に与えられた土地利用権——これは不法占拠者運動の前に始まっていた——を得ようと借用地に「ヌンパン」(乗客あるいは下宿人)としてたんに生きることを受け入れる、何千人という元農園労働者(逃亡者あるいは契約終了者)。法的な保証なしに、独立後もっと多くの農園の土地を獲得し、続く数十年間粘り強くそれにしがみついた文字通り何万人というジャワ人プランテーション労働者と、スマトラ土着の土地無し層。最後に、数多くの反証があるのにいまだに「自営農民《タニ》」として生きられると信じている現在の何人かのシンパン・リマの住民に、そうした抵抗の姿勢を見てきた。しかしながら、この表面上再現された農民という概念には疑問が残ること、またそのことはまったく同じ現象がはるかに一貫しかつ見事に資本の利益に役立ってきたという事実に表われていることを、われわれは見てきた。

北スマトラの現代の社会的現実とその歴史的形成に注目することで、農園産業の不規則な拡大の最初から最後まで、資本の支配と労働者の抵抗という二つを概念的に分けることで果たされたあの決定的な役割を、私は示そうとしてきた。ここに至って明確にされるべきことは、このジャワ人契約クーリーとその子孫という「再構成された農民」は、意図的に構想されたものであり、決して実際に再構成されたものではなかった、ということである。表面上は資本家との関係の範囲外にある自然発生的な労働者の居住地でさえ、やがては資本家の管理の渦中に引き込まれた。「プランテーション地帯」の社会的・経済的空間に手を加えることで、農園産業は村落生活の物質的基盤を提供しなくても、その「雰囲気」は提供できた。自給用耕作地は抵抗の表現でもあり、積年の目標の表現でもあったために、それは巧みに調音された労務管理システムのなかにたやすく包摂された。

そのために現段階での商品化の過程とは、労働者が生産手段からさらに疎外されることではなく、そうしたものに限定的だが、継続的に接近できることによって特色づけられてきた。シンパン・リマのような場所に住むことで、その住民は自分の「労働力」を売らなければならないこと、また自らの再生産のコストを負担し、しかも自分の労働力を安く売らなければならないことを受け入れる。だが、ほんのわずかな土地であっても土地が利用できることは、農園の仕事の現実をかすませてしまう。しかも、たとえ土地がなくても村落生活は、自分の選択でただ「臨時職」として農園で働くのだ、と多くの農民に言わせることを可能にしている。商品化の過程はこのように、農園産業が社会的空間を歴史的に建設してきたことによって、また現代の労働者がそれに適応していることによっても部分的に曖昧にされたままである。

企業の労務管理政策と、管理と抵抗という矛盾する様態へ関心を置くことによって、第三世界一般における資本主義への包摂の性質を観察するようわれわれは促される。第一に、デリの初期の段階でもそうであったように、「経済外的」強制が現代資本主義の発展には本質的なものとして残る、ということである。この観点からわれわれは、国家が労務管理の直接的・間接的機関としての本質的な役割を果たしたし、果たし続けている、ということを確認した。合法的な経済的要求を政治的反乱や犯罪行為に結びつけることは、第一世界でも第三世界でも労働運動の抑圧を促進してきたが、インドネシアももちろんその例外ではなかった。

スマトラ東岸での労使関係に浸透してきた、人種、性、それに民族的敵対の用語法《イディオム》を考察することで、なぜ公然とした階級対立はデリの農園史では決して記録されず、なぜ搾取は沈黙し断片的な形式をとって現われてきたかがより明らかになる。これはデリ農園史を階級の構造に力点を置いて分析する立場を弱めるのではない。その反対に、〔人種、性、民族などの〕こうした他の抗争の場が構造化され、より理路整然と説明されてきたのは、階級に基づく対立へ言及されることでなされるからである。

さらに私は、ジェンダーによるヒエラルキーの操作が、企業だけではなく国家当局によっても必要とされた労務管理の主要な道具であった、ということを示した。北スマトラのアグリビジネスの政策は、多くの場合、危機的な経済情勢の時代に女性を周辺化することを中心に旋回してきた。男性もこうした政策から必ずしも恩恵を得ることはなかったし、会社も自身の行動の社会的な帰結を正確には評価してこなかった。はっきりしていることは、農園の政策は女性の従属を倍化したのみならず、全体としての労働者の政治的・経済的脆弱性を強化したということである。

チャールズ・ティリーが別の文脈でやったように、私は暴力的な事件を「より広範で、融通性があり、政治的に重要な衝突を追跡できる一連の出来事」として捉えてきた［Tilly 1978:248］。逆に、（明白な）従属である沈黙は必ずしも不本意な同意を示すのではなく、別の手段による適応や抵抗の代替物でもあることを見てきた。労働者の生活としてわれわれがみなすものは、企業の管理という視点によって歪められてきたことは確実であり、また必然的である。だが、この歪みは必ずしもわれわれにとって不利とはならない。植民者の言説を通して、いかなる形式の社会的慣行が彼らのヘゲモニーへの脅威になると考えられているのか、また農園産業のいかなる構造的特徴が無慈悲で、不安定で、柔軟性に欠け、それゆえ最も襲撃を受けやすいのかを、われわれは学んできた。

北スマトラの歴史における主要な政治的事件を、クーリーのバラックという前例のない視点から、つまり社会変化の主要な行為主体でも、その受動的な被害者でもない人々の観点から見ることで、われわれはこうした「政治的」工作を強調した社会経済的な対立を評価し、少なくとも貧窮労働者にたいするその結果を理解することがよりよくできるのである。

原注

第二版序文

（1）一九七〇年代の農民研究と今日の植民地研究の橋渡しをした議論の軌跡を示すために、私は自分の研究を頻繁に引用する。私にこの課題を自由に展開させ、刺激を与えてくれた多数の友人に感謝する。パルタ・チャタルジー、フレッド・クーパー、フェルナンド・コロニル、ヴァル・ダニエル、ニック・ダークス、ダン・レブ、ビル・ローズベリー、ビル・シュウェル、ジュリー・スクールスキー、それにベン・ホワイトの各氏である。この「第二版序文」に目を通し、批判をし、校正をしてくれた、ラリー・ハーシュフェルト、ナンシー・ルーケホイス、ソンニャ・ローズ、ペギー・ソマーズ、それにジャッキー・スチーブンスの各氏には特に感謝する。

（2）より広い領域や国家単位の分析をする初期の人類学的な関心の「復活」という意味では、ウィリアム・ローズベリーの『政治経済学』（一九八八）、ジョアン・ヴィンセントの『人類学と政治学』（一九九〇）を参照せよ。両書とも人類学における政治経済学の系譜をたどり、ジュリアン・スチュワード他の『プエルトリコの人々』（一九五六）にまで遡って言及している。ローズベリーが明快に述べたように、なかでもエリック・ウルフ、シドニー・ミンツ、ジューン・ナッシュ、それにエレナー・リーコックは、コミュニティの形成とより広い国家と帝国の形成との関係を、「文化史」という考え方から見ている［Roseberry 1988163; Roseberry 1989］。ジョアンヌ・ファビアンの『時間と他者、人類学はいかにその対象を作るのか』（一九八三）の出版は、世俗的権力、進化、それに空間などに結びついた言説が、初期の優秀な民族誌を立証する際、いかに重要であったかを大胆にも確信させ、明確にしてくれた。

（3）資本主義的な労使関係とその論理に、たとえ自然発生的に従属はしていても、現地人社会の生産の形態の一部はその外部にどのように留まっているかを立証する議論については以下の文献を参照せよ。たとえば、提起されるや否や批判されたアンドレ・グンダー・フランクの従属理論、イマニュエル・ウォーラーステインの世界システム論、それに「生産様式の接合」論［Foster-Carter 1978］など、それは種々の形態をとった。「単純商品生産」の分析［Bernstein 1979, 1986; Smith 1984］や、マルクスの「現実的包摂」対「形式的包摂」という考えから離脱しようとする別の図式を参照せよ［Chevallier 1983; Stoler 1987; Trouillot 1988; Godelier 1991］。

（4） 本書で用いられる「ジェンダー」という用語は、今日妥当とされる範囲よりも広い範囲をさすものとして、私の分析では用いられている。フェミニストとしての私のアプローチは、労働の性的分業、生産と再生産との関係、家父長制と資本主義との関係、「家庭労働論争」などに注目する政治経済学批判から得られた。たとえば、次の諸論文を参照せよ [Reiter 1975, Kuhn and Wolpe 1978, Young, Wolkowitz, and McCallaugh 1981]。「労務管理の政治学」とは何か、それにたいしてなぜ、結婚の制限、管理されたセクシュアリティ、家族政策が決定的であったのかについて私が多くの情報を得ることができたのは、ジェンダー化された労働に中心的な関心を置いたためである。

（5） レイモンド・ウィリアムズの『マルクス主義と文学』（一九七七）のなかで論じられ、大きな影響力を与えた「イデオロギー」「文化」「ヘゲモニー」にかんする論考を参照せよ。

（6） 以下の文献を参照せよ [Nash 1981; Wolf 1982; Ong 1987; Roseberry; Trouillot; Cooper and Stoler 1989]。そうした文献はまた、それぞれ力点の置き方は異なるけれども、民族誌的研究とより広い政治経済学的な過程との関係を強調している。

（7） 「言説的展開」の基礎を与えた思想的系譜については、キャサリン・カニングの『言語学的転回後のフェミニスト理論』を参照せよ。カニングは、フェミニスト歴史家（私はそれにフェミニスト人類学者も付け加えたい）が、社会的な実践や制度において、性的差異を社会的に構成し、かつつなぎとめる「言説の権力性」に注目した [Canning 1994: 370]。

（8） このことは、「植民地研究」が一九八五年に突然出現したとか、「農民研究」はその瞬間消滅したと言っているわけではない。私の関心は、社会的構築にかんする研究の重点と研究分野の静かな移行を跡づけることにある。農民階級の構成と再構築にかかわる問題は、ジェンダーと階層にかんする特定の社会的なカテゴリーの構成から、国民的、人種的、民族的な「想像の共同体」への転換のようなより広範な分析上の変化に包摂されるようになった。たとえば、人類学者のジョエル・カーンが、西スマトラのミナンカバウ人の研究をいかに枠づけたかを見よ。一九八〇年出版の書名は『ミナンカバウ社会の形成――世界経済下のインドネシア農民社会』だが、一四年後には『ミナンカバウ社会の構築――植民地インドネシアにおける農民、文化、近代性』（一九九四）に変わった。中心となる概念の変化に注目してほしい。すなわち、世界経済における農民の位置から、「民族集団」ミナンカバウそれ自身の創生の探求へと移行しているのである。二冊の本はともにほぼ同じ時間枠を扱っているが、最初の本の題名にあるマルクス主義的な用語でいう「社会の形成」に含まれる資本主義的生産対非資本主義的生産が、「近代性」、「植民地主義」それに「文化」へと焦点が取って代わられている。

シドニー・ミンツの仕事は、分析上の変化の縮図である。農民研究の分野に二〇年間密接にかかわっていたので、農民的、プロレタリア的意識と「再構築された農民」の問題にたいするミンツの貢献は、当該分野において欠くことのできない議論とされてきた。しかし『甘さと権力』（一九八五）が果たした分析上の大きな役割は、彼の初期の作品とは異なっている。つまり、植民地下の労働から、より広い帝国主義的な分野の労働への変化であり、生産の構造分析から、消費、需要、それに欲望が構成するものの分析への変化である。

（9）拙論、「〝冷酷に〟、信憑性のヒエラルキーと植民地ナラティブの政治学」[Stoler 1992a: 151-52]を参照せよ。そこで私は、ある殺人事件の記録が植民地国家の公文書へといかに構成されていくかについての民族誌的な解読と、資料を構成する修辞学的な戦略の両方を探求した。

（10）フレデリック・クーパー（一九八一）が主張し、アレン・アイザックマンが注で記しているように、農民の定義を再考する際、これまでの研究者は「商品生産はたんに貧困で、富を蓄積するという農民性だけでは捉えきれない農民性を生み出したこと、また商品生産は反抗的で意地の悪い農民性も生み出した」ことを強調した[Isaacman 1993:218]。

（11）労働政策において家族道徳や家族の形成の重要性に関心をもつことは、今日よりも当時の方がはるかに異端的であった。同種の研究のなかで最も反響のあった研究が、ヴェレーナ・ストッケのサンパウロのプランテーションの研究、『コーヒー農園主、農園労働者と妻たち』（一九八八）である。そのなかで彼女は、終身雇用から一時雇用へ大きく変わった労働者の雇用戦略は、一九七〇年代のスマトラの農園で起きたことと同じく、家族労働の搾取と、ジェンダーのヒエラルキーの操作によって可能にされたことを示した。また、カーメン・ダイアナ・ディアのアンデスにおける、農民の生産と性的分業にかんする分析（一九七七）をも参照せよ。そのなかで彼女は、資本家の搾取が「自給自足部門」で女性が過度に働いている事実に依拠していることを理論的に詳細に述べた。

（12）セクシュアリティの管理と、労働政策、それに人種的カテゴリーの関係については、拙論「植民地カテゴリーの再検討、ヨーロッパ人コミュニティと支配の境界」（一九八九b）を参照せよ。管理されたセクシュアリティについては、拙論「肉欲上の知識と帝国の権力」（一九九一）を参照せよ。フーコーの『性の歴史』にかかわるもっと一般的な「植民地状況での解釈」については、拙著『人種と欲望の教育』（一九九五）を参照せよ。

（13）マイケル・タウシッグの論争を引き起こした論文、「テロの文化、死の空間」（一九八四）は、本書『プランテーションの社会史』の印刷中に世に出た。私が彼に依拠したのは、もっと後で、拙論「〝冷酷に〟」（一九九二b）のなかで、植民地暴力にかんするエピステーメー論に完全に戻った時であった。

（14）ヨーロッパ人植民者の間での緊張が、非常に異なるコンテクストのなかでの労働政策に、いかに根本的な影響を与えたかを強調する仕事では、クーパー（一九八〇）、タウシッグ（一九八四）を参照せよ。
(15)『ジャワの主体について』のなかで、インドネシアにおける暴力の常態化を扱ったジョン・プンベルトンの、鋭敏で力強い分析を参照せよ。そこで彼は「日常生活の常態化を、理解可能で、望ましいものにする内部から発せられる抑圧の形式」を探求している[Pemberton 1994:7]。
(16) 一九七二年から七三年にベンジャミン・ホワイトと共同で調査をした「カリ・ロロ」での農業をめぐる労使関係、ジェンダー、それに「緑の革命」については、Stoler 1977a; 1977b; White 1976 を参照せよ。
(17) こうした彼らの経験のうちほんの一部しか本書では扱われていない。本書で扱っているのは人々が無理にでも捜さざるをえない仕事についてであり、このような二〜三世代にまたがる移動と移動性については取り扱われていない。
(18) マイケル・タウシッグの『マルクス主義人類学の興隆と衰退』（一九八七）を参照せよ。同書において、一九八〇年代半ばの私の仕事と同じく、マルクス主義人類学の没落の年代が定められている。彼の『悪魔と商品フェティシズム』（一九八〇）では、物質をフェティシズム化している、マルクス主義人類学の没落の年代が定められている。人種主義の力を過小評価している、南米のカウカ渓谷では「自然」経済と資本主義的経済との厳然たる区別が存在していると仮定している、などの批判にたいする痛烈な反論が述べられている。最初の二点にたいするタウシッグの反論はいまだに注目に値するが、「境界性」という言葉と、こうした折衷的な形式の基礎をなす純粋資本主義が有するプロレタリア的原型という硬直した用法を、彼は正当化できていない。
(19) 社会学者のなかにもそのモデルに疑問を抱いた人々はいる。『労働者階級の形成』（イラ・カッツネルソン＋アリスティッド・ゾルバーグ編、一九八六）について、マーガレット・ソマーズのすばらしい評論を参照せよ。そこで彼女は、彼らは階級の形成を喜んで批判しているにもかかわらず、プロレタリア化を「疑いもなく因果関係の第一位」としている（近刊）。
(20) 再び、ソマーズ（近刊）を参照せよ。そこで彼女は、労働者階級の編成の研究を「不在の認識論」として、換言すれば予想された結果——すなわち西欧労働者階級内での革命的な階級意識であり、イギリスは例外と同時に、理想型として皮肉にも留まっている——の不在を説明する努力として記述している。
(21) ジェーン・コリンズは『季節の限定されない移民』（一九八八）のなかで、「移行的」と「境界的」という用語は適切ではない、という議論をしている。ベルマール（一九九一）も参照せよ。ガヴィン・スミスと私は、その両方の用語を拒否し、その代わりに包摂の政治学を論じた[Stoler 1987; Smith 1989]。
(22) ビル・シュウェルとペギー・ソマーズが、この「学際性」は一方向からしか追求されなかったと確信していたことに、私は感謝したい。

（23） 農民研究が陥り、人類学者が積極的に参加した定義の泥沼を少しでも見てみるには、Wolf 1966, 1971; Shanin 1971; Thorner 1971; Mintz 1973; Ennew, Hirst and tribe 1977; Shanin 1979 を参照せよ。一九八〇年代にはこうした定義をめぐる議論は急速に衰退し、コミュニティの歴史と生産をめぐる政治学がますます強調されるようになった [Mallon 1983; Roseberry 1983; Isaacman 1993]。

（24） 植民地権力の表象はバーナード・コーンがしばらく研究した主題であるけれども、彼の重要な仕事は植民地主義の文化により多くの焦点が向けられ、文化と政治経済学ではない（一九八三）。

（25） 拙論 [Stoler 1992a] を参照。スマトラにかんするオランダの歴史によると、オランダ人到来以前の民族間対立が仄めかされている。ジャングルに拠点を置き、敵対的で略奪をもっぱら行なう野営地が、一八七六年には存在していた。彼らは、ジャワ人、マレー人、中国人、それにガヨ人男女からなり、ともに働き、特定の植民者に対抗していたという。今、そうした物語を再考することが必要である。

（26） 労働者（ブル *buruh*）を表わすインドネシア語が「カルワヤン」に取って代わったのはなぜか、いつだったかについて、また階級意識がその過程のなかでいかに消えてしまったかについての精緻な分析については、ジャック・ルクレルク（一九七三）を参照せよ。

（27） Human Rights Watch/Asia. *The Limits of Openness*, 1995. New York: Human Rights Watch, 57.

（28） 反中国人暴動を煽動する際、軍が参加した可能性については、Human Rights Watch/Asia, ibid:70-75 を参照せよ。

（29） 7 November 1994, Apakabar news service, David Butler.

（30） 19 September 1994, "Voice of America."

（31） 13 August 1994, "Voice of America," David Butler.

（32） 一九九四年一一月一六日、インドネシア総領事館声明。

第一章

（1） ロドニー [Rodney 1981:652-54] を参照せよ。奴隷解放後、元奴隷たちがプランテーションの仕事からは逃げ出したが、農園の外にある居住地としての「奴隷用耕作地」からは逃げ出さなかったのは、植民者にたいする彼らの交渉上の地位を強化するための主張であり抵抗である、と彼は注で記している。

(2) たとえば、Cunningham 1958, Liddle 1970, Oudemans 1973, Penney 1964 を参照せよ。第二次世界大戦以前にかんする最近の二つの学位論文は、農園経済とジャワ人コミュニティの問題について手堅い議論をしている [O'Malley 1977, and van Langenberg 1976]。こうした研究は、農園のジャワ人労働者について有益な情報を提供してくれるが、労働史の分析とはほとんど関係がない。カール・ペルツァーの農園産業にたいする直接の知識は数十年に及んでいるが、その彼でさえ『植民者と農民』(一九七八) それに『植民者対農民』(一九八二) では主に農業史に限定し、労働史を扱ってはおらず、植民者と農民との決定的な関係については考慮に入れていない。

(3) ジャワ人農園労働者は、しばしばこうしたより大規模な権力闘争におけるポーン〔チェスの歩〕であったという事実は、彼らはその能力よりもおそらくはるかに周辺的な役割へと格下げされてきたことを意味している。アンソニー・リードは、『人々の血』(一九七九) において階級対立や民族対立や協力についてきめ細かい論評をなしているが、ジャワ人労働者貧困層については最小限のことにしか言及していない。ある程度これは仕方がないことだ。植民地の役人や農園の役人だけではなく、現地のスマトラ人もこうした見解を共有していたし、リードの研究の多くは、スマトラ・プランテーション地帯の北に位置するアチェに焦点を定めていたからである。

(4) 「社会的統制」にかんする同様な批判については、Stedman-Jones 1978 を参照せよ。

(5) 世界資本主義システムにおける周辺部の分節化を説明するために、ウォーラーステインが労務管理の異なったシステムを唱えたことへの批判については、Brenner 1978 を参照せよ。

(6) ライト [Wright 1978:67] は、階級の構造と労働の過程にかんする分析で同様な指摘をしている。

(7) この問題を扱ってはいないがそれでもすばらしい研究としては、ジュリアン・スチュワードの古典、『プエルトリコの人々』(一九五六)、ルービンの『新世界のプランテーション・システム』(一九五九)、ジェインの『マラヤのプランテーション・フロンティアにおける南インド人』(一九七〇)、ハチンソンの『北東ブラジルにおける村とプランテーションでの生活』(一九五七)、トンプスンの『プランテーション社会、人種関係、南』(一九七五) が挙げられる。また、ジョージ・ベックフォードの『永続する貧困』(一九七二) は、労働者の抵抗については何も触れてはいないが、第三世界のプランテーション経済の低開発性について概観している。注目すべき例外は、クーパーの『奴隷から不法占拠者へ』(一九八〇)、タウシッグの『南アメリカにおける悪魔と商品フェティシズム』(一九八〇)、ジェノヴィーズの『ヨルダンよ、鳴り響け』(一九七六)、それに『反乱から革命へ』(一九八一) であり、奴隷の反乱について幅広く文献を渉猟している。

（8）もちろん、この後者のアプローチがジェノヴィーズのそれであり、ミンツによっても限定的に採用されている。

（9）だからたとえば、クマリ・ジャヤワルデナの別の意味では優れた研究である『セイロンにおける労働運動の起源』（二三二ページ）において、プランテーションのなかの労使関係の本質である雇用者‐労働者のつながりが「封建的特徴」と理解されている。彼女はこうした関係は政治的組織あるいは労働組合組織にとって障害であったと述べている。

（10）このことはプランテーションの労使関係と産業社会での労使関係は並行する関係ではなく、後者は分析のための有益な準拠枠を提供できることを意味している。たとえば、ミンツ [Mintz 1979:173-97] 参照。

（11）以下を参照せよ [Piven and Cloward 1979 :xxii, 98; Braverman 1974, Aronowitz 1973, Edwards 1979]。それに、Guntkind et al. 1978; Nichols 1980 に収録された論文も参照のこと。

第二章

（1）「直接統治」対「間接統治」に適用された複雑な農業法令は他の文献で詳細に議論されているが、ここで概括するには長すぎるし、本題からも逸れてしまう。デリにおける外国企業の土地占有システムの特徴とその結果についての詳細な議論については、ペルツァー（一九七八）、特にその第六章、を参照せよ。

（2）工業用産物としてのアブラヤシの成功は、調理用油脂、菓子類、化粧品加工上の最近の技術的な進歩に帰せられるが、パームオイルはいまやそのための基本的な原料として使われている。コーテナリー [Courtenay 1969:71] を参照せよ。工業用原料としてはスズメッキのグリースであり、綿製品生産のための軟化剤と仕上げ剤として用いられる。サユッティ [Sayuti 1962:21] を参照せよ。

アブラヤシの生産が技術的に洗練化された加工と貯蔵の過程を必要としたように、その栽培は収穫高の維持のために注意深く監視された労働者の組織を必要としている。なぜなら、究極的な市場価値とアブラヤシの果実とその油脂抽出物の工業的利用の成否は、農場と工場との正確なタイミングに大部分はかかっている。もっと高価な原材料がアブラヤシで置き換えられ、またその結果、世界中でパームオイルの毎年の消費が急増したのは、科学的な技術を「うまく」結合させたこと、労務管理の正確なシステムの反映である。しかしながら、いまや世界最大のパームオイル生産国であるマレーシアでは、一九六〇年代以来種々の土地開発計画が小土地所有者をアブラヤシ生産に従事させるようになってきたことに注意せよ [Thoburn 1977:131-162]。

（3）この節は大部分、アンソニー・リードの『人々の血』（一－五ページ）からの引用である。

（4） Ibid. 3. Pelzer 1978:69-70 参照。ペルツァーは、こうした土地私有方式は紛糾をもたらしたとも記している。デリのスルタンは自分の支配下にない、つまり名目的にはカロ・バタック人の首長の領域にある土地を、植民会社に賃貸したこともあった。そうした首長たちはスルタンの「家臣」として取り扱われたために、スルタンの分捕り品からの「正当な分け前」を騙されて横取りされた。「こうした首長たちは、植民者のタバコ乾燥小屋に火をつけることで、スルタンの新しい収入源を攻撃した。その意図は植民者にカロ・バタックの領域での土地の交渉はスルタンとではなく、それぞれの首長たちと行なうことを確信させることであった」と、ペルツァーは述べている [ibid 3; Pelzer 1978:69-70]。

（5） スマトラ東岸がいかにして、合法的かつ現実に切り取られていったかの詳細については、Pelzer 1978:66-85; Bool 1903 を参照せよ。特にブールの著作は、土地契約にかんするあらゆるテーマを包括した文献であって、ペルツァーの議論の大部分はそれに由来している。

（6） ペルツァーは、マレー人とバタック人はこの「荒地」に違った見方をしている、と記している。というのは、「それは狩猟の場であるし、建築材、薪、松脂、食材、道具を作る原料その他を探す場として用いられている。しかし、とりわけそれは潜在的な焼畑耕作地である」からだ [Pelzer 1978:78]。

（7） この時代にデリのタバコは八年間隔で栽培されていた。

（8） ブール [Bool 1903:48-50] を参照せよ。また、不法占拠者の居住地についての、彼の著書全体に見られる簡潔な発言も参照せよ。

（9） 農園企業がいかにこうしたクーリーブローカーの言いなりであったかについての初期の議論については、スティバー [Stibber 1912] を参照せよ。

（10） ウィレム・ウェルトヘイム教授によれば、デリ農園での（働かないクーリーの）状況は航海中の船上での反乱に比せられ、それが罰則条項の背後にある「論拠」である。

（11） クーリー条例と罰則条項の歴史についてのオランダ語の資料はあまりにも多すぎてリストにすることができないが、たとえばヘイチェング [Heitjing 1925] を参照せよ。また英語の文献では次を参照せよ [Laskar 1950; Thompson 1947]。

（12） 特にM・H・スゼッケリー＝ルロフスの小説『異世界』（一九四六）と『ゴム』（一九三二）を参照せよ。またラディスラオ・スゼッケリーの『熱帯の熱病、スマトラ植民者の冒険』（一九七九［一九三七］）も参照せよ。だが、英訳では彼の妻の非常に豊かで現実的な記述の内容が薄くなっている。Kleian 1936; Brandt 1948 を参照せよ。

（13） ファン・デン・ブラントの「ジャワ人女性はいかに自分の衣服代を支払ったか」と題された章参照 [van den Brand 1904:66-70]。また売春の増加を指摘したミッデンドロップ [Middendrop 1924:51] を参照せよ。女性の賃金については、BZ: MR 585x/20 を参照せよ。ティードマン [Tideman 1919:13] も「やけになった女性」が売春に走ることを指摘している。

（14）例外が次の二つである [Wertheim 1959:252; Said 1977]。そこでファン・コルが幅広く引用されている。

（15）Afd.II, Archive of the Nederlandsche Rubber Maatschapij, Mar. 1914.

（16）Ibid., 29 Nov.1918. ファン・コル [Van Kol 1903:98] は、クーリーの母親が子供を売ることにコメントをしているが、経済的な収奪が原因であって、道徳の問題ではないとされている。

（17）次を参照せよ [Middendorp 1924:51; van den Brand 1904]。彼らはそのような慣行のことも暗示している。

（18）こうした子供たちはオランダ語とマレー語の組み合わせである「クブン・キンデーレン *Kebun Kinderen*」と呼ばれていた。それは字義的には「農園の子供たち」を意味するが、私生児を表わす軽蔑的な表現として用いられた。

（19）少なくとも一九一三年に、ある農園の支配人は労働者に子供をもう生むなと「命令」した。しかしこの命令がいかに実行されたのか、人口流産か、妊娠した女性労働者を追放したのか、その手段はわからない [KvA 1919:22]。KvA 1913 も参照せよ。

（20）そうした慣行についての数多くの文献については、次を参照 [KvA 1913:90; van Kol 1903; Said 1977; van den Brand 1904; Middendorp 1924]。

（21）ファン・ブルーメンステイン [van Bloomenstein 1910] 参照。彼は、罰則条項の効力を実質化するものに主に関心を示した論文で、一〇〇〇人当たりの死亡率が六〇人から一五人に下がったと推測した。同時に、Schuffner and Keunen 1910 を参照のこと。彼らはこうした農園での死亡率が一〇年間に一〇〇〇人当たり六〇人から九・五人に減ったと主張している。この研究では二〇歳から五〇歳までの労働者のみが含まれ、彼らだけが対象であることで死亡率が引き下げられたことは明白である。

（22）ブリンク [Blink 1918:117]。労働者のなかには他の労働者を募集するために故郷の村への帰村を強制された者もいた（うまくいくと特別ボーナスがもらえた）。だがこうした人々は、毎年帰還する数千人という労働者のほんのわずかな割合にすぎなかった。フィエハウト [Vierhout 1921:21] 参照。

（23）「デリ植民者連盟」は詳細に記している [Deli Planters Vereeninging 1932:1]。「多くの子供ができることで居住者の数が増えていくのが事実であるならば、彼らに付与した土地が彼らの生存を満たすには次第に不十分になろう。換言すれば、一種の過剰人口と貧困が進展すれば、余剰人口は農園の仕事を求めて殺到せざるをえず、われわれの切実な欲求、つまり地元で余剰労働力を抱えることが、達成されるであろう」。

（24）同上。Hejting 1925:109 も参照のこと。農業をめざす入植と労働者の居住地の問題はほぼ毎年、労働局発行の当該年度にかんする「労働査察官」報告で議論されている。ここではこの資料に主に依拠している。

（25）AR, Afd.II, RCMA, 13 Aug. 1914.

（26）Ibid., 26 Mar. 1912.

（27）MR no. 585x/20.

（28）会社のこうした新しい関心は、農園女性の生産と再生産活動との関係の研究でもっとよく示されている。そうした研究の一つは、契約クーリーとして働く結婚した女性は、労働契約下にない女性よりも生む子供の数は少ないことを示した。デリ商会農園では、一九二三－二七年期に出産した九三％は契約下にない女性であった [Straub 1928:28]。その意味は明白である。人口増加を促すためには、会社は契約労働者ではない既婚女性の補充を促すべきである、ということだ。会社がこのレポートを知っているかどうかは議論の余地があるが、恐慌後に実行された労働政策はこうした優先事項に直接反応した。

（29）労働者への需要が劇的に減少することに付随して、罰則条項が折よく廃止されたことは、契約労働者が耕作した作物の輸入にたいして、アメリカが政治的な働きかけを行なったことに原因がある。実際、このブレーン修正案は、アメリカで栽培されている同種の作物（タバコなど）の生産のような競合する作物にたいしてのみ適用されたずる賢い法案であった。だからゴムのような必須品目は含まれていなかった。

　その修正案はアメリカのタバコ生産者とタバコ貿易商人を保護するために作られたもので、ジャワ人クーリーを守るためではなかった。罰則条項がそうした外圧を受けて急激に廃止されたことと、〔外圧を〕不用意に関係づける試みは、農園産業内での内部的な緊張や次章で検討する種々の労働者の抵抗を過小評価する。ここでは、こうした反対が農園住民の政治的社会的構成を再編するのにいかに利用されたかを理解することが重要である。グールド [Gould 1961:29] 参照。

（30）永続的で安定した家族を基礎にする農園住民の強調は、農園労働者の性比の変化と男女別賃金格差にすぐに反映した。農園産業にとって好景気であった一九二五年から一九四〇年までの間に、女性労働者の賃金は男性労働者の賃金の八〇％から五六％に減り、大恐慌期とその後に急激な減少を示した。他方、農園の労働力に参入する女性の数は上昇傾向を示した。一九〇〇年代の最初の一〇年間では全労働者のほんの一〇％が女性であるにすぎないが、次の二〇年間に二〇％から二六％に増え、さらに一九三八年には全農園労働者の三七％を占め、戦前期では最高の割合を示した。

（1）明らかにこうした文化的旧弊はそれだけでは服従を生じさせないのであるが、それを強制するのに役立った植民地政策の一部ではあった。

（2）「小さき民」とか「庶民」は、ジャワ語の「ウォン・チレ *wong cilik*」の直訳であるが、ここでは「取るに足らない人」のことを言外に意味している [Dixon 1913:30]。

（3）こうした会社のスタッフ間の居住や労働という点でのヒエラルキーにかんする最良の資料は、彼らについて、そして彼ら自身によって書かれた小説である。まず、スゼッケリー＝ルロフスの『ゴム』（一九三二）を参照せよ。また同著者の『異世界』（一九四六）も参照せよ。ブラントの『デリの土』（一九四八）、ペテルセンの『熱帯の冒険』（一九四八）、スゼッケリーの『熱帯の熱病』（一九七九〔一九三七〕）、クレイアンの『デリの植民者』（一九三六）には、この時代の懐旧的でほろ苦い内容が広く描かれている。また、クレークスの『デリの男』（一九六〇年頃）は、こうした小説などを用いてデリの植民地社会の社会学的な分析をなしている。

（4）ほとんど同じやり方で、フーコーは他の主題について記している。「より正確に言えば、言説の世界を、受け入れられた言説と排除された言説とに、あるいは支配する言説と支配される言説とに分割されたものとして想像してはならないのだ。そうではなくて、さまざまな戦略のなかで演じ＝働きうるような多様な言説的要素として想像すべきである。まさにこの配分＝配役をこそ復元してみなければならないのだ」[Foucault 1980:100-101]〔訳文は『性の歴史 Ｉ』一二九－一三〇ページより引用〕。

（5）こうした数字は労働局の「労働査察官報告」の当該年度の記録による。

（6）トンプソン [Thompson 1947:150] 参照。ジャワにおけるナショナリスト、共産主義者運動の初期の形成と特徴についての議論では、マックヴェイ [McVey 1965:esp.7-47] とブルームベルガー [Blumberger 1935:1-8] を参照。ジャワにおける労働組合の出現については、ブルームベルガー [Blumberger 1931:129-63] 参照。

（7）オーマレー [O'Malley 1977:286, nn.4,5] 参照。イワ・クスマスマントリによる農園運転手の間での政治活動については、パリとアムステルダムでなされた農園労働組合の元指導者との一連のインタビューによる。

（8）その例外はオーマレー [O'Malley 1977] に引用された資料である。そこではイワ・クスマスマントリの自伝と一九三〇年になされた警察の取り調べが描かれている。

（9）Afd.II, Archive of the Netherlandsche Rubber Maatschapij, 16 May 1913.

（10） OvSI 1917:35. こうした「クロニーク」（『スマトラ東岸研究所報』）は通常毎年（ときどきは数年毎に）発行された。農園の産物、輸出高、輸送手段、農園人口などについて、必ずしもすべてが正確ではなくても、きわめて重要な統計を示した。こうした分析のもっと面白いところは、このような問題への関心がはなはだしく増加する、特に一九二〇年代半ば以降の、農園の労働問題と政治活動の節であった。資料の定量的な点ではすべてが信頼できるわけではないが、現地人の政治組織と労働者蜂起に直面する白人の権力についての白人の側の見方にかんしては、こうした植民者の「クロニーク」は比類ない価値を持っている。

（11） ファン・リエル [van Lier 1919:297]。この政府のレポートは「エンシクロペディッシュ・ビューロー」にあるが、『報告』の編集長によって書かれている。

（12） *Arbeidinspectie* 1920. p.36 参照。

（13） 以下の節で用いられた資料は既出 [Blumberger 1935:169-209, McVey 1965, V.Thompson 1947, Kahin 1952]。

（14） 一六一条第二項はこう規定している。「公共の平和を乱し、あるいはコミュニティの経済生活を混乱させる者、あるいはそうした公共の平和を乱し、コミュニティ経済の混乱がもたらす結果を知り、あるいは知りうる地位にある人間、あるいは合法的な命令があるにもかかわらず自分が契約している仕事を遂行するのを拒み、あるいはその雇用形態のゆえに遵守すべき仕事を為すのを放棄する原因となり、あるいは教唆する者は、最高五年の禁錮、あるいは最高一〇万ギルダーの科料に処せられる」。マックヴェイの翻訳より引用 [McVey 1965:151]。

（15） サイード [Said 1977:176-216] には、『ブニ・ティモール』紙の裁判記録が採録されている。

（16） OvSi 1927:36. スマトラ東岸での治安手段の増大は、一九二七年一月初旬に共産主義者の行動が鎮圧された西スマトラでの出来事に密接にかかわる事件とされた。たしかにスマトラの東岸と西岸の間には物と人の密な流れがあった証拠があるが、この一九二六－二七年の共産主義者の蜂起にデリも含まれていたとする政府のレポートや共産主義研究に確かな証拠はない。他方、スマトラ西岸のＰＫＩの主要メンバーの多くは、メダンに逗留し、通過し、あるいはそこで投獄された [Anonymous 1928:24]。一九二五－二六年のスマトラ東岸での政治風潮の変化は、スマトラ西岸からの共産主義の流行による [ibid. 25]。

（17） 注７で引用したインタビューに基づく。

（18） 裁判の記録、および裁判の記録にかんする編集者による辛辣なコメントについては次を参照のこと [*Pewarta Deli* of 29, 30 Mar. and Apr. 1929]。

（19） 以下参照 [KvA n.d. *Veertiende*:92; *Memorie van Overgave* van Sandick:18]。後者の文献は政府の役人によって退職後書かれたレポートの

一つである。ときどき、ファン・サンディックのレポートのように労働者の状態についての情報は、地方レベルでのレポートや「報告」からは捨てられ、その結果こうした元高官による記録を皮相的なものにした。

(20) これは元オランダ人支配人が私に英語で語ったものである。彼は植民者であった父親からこの説得力のある処世訓を教えられた。

(21) 階級意識と社会変化にかんする「ヒストリー・ワークショップ」に引き続く議論の一部としてサイモン・クラークは、文脈は異なるが類似することをこう書いている。「人々は階級上の抑圧や搾取として直ちに抑圧や搾取を体験することはない。彼らはそれを断片化され分化された形で、あるいは特定の個人や制度によって課された搾取や抑圧として体験する。ある階級の別の階級による搾取や抑圧の総体は、経験として、ましてや経験を基礎に発達する意識のなかで直ちに見いだされることはない」[Clarke 1979:152]。

第四章

(1) 本文中で引用した二次資料と公文書と並んで、たとえば、次の文献を参照せよ [van Langenberg 1976; Reid 1979]。両方とも、ナショナリズム運動と後の独立闘争でのジャワ人農園コミュニティの特有の歴史について、貴重な証言をしているが、簡潔すぎる。

(2) 独立を求める政治にかんする短い概要では、こうした過程の複雑性を扱うことは不向きである。それについては、他のもっと専門的な研究で詳細に論じられている。たとえば、以下の研究を参照せよ [Kahin 1952; Reid 1974]。本章はナショナリズム運動の研究の章でも、北スマトラにおける独立闘争の研究でもない。ましてやインドネシアにおけるそうした運動の研究でもない。北スマトラ独立運動史の研究は、ランゲンベルクによってなされており、その詳細な文献研究を私もしばしば引用している。ここでの私の課題はもっと控えめである。すなわち、スマトラ東岸でのジャワ人農園居住者の政治的・経済的実践に影響を与え、またそれに影響を受けた革命の道筋を再検討することである。

(3) 日本軍政下における農園の組織は次に記されている [Dootjes 1948:13-23]。ファン・デ・ウェールトの未公刊で日付のない「農園助言委員会レポート」と題されたレポートは、彼が日本軍への外国人農園コンサルタントの一人であった時に準備された。また、AR, Afd, box #220, May 1946 も参照せよ。以下の節はこの資料からの引用である。

(4) 一九七七―七九年、北スマトラのアサハン地区でなされた農園労働者や他の居住者へのインタビューに基づく。

(5) ケイヒン [Kahin 1952:108] によれば、ジャワでの「ロームシャ」の多くはプランテーションで働いていたが、北スマトラでは、(地元のインフォーマントによれば)、農園労働者は厳重な監視の下に置かれていて、外部からきた「ロームシャ」ではなくて、こうした労働者が閉鎖された農園から戦略上重要な農園に移されて働いた。次も参照 [Dootjes 1948:23; Pelzer 1978:127]。
（6） 次のレポート [AR (Afd.II, box#220)] と以下参照 [Pelzer 1978:127]。
（7） AR, Afd.II, box#220 参照。
（8） アンダーソンはこのエリート主義を躊躇なく認めたが、少なくともジャワではほぼ克服されたと主張した。
（9） 実際、一九四五年一二月に「プランテーション委員会」が設立され、農園事務官がそれに責任を負うはずであったが、その委員会は農園行政にはほとんど影響を発揮できなかった [Reid 1979:220]。
（10） Afd.II, box #220, Aug. 1946.
（11） Afd.II, box #220, July 1946.
（12） Afd.II, box #220, Aug. 1946.
（13） Afd.II, box #220, Aug. 1946.
（14） Afd.II, box #220, Oct. 1946.
（15） Afd.II, box #220, May 1946.
（16） 農園が異なると日本軍に徴用された物資の量に大きな差があったようだという事実にもかかわらず、この見解はアサハン中の農園で雇われている労働者に支持された。
（17） Afd.II, box #220, July 1946.
（18） GG4/963/46.
（19） NEFIS, 22 Mar. 1946.
（20） GG4/963/46.
（21） Afd.II, box #220, May 1946.
（22） E50, July 1946.
（23） 社会革命の勃発にかんするより詳しい説明は、以下参照 [Said 1973; Langenberg1976; Reid 1979:218-51]。
（24） 地元の貴族とジャワ人プランテーション大衆との関係は良好ではなかったけれども、多くの元農園労働者は地方のマレー人支配者——付加的な収入を熱心に求めていた——から与えられた土地権によって、クーリー契約から抜け出ることができたことを忘れてはならないだろう。要するに、プランテーションの周辺にいる多くのジャワ人は、マレー人エリート層にたいして敵意よりは恩義を感じていたことであろう。

（25）スマトラ東岸で操業しているオランダ人所有のプランテーション会社の元職員にたいして、一九七九年オランダで行なわれた一連のインタビューの一つである。親切にも自宅に招き、何時間も私に話を聞かせてくれた人々の好意に感謝するが、彼らの氏名はここでは記さない。インタビューは英語で行なわれたので、彼らの発言の引用が少しぎこちなくなった。

（26）インタビューII。

（27）インタビューII。

（28）インタビューIII。

（29）実際には、一九四六年夏、オランダがインドネシアに帰還する前にいくつかの初期的なストライキがあった。その最大の一つが一九四六年八月、HAPM（現ユニロイヤル社）のブヌット工場でのストライキであった。その時、農園労働者と工場労働者は、バタック人農園支配人が現物給（乾し魚、料理用油、塩）の約束を給料日に破ったため、退出をした（そして彼を縛り上げた）。こうしたストライキは、情報局レポートに認められる[AR, Afd. II, box#220]。当時まだ帰還していなかったオランダ人にとって、一九四八年のストライキが彼らにたいして向けられたまさに最初のストライキであった。

（30）E53, May 1948.

（31）MR, 92/x/48; BZ, E53; AR, Afd. II, Political Reports, Feb.-Aug. 1948.

（32）MR, 325/x/48.

（33）MR, 900/x/49; BZ, E53, July 1949; OvSI 1949: 121.

（34）こうしたデータは次の資料参照[BZ, MR838/49]、あるいはそこで引用された関連資料に見られる。

（35）会社のなかには、労働力不足に対抗する手段としてもっと発展した技術の導入とか、労働過程の機械化をさらに取り入れることの可能性を検討した会社もあった。しかしこうした改良は、問題の軽減にはほとんど役立たず、大規模に採用されたことはなかった[BZ, E53, Nov. 1949]。

（36）MR 794/x/49.

（37）MR 900/x/49.

（38）E50, Dec.1948.

（39）「ソブシ」の出現に先立つ政治的陰謀の歴史については以下参照[Tejasukmama 1958, US Dept. of Labor 195; Sayuti 1968]。

（40） Medan, 11 Aug. 1950.

（41） 革命後期の時代の参加者と独立後最初の数年間（一九四六―五二）の参加者の間で、「プランテーション地帯」の地域が異なると、「サルブプリ」がいつ形成され、プランテーション労働者の最初の組織であるかどうかについて一致が見られない。「サルブプリ」はジャワで一九四六年ごろ結成された。そのすぐ直後に、北スマトラでも名目的に設立された。もっとも、当初労働組合であるよりも、反オランダ共和国軍の一部門であった。かくして、農園労働者組合（SBP）が「サルブプリ」の後に結成されたけれども、それは農園に基礎を置く最初の労働組合と考えていいだろう。なぜなら、SBPには農園労働者の構成員がいて、主に彼らの要求に関心を持つ組合であったからである。それが最初に現われた組合であるということに矛盾する記述は、「サルブプリ」は初期の頃はただ共和国軍が支配した地域に限定されていたようである、という事実をさらに反映するかもしれない。

SBPは、一九五〇年末から一九五一年初頭に「サルブプリ」と合同するまでは、特定の政治的信念を持たない非党派的な組合であったと、元メンバーは主張している。当時SBPは、その成員と勢力を急速に拡大していた「サルブプリ」のより急進的な政治と政策にますます支配されるようになった。SBPの元支持者の間にはその名前の下で独立した組織を主張した者もいたが、多くの者は「サルブプリ」に加入するか、「サルブプリ」の影響にたいする主要な反対勢力となった「プルブプリ」に加入した。新生SBP／SARBUPRIは、北スマトラでの労働運動の最も急進的な一部門であった。SBPのある元メンバーによれば、「サルブプリ」の目的は国家と会社双方に挑戦することで、初期にはそれを非常にうまくやった。他の組合は政府を支持する保守的な立場をとり、それゆえ外国企業を間接的に支持した。

（42） 北スマトラの独立闘争の記録から女性が実質上消えているのは、同時期のジャワでの文字による、あるいは写真などの視覚による記録に、女性が比較的高い頻度で登場することと対照的である。女性は一九四五―四九年を通して、食糧生産者としてきわめて重要な労働力を提供したことは、オーラルヒストリーから明白である。だが、労働者‐軍部隊の活発なメンバーとしてではありえない。ジェンダーの役割が問題にされなかったという事実は、社会的なヒエラルキーがいかに完全に無傷のまま残ったかの一つの重要な指標であるだろう。

第五章

（1） ハシブアン・サユッティの「インドネシアにおける政治的労働組合主義、北スマトラのケーススタディ」[Sayuti 1968:265-83] における、この論争にかんする議論を参照せよ。また「ゴム植民者協会」（ＡＶＲＯＳ）に提出された会社のレポートは、労働者がいばりくさる職工長としてどういう人物をみなしているのか、詳細な議論の内容が含まれている。

（2）こうした例は、『ワルタ・サルブプリ』（一九五〇年代に「サルブプリ」によって発行されていたニュース・レター）、ＡＶＲＯＳのレポート、この時代にスマトラ東岸に居住していた元支配人へのインタビューなどから得られた。

（3）最初の数字〔一〇万人〕は、「ゴム植民者協会」内のあらゆる農園から集められた組合メンバーにかんする「ゴム植民者協会」の編集した出版物から得られた。その補足は、letter no.45/B1, 8 Mar. 1956, Overzicht Vakvereenigingen Ondernemingsarbeiders in Oost-Sumatra の手紙である。第二の数字はウルフ [Wolf 1948:69] による。こうした数字は、「農園労働者同盟」成員の正確な推定数であるととってはならない。労働運動について見識のあるすべての研究者と参加者は、「アンカ-アンカ・ブアタン *angka-angka buatan*」（でっち上げられた統計）が普通であって、例外はない。なぜなら、新労働大臣と、組合と提携している政党は、すべて彼らの当面の政治的な目的に適合させるためにこうした数字をねじまげることに利害関係があるからだ。「ゴム植民者協会」によって集められた「サルブプリ」にかんする数字はいくらか信頼ができる。なぜなら、彼らは毎年すべての農園からせっせと統計を集めていたからで、もっと重要なことは、その数字が「サルブプリ」の主導する労働争議の労働者数に合致していると見られることである。

（4）ミンツ参照 [Mintz 1965:110]。ランド財団の援助を受けたミンツのインドネシアの共産主義研究では、この記述は賞賛されていない。だが、ミンツが意味あると思ったことは、「経済への効果あるいは国家の安定性を顧慮せずに、暴力の戦術を「ソブシ」が進んで助言したことであった」ことに注意せよ [ibid.]。

（5）以下の例は、メダンで整理保存されている「ゴム植民者協会」の記録と、アップランド農園連合の記録文書（AR, Afd.II, The Hague）からとられたものである。北スマトラはこのアップランド農園連合に含まれていなかったけれども、「ゴム植民者協会」はジャワを中心としたその植民者連合に梗概レポートをしばしば送っていた。

（6）こうした数字は、不法占拠者による耕作下にある地区と作物ごとの、全土地にかんして「ゴム植民者協会」によって編集された毎月・毎年のリストである。以下を参照せよ [GAPPERSU, Angka-Angka Statistik, table xiii]〔ＧＡＰＰＥＲＳＵについては注43参照〕。

（7）“Memorandum over de invloed van partiele zowel als algemeen stakingen op de productie der ondernemingscultureres gedurende 1950 en over de eerste werken van 1951,” 24 Jan.1951, Federation of Upland Estates, AR, Afd.II から。

（8）“Beschouwingen over het vraagstuck der arbeidsproductiviteit,” AVROS, 10 Oct. 1951, Medan からの引用。Federation of Upland Estates, AR, Afd.II. 参照。

(9) 社会情勢省の労働組合交渉局バタヴィア事務所のラデン・アックマッド・ナタクスマによるこの声明は、他の参加者によく受け入れられたわけではなかった。「ゴム植民者協会」に保管されている一九四九年一〇月二〇日に開催された労働組合にかんする会議の梗概レポートを参照せよ。

(10) 東スマトラでの文化情勢省長官であるクールマン氏の発言。注(7)を見よ。

(11) AVROS report, 6 July 1950.

(12) 一九五〇-五三年の間に「サルブプリ」は、PKIとPNI双方から支持されていた。この期間に「ゴム植民者協会」はPKI一派が支配権を失っていくという期待を強く支持したが、そうはならなかった。この問題については、以下を参照せよ[AVROS report on labor union activities by Wittebol, Medan, 14 Nov. 1952]。私はジャック・ルクレルク氏が、労働組合の分裂と統合の複雑さと政治について、何時間も議論をしてくれたことに感謝する。ここでなんらかの誤りがあったとしても、もちろん彼に責任は何もない。北スマトラでこうした分裂がいかに進んだかについては表5-1を見よ。

(13) 注(2)参照のこと。二つの農園組合が、一九五〇年代末に「サルブプリ」から労働者を引き上げた。つまり、PNI傘下のKBKI(インドネシア人民労働者連合)とイスラム政党傘下のSBI(インドネシアイスラム労働者党)がそれである。一九五六年、両党の成員は、北スマトラの全農園労働者のそれぞれ、六・五%と五%を占めていた。

(14) このストライキにかんする簡潔な議論については第四章末を参照のこと。

(15) AVROS, n.a., "De arebeidsbeweging in Indonesia," 24 Aug. 1951, p.16.

(16) サユッティ(一九六八)もテジャクスママ(一九五八)も、このことが左翼労働組合主義の主要な目的であったと主張している。モルティマー(一九七四)とフィース(一九六二)は、それが両面交通路である、ということで一致しているようである。すなわち、組合は党の支持によって提供された政治的影響力をうまく利用でき、そしてジャック・レクレルルは、むしろ党をあべこべに利用したのは組合であったことを示してくれた(私信)。

(17) Afd.II, Archive of the Federation of Upland Estates, 24 Jan. 1951.

(18) さらに、労働者蜂起と武装集団による攻撃に悩まされていた地域では、ある地区の農園は「生産共有」方式で請負人に又貸しされていた。彼らはすべての仕事に責任をもっていた。そうした協定の一つが、アングロ・スマトラ社の一九五一年株主レポートに次のように記されている。「ラテックスを盗むだけではなく、無謀なタッピングでゴムの木を傷つけてしまう[ママ]不法タッパーの活動を抑えるために、この年の三月に監督するのが困難な遠方のバンダル・マリア地区[デリ・セルダンにある農園]は、一定期間ある請負人に又貸しするための協定が締結された。こうした許可と引き換えに彼は、毎月最低五〇〇〇キロ以上を収穫し、その三五%を会社に送る義務があった。会社の支配人の監督下にあったこの協定は、これまでのところ非常に満足すべきものであることがわかった。しかし、最近の助言者は、請負人が広く行なわれている無法状態に直面していることも示している。

(19) SKU［Syarat Karyawan Umum 一般労働者規定］とは、一九五六年P４Pによって採用されたすべての農園労働者のための一般労働規定をさす。そこでは、社会保障、現物支給、家族支援、年金、等々が規定されている。私の情報提供者《インフォーマント》は、ここでSKUという言葉を、〔本文でいう〕こうした特別の解決に言及しているのではなく、農園常勤労働者への社会保障のための一般的な用語として用いている。

(20) オランダ人元監督要員へのインタビューに基づく。

(21) AVROS, SARBUPRI file, 15 Dec. 1953.

(22) AVROS, SARUBPRI file, 26 Mar. 1954.

(23) AVROS, Rep. On the 4th SARBPRI Cong. July 1954.

(24) AVROS, trans. of *Pendorong*, 5 Dec. 1956.

(25) Afd.II, RCMA 1950 Shareholders Rep., 24 Jan. 1951.

(26) AR, Afd.II. Fed. of Upland Estates, 16 May 1957.

(27) *Pendorong*, 5-6 Dec. 1956.

(28) RCMA annual shareholders reports, 1945-66, AR, Afd.II.

(29) 「枢要な」産業とは、鉄道、公共の乗り物、空路・海路、港湾、ガスと電気、鉱山、それに銀行業界のことである。「枢要な」サービスとは、郵便、電信、電話、ラジオ、水道、それに荷役を含む。さらに、政府系出版局、ガソリンスタンド、薬、塩専売、オランダ貿易会社、それに政府出版局の各部門［U.S. Dept. Of Labor 1951:136］。

(30) 当時労働運動に直接かかわった人々との北スマトラでの個別インタビューによる。

(31) AVROS circulaire no. 54, 14 Dec. 1957 参照。

(32) 元組合活動家、特に元「サルブプリ」の指導者とのインタビューに基づく。モルティマー（一九七四）も参照のこと。モルティマーは、共産党の権力支配と都市と農村部の貧困層の利益を促進する有効性との間の、転倒した関係について詳しく扱っている。

(33) 再度、この過程に関するモルティマーの分析（一九七四）とフィースを参照のこと［Feith 1963:309-409］。

(34)「ナサコム」(NASAKOM)は一九六一年に作られたアクロニム〔頭字語〕で、NAS(ナショナリスト)、A(agama 宗教)、それにKOM(共産主義者)からなる。それは特に政府にPKIが参加していることをさす。

(35)「一方的な行動」(アクシ・スピハック *aksi sepihak*)についての異なった見方については、以下参照[Mortimer1974:276-328; Helmi 1981]。

(36)一九六四年、バンダル・ベッツイ農園で起きた、不法占拠者と警察との暴力的な対立は除く。

(37)図5-2は、北スマトラにおける作業停止と他の労働争議にかんする「ゴム植民者協会」の毎月/毎年の計数を基にして描かれている。数字そのものは、おそらくあまり信頼できない。たとえば、三日間続いた作業停止の場合、一日ずつがそれぞれ独立した一回の作業停止として計数された。にもかかわらず、毎年ごとの計数の相対的価値はもっと重要なので、この観点からすると、一九五二-六二年の一〇年間の全体的なパターンは完全に明白である。

(38)注(19)で記述されたSKUの条件のことをさす。

(39)一九七九年秋、一九八〇年春、アムステルダムとパリで行なわれたインタビュー。

(40)Thomas and Glassburner 1965:169 も参照。

(41)サユッティは、労働局長のせいにしている[Sayuti 1968:32]。

(42)Hawkins 1966:269. Blake 1962:113 も参照。ブレークはいささか異なる計算方法に基づいている。

(43)労働者と経営陣への襲撃にかんする記録は、メダンの「ゴム植民者協会」が収集した農園レポートと、AVROS(この時にはGAPPERSUと呼ばれた)自身によるその会員農園での「治安の混乱」にかんする一九五八年、一九五九年、それに一九六〇年レポートから取られた。

(44)以下の記述は次に基づく[Feith 1962:527-31; Smail 1968:128-87]。

(45)数ある農園のなかで最も頻繁に攻撃の対象になったのは、グッドイヤー社のウィングフット・プランテーションである。その規模(二万四〇〇〇ヘクタール、東南アジア最大の農園)と場所(反乱の最大の拠点であるラブハン・バトゥ)のため、農園を守ることはとりわけ困難であった。農園の支配人は「ゴム植民者協会」を通して、彼らは包囲されていると繰り返し訴えた。スカルノが共産主義者に共感をいだいていたのが、アメリカがスカルノよりもむしろ反乱軍を道徳的・軍事的に支援していたのは奇妙である。アメリカの政治家の多くにとって大きな脅威とみなされていた。一例として、国務長官ダレスは、「パダン・グループ〔PRRI〕にある程度の共感を抱いていたことをほのめかし、PRRIの軍事指揮官は、アメリカ政府のなんらかの承認がなければ買うことができないような超近代的なアメリカ製武器を手に入れていた」とフィースは『没落』で書いている［Feith 1962:586］。一九五八年八月にウィングフットで猛烈な攻撃をした後、農園支配人代理は（親中央政府）指揮官、マナフ・ルビスと会談し、シンボロン大佐は、アメリカの介入を招くためにアメリカの財産を脅迫するつもりでいる、と示唆した。結局、アメリカは直接的な介入はしなかった。政治的な潮流がスカルノ側に変わったので、スカルノへの支援を示すために懐柔的な姿勢に転じた［「ゴム植民者協会」の資料とフィース前掲書［ibid. 590］］。

（46）「ゴム植民者協会」に保管されているウィングフット農園記録、一九五八年八月。

（47）こうした事件と以下に言及したすべては、当該年の「安全」に関する「ゴム植民者協会」の記録による。

（48）ペルツァー［Pelzer 1957:153］参照。以下の節での発言は、不法占拠者の行動にかんする当該年の「ゴム植民者協会」の記録による。

（49）一九七七－七九年、北スマトラ、特にアサハンでの元不法占拠者、支配人、こうした行動を目撃し、あるいは参加したその他の人々へのインタビューに基づく。

（50）Panitia Agraria T & T / Bukit Barisan, 20 July 1957, AVROS.

（51）一九八〇年、パリでのインタビュー。Liddle 1970:83 も参照のこと。

（52）ホーキンス［Hawkins 1963:270］と、その他インタビューにもよる。「サルブプリ」の情報提供者は、九〇〇人ほどが逮捕されたと言った。ホーキンスは、たんに多数がいたと述べている。正確な数を確証する「ゴム植民者協会」の資料を見たことがない。

（53）一九六二年の労働争議とその原因にかんする「ゴム植民者協会」の記録による。

（54）「ソクシ」は勃興しつつある管理側エリートの支援をなぜ得ることができたのか、にかんするハシブアン・サユッティの分析を参照のこと［Sayuti 1962:106-153］。

（55）この点はサユッティ［Sayuti 1968:127-28］によって簡潔に指摘されている。だが、この言葉の語源とその使用の政治的な意味については、ジャック・ルクレルク［LeClerc 1973:407-28］によってもっとうまく説明されている。

第六章

（1）たとえば、ウェルトヘイム［Wertheim 1966］参照。分析家としての視点よりも、広範な文献渉猟のすばらしさでは、ファン・デル・クルフ［van der Kroef 1970-71］参照。もっと最近の業績では、Wertheim 1979 を参照。

(2) 注（1）で引用した文献では、殺された者の数について異なった推計が示されている。

(3) 北スマトラ農園の労働力にかんする統計は、北スマトラ・プランテーション協会（以前のゴム植民者協会）から集められた。「ゴム植民者協会」は現在、スマトラ農園企業団（ＢＫＳＰＰＳ）と呼ばれている。

(4) 同上。

(5) この情報はこの年代に発行された世界銀行レポートに基づいている。たとえば、Report no.2033 (20 Apr. 1978), pp.9-11, on the North Sumatran estates project を参照。

(6) 一九七九年農業省報告に引用された数字を参照のこと。また、*Sensus Perkebunan*, vol.II (1963) と *Sensus Pertanian 1973*, Perkebunan Besar, vol.IV を比較せよ。

(7) こうした変化の大部分は、一九七七―七九年に行なわれたインタビューの際、農園職員によって記録されたものであった。ゴム栽培上の技術変化については、特に、モントゴメリー [Montgomery 1978] を参照。

(8) こうした数字は明らかに相対的である。なぜなら、こうした企業はアメリカや西ヨーロッパの工場やアグリビジネスに比べると、労働集約型であるからである。

(9) 北スマトラの主要六農園（政府と外国経営）から一九六八―七八年に集められた統計に基づく。このサンプルに含まれていない全国展開をする私企業の場合、さらに臨時労働者の割合が高い。実際、そうした企業のなかには常勤労働者をまったく雇っていない企業もある。

(10) パサリブら [Pasaribu and Sitorus 1976:35] もこうした「労働力不足」に言及している。

(11) World Bank Report no.2033, p.12.

(12) ＢＫＳＰＰＳの労働力統計から計算。

(13) この政治―官僚エリートを構成する種々の党派の詳細な記述については、ロビソン [Robison 1978] 参照。

(14) 農園労働者の転勤は戦争以前も普通のことだったことに注目せよ。しかし、彼らは農園の社宅に住んでいたので、異動は家、土地、それに他の財産の所有権によって複雑にされることはなかった。

(15) こうした雇用と妊娠の歴史調査によって得られた観察は、シンパン・リマの全既婚婦人（結婚経験者）にたいしてなされた。

(16) さらに、休閑期間が短くなったので、急速な再植栽計画は、村人が空いた土地に作物を植えつける許可をもはや得ることができなくなったことを意味している。薪の供給も最近問題となっている。ゴムの木の下生えの枯れ枝を集めることで、以前は薪集めができた。

アブラヤシ栽培が拡大して、このように安易に薪が集めることができなくなってきたことにも村人は現在不平を述べている。アブラヤシは薪を提供するほど生長しないし、生長したアブラヤシはゴムの木ほど薪をもたらさない。

（17） 一九七四年農業経済統計による（ベンジャミン・ホワイトからの私信）。

（18） 前章で示したように、農園産業の拡大の全歴史を通して土地は、明らかに決定的な社会的資源であり、そうであり続けている。さらに、農園が多民族混成になったことが、村での対立の決定的な点である。ここで私はジャワ人の間での社会関係のコンテクストにのみ言及しようとしている。

第七章

（1） ジェイン [Jain 1970] を参照せよ。また以下も参照のこと [Scott 1976:114-56; Brocheux 1981:247-76]。

訳注

〔一〕インベストメントとは、精神分析学ではエネルギー経済論的観点から「備給」と訳されるが、ここではそうした意味合いはない。フーコーでも、「ある対象を取り上げて、それに特別な意味を与える」という意味で用いられることが多い（『性の歴史 I』訳者あとがき）。
〔二〕Holland からの派生したジャワ語。もともと、「オランダ人」を意味していたが、ジャワ人が目にする「白人」はほとんどオランダ人であったので、「白人」全般を表わすようになった。
〔三〕バタック人とは、トバ湖周辺から西スマトラの西北部にかけて居住するプロト・マレー系住民の総称。人口約六〇〇万人（二〇〇〇年センサス）。北から、カロ、シマルングン、パクパク、トバ、アンコラ、マンダイリンの六つの亜種族・亜言語に大別されるが、いくつかのグループはバタック人と呼ばれることを好まない。マルガで構成される父系社会で、婚姻制度の独自性で注目された。一九世紀以来、西スマトラに近いアンコラ、マンダイリンはムスリム、その他ではキリスト教徒が多くなった。伝統的には農業が中心的な生業であったが、出稼ぎも多く、オランダ時代以来、軍隊に入る者も多い。「食人」の慣行があったことで知られていて、その戦闘的な性格で有名。
〔四〕マラッカ海峡地域のリンガフランカ。革命マレー語とも呼ばれ、一九二八年の「青年の誓い」によって、来るべき独立国の国語（インドネシア語）として認知された。
〔五〕訳文は、サルトル全集第二八巻『弁証法的理性批判』III、一九〇ページ。
〔六〕現在、東（方）は Timur と表記するが、当時はまだインドネシア語の表記法が一定ではなく、Timor と表記された。もちろん、ここでいう Timor はティモール島とは関係がない。
〔七〕一九二五年の東インド国家構成法のことだと思われる。それ以前の東インド統治法に代わるもの。
〔八〕ラスキャルは、ラスカル laskar とも発音されるが、現在ではラスカルと発音することが普通。ペタとはジャワ、バリでの用語である。
〔九〕リンガルジャティ協約は、共和国側、オランダ側双方に不満が大きく、四七年三月正式に調印されたが、解釈をめぐるオランダとの対立は続き、協定実施のための交渉は進まなかった。

〔一〇〕 一八九七―一九四八年。東ジャワ生まれ。一九二〇年代から四〇年代にかけての共産主義運動の指導者。一九二六年、一九四九年の二度の共産党蜂起を指導したことで知られる。

〔一一〕 労働者の公正な一日の作業量を科学的に決定し、これを基準として作業の時間的管理を企てた労務管理法。

〔一二〕 労働の生産能率向上を目的として、作業の時間と動作とを分析する時間管理方法。

〔一三〕 スカルノに反対する勢力が、スカルノが共産党に肩入れしすぎているとして、五七年から反対を強めた。この反乱はその後スラウェシに拠点を移し、アメリカ政府の支持を受けるが、一九六〇年中央政府の勝利で終わった。

〔一四〕 スハルトは一九六六年三月スカルノから大統領権限を委譲され、六七年三月大統領代行、六八年三月第二代大統領、九八年五月退陣。

〔一五〕 収穫後アブラヤシはパームオイル原油（Crude Palm Oil）に加工され、そのCPOからさらに多くの製品へと加工される。

〔一六〕 抜け目がない、粗野だ、攻撃的、汚い、信頼できない、などは英語の形容詞表現である。

〔一七〕 訳文は『イングランド労働者階級の形成』二四一ページ、より引用。

訳者あとがき

本書は、アン・ローラ・ストーラーの *Capitalism and Confrontation in Sumatora's Plantation Belt, 1870–1979*, Yale University Press, 1985 の第二版（一九九五）の全訳である。第二版には長文の「第二版序文」が付けられ、ミシガン大学出版局から出版された。「第二版序文」は、序文という枠組みを大幅に超えた長文で、初版出版後一〇年間の著者の研究状況の解説といった側面が強い。

本書脱稿後、本書の第二版がインドネシア語に訳されていることが判明した。タイトルは原著の忠実なインドネシア語訳である。*Kapitalisme dan Konfrontasi di Sabuk Perkebunan Sumatra, 1870-1979*, translated by Noer Fauzi, KARSA (Yogyakarta), 2005.「第二版序文」で、本書のインドネシア語訳をめぐるトラブルが指摘されている。今回のインドネシア語訳ではそこも訳されていて興味深かったが、前回の翻訳権はどうなったのかなど、この翻訳へのストーラーの見解はわからない。

原著の題名をめぐって、初版を出したエール大学出版局の編集者と激しい意見の対立があり、その内部事情が異例の形で暴露されている。コロンビア大学で一九八二年博士号を取得したアン・ストーラーの学位論文は、『会社の影の下で――北スマトラにおける労務管理の政治学』であり、彼女はほぼそのままの題名で出版したかったのであるが、編集者に押し切られる形で、『スマトラ・プランテーション地帯における資本主義と対立、一八七〇－一九七九』となった。

ストーラーがこの題名に嫌悪感をいだいたのは、まず本書がプランテーション地帯の資本主義そのものの分析をめざした本ではない、ということが挙げられる。次に対立といっても、それは目に見える対立だけではなく、沈黙の抵抗、噂、仕事のスローダウンなどといった形での対立もあり、『資本主義と対立』だとそうした側面がすっぽり抜け落ちている、という不満であった。「会社の影」というのは、陰に陽に迫ってくるプランテーション企業のヘゲモニー的支配の様式で、それが植民地的支配と管理の様式を髣髴とさせる労務管理の中に現在でも色濃く見いだされるということである。しかしながらストーラー自身も認めているように、「会社の影」という表現では、デリの植民地支配とは何であり、その権威を何が象徴しているのか、という問いがおろそかになった。後にストーラーは、「家族の形成」をめぐる植民者間の論争は、ジャワ人労働者の規律＝訓育のための鍵概念であっただけではなく、蘭領インドの植民地統治機構すべてにかかわる人々を規律＝訓育する鍵概念であったことに気づく。

こうした事情を勘案して日本語訳の題名として、『プランテーションの社会史――デリ、一八七〇－一九七九』とした。ここでいうプランテーションとは、ある単独のプランテーションではなく、「デリ」と呼ばれた「北スマトラ・プランテーション地帯」をさす。デリとは、現代インドネシアでは北スマトラ州に属し、その州都メダン市近くの一地名であるが、オランダ植民地時代以来、独立を遂げた今日に至るまで、「コロニアル」なコノテーションを喚起する独特な意味として人々に用いられている。また今日、社会史というとあるイメージがあり、また著者も「社会史の流行」に疑問を呈してもいるが、本書が北スマトラ・プランテーション地帯のヘゲモニー関係を分析した民族誌的研究でもあるという意味で、社会史という言葉を用いた。

デリと呼ばれる北スマトラ・プランテーション地帯は、三万平方キロメートルにおよぶ広大な地域である。一九世紀中葉以降オランダ人の入植が始まり、タバコを中心とした作物が栽培された。しかし、最長七五年の土地利用権が設定されると、オランダ以外にイギリス、アメリカ、フランス、ベルギーの資本が、初期投資は大きいが利益も大きい、ゴム、アブラヤシ、サイザル麻、丁子（クローブ）といった「多年生作物」の栽培に乗り出した。

ストーラーの分析の中心は、そうしたデリにおける資本の投資の分析だけではない。デリはプランテーション経営の最も成功した地域として世界的に名高いが、それは政治的な発言をしない従順な労働者が多数存在するという意味であった。だが、白人資本家のヘゲモニー的支配が強烈であったというその事実にもかかわらず、ストーラーが最も関心を持ったのは、現地人を抑圧し、収奪する役割を担っているはずの「白人」の脆弱性であった。

とかく植民地支配というと、支配者の側の過酷な収奪と暴力といった側面が強調されがちである。たとえば、フランツ・ファノンの『地に呪われた者』（みすず書房）へのサルトルの序を読めば、その間の事情はよく理解されるであろう。もちろん、デリの歴史もそうした白人支配者の「成功物語」として捉えることは可能だが、ストーラーはオランダ人／現地人の新聞や植民者協会の公文書、報告書、小説などを丹念に分析し、白人ヘゲモニーの実態をきわめて詳細に明らかにした。こうした手法のモデルの一つとしてシドニー・ミンツの『甘さと権力』が挙げられているが、ストーラーは一九八〇年代以降急速に高まってきた人類学と歴史学との融合という時代の流れの重要性をいち早く理解し、その最良の成果の一つを生み出した。

ストーラーは本書で、これまで「コロニアル」といった表現で自明視されてきた白人の優位性を疑い、何が白人を規定するのか、あるいは、『人種と欲望の教育』（一九九五）におけるようにミッシェル・フーコーの著作との対話を通して、ブルジョワの自己規定の言説性の問題を追究した。当然、その規定のためには、対極にいる現地人とのカテゴリーの違いがいつも注意され、強調されなければならなかった。原著の Native, Indigenous を、本訳書では現地人（の）、土着の人々（の）、などと訳しているが、「原住民（の）」とカッコつきで訳した場合もある。原住民という言葉が不適切な表現であることは十分承知しているが、歴史的な事実は否定できず、植民地支配に協力的／反抗的な人々をさす言葉として「原住民」とした場合もある。（なお、原著の大きな誤植についてはストーラーに確認し訂正したが、明らかな誤植については訳者の判断で訂正した）。

二〇世紀初頭にいたるまで、オランダ植民地政府は、家族を連れて入植する白人を認めず、彼らは現地人女性を愛人とし、その間に「混血児」が生まれると、その分類の枠組みが常に問題視された。また、同じ白人とはいっても、東欧系の白人とか、貧しい白人、犯罪者といった多種多様なカテゴリーが混在し、現地人の管理を直接担うのは、いつもこうした「弱い」立場の「白人」であった。そのため彼らは、現地人にたいする相反する言説を生み出していった。つまり、一方では「怠惰で子供っぽい原住民」であり、他方は「訳もなく荒れ狂う原住民」という相矛盾する「原住民」像である。

こうした「原住民」に対処するには、目に見える剝き出しの暴力が必要であるとされ、それが「罰則条項」と「クーリー条例」の厳しい適用を促した。だが、とりわけ一九二九年の大恐慌を境に資本の側は、「契約クーリー」を名目的な「自由労働者」におきかえるなど管理の方式を「ソフト」な路線に修正し、世界のプランテーション労働者の反乱が高揚したこの時期に、デリの労働者の戦闘性は失われていった。ただ、剝き出しの暴力と穏やかな暴力は相互に排除するわけでもなく、資本の都合によってどちらかが顕在化した。

この問題では、フーコーの『監視と処罰』（邦訳名『監獄の誕生』）における、剝き出しの暴力的／応報的懲罰体系から、一望監視システムを持ち受刑者を規律訓育する装置である監獄の誕生へと懲罰体系が変化してきたという問題意識が認められる。「第二版序文」では、『言葉と物』と『性の歴史』への言及が頻繁になされているが、『監視と処罰』にも言及すべきであっただろう。

一方、現地人といっても、デリのプランテーション地帯の労働者は、すべて「外」から運ばれてきた人々であった。最初は中国人であり、後にジャワ人が中心となる。また、初期には女性は少なかったが、次第に植民地当局も、女性労働者の必要性、あるいは家族の形成がもたらす統治効果を理解し、性・家族の分野での管理も植民者の主題となった。それは「白人」の側でも同じであり、家族の同伴が許されるようになった。

とにかく、デリというのは、植民地支配／収奪のために作り出された空間であり、資本も労働者も、外からもたらされたものであるが、資本と労働者とが予定調和的に配置されたわけではなかった。そこで展開された、支配と管理、人種、階級、それにジェンダーをめぐるさまざまな言説は、今日の植民地研究（ポストコロニアル・ディスコース）の最前線を提供する舞台であることがストーラーの手によって明らかにされた。

ストーラーがこのデリに注目したのは、ジャワでの経済人類学的な研究にさかのぼる。そこで彼女は、従来の農民研究が追究した農民性の本質論や、あるいは文化人類学のモノグラフの原則であった「民族誌的現在」といった超歴史的な観点からの民族誌の作成に疑問をいだき、そのような問題意識をより先鋭化できる調査地としてデリに注目するようになった。そのためのフィールドワークは、一九七八年から七九年の二年間にわたって行なわれ、その後オランダでの文献研究、あるいはヨーロッパ在住の元プランテーション支配人らへのインタビュー調査を行なった。

ストーラーがデリに注目し、そこでフィールドワークを行なったということに、今日のストーラーの爆発的活躍の秘密が隠されている。このデリというプランテーション地帯は、インドネシアの歴史研究やナショナリズム研究でも、あるいは民族誌的／人類学的な研究でも、ほとんど無視されてきた。それは、デリという地域が外部の力で作られ、そこの住民が現地の慣習法ではなく、オランダ法の下で統治されるべき「部外者」であったという事実による。

たとえば、東南アジアの優れた歴史研究者であるアンソニー・リードも、彼の研究の主眼がアチェであったということで、デリの重要性には気づいていなかった。また、ベネディクト・アンダーソンは、インドネシア独立革命のエートスの担い手としてジャワの「青年」に注目したが、デリのプランテーション労働者はそうした「青年」組織には参加できず、革命は労働者の意識をまったく変えなかった。デリのプランテーション労働者が戦闘的な労働者として歴史に登場するのは、インドネシア共和国が主権を承認された一九四九年の直前である。彼らは、自らの利益を追求する労働者としてまだ外国人（主にオランダ人）の管理下にあったプランテーションでの主体的な活動を担うが、同同時に自営地を持つ農民として自らを位置づけるためにプランテーション内部で不法占拠運動を推進した。

さらに、デリでのフィールドワークを十全な形でまとめるためには、取り扱う年代を一八七〇年（強制栽培制度が終わり、外国の民間資本に土地への投資を可能にする農地法が発布された年）から現代にまで拡大する必要性を痛感し、そのためにブローデルのいう「歴史の長期の変動過程を貫く構造」という視点と民族誌学的な事実を常に交錯させ、歴史的な資料を「下方」（つまり、ヒエラルキーの底辺）へ向かって読み、民族誌的な事実を「上方」（ヒエラルキーの頂点）へ、あるいは世界システム論的な動態の中で理解することが要求された。

このような構想から、戦後のインドネシア独立後のデリの歴史が、戦前のオランダ植民地支配の歴史と対比され、分析された。一般的にスハルト「新秩序」政権に植民地主義的な傾向があることはよく指摘されている。しかしながら、それはスハルト政権に特有な現象ではない。革命の直後から革命の指導者に顕著に認められた、反植民地主義的／反帝国主義的な言説と現実の労働運動の抑圧という行動様式の中に、あるいは次第に顕著になってくる「官僚資本家」による抑圧の前に、彼らの従属性は高まっていった。とは言っても、従属するということと、彼らの中に抵抗の姿勢が完全に消失してしまったということは同じではない。今日のデリの労働者の大半はプランテーションに完全に依存する臨時労働者として生活しているが、その分人々は「闇」の経済的な活動に従事し、糊口をしのいでいる。

ストーラーは本書を執筆した目的の一つに、スハルト政権の中に刻み込まれた植民地時代の「遺産」を記録すること、と述べている。それは、一九九八年のスハルト退陣後の「改革」（レフォルマシ）の時代を理解する上でも重要な視点である。独立後インドネシアのなかに、あるいはより一般的に戦後植民地支配から独立を遂げた国々のなかに投影されている植民地支配の影の分析、それがストーラーのポストコロニアル研究の核心の一つである。ストーラーがインドネシアとの比較の観点からベトナムを取り上げるのは、こうした背景がある。

本書の結論部でストーラーは、「抵抗の声域」（Registers of Resistance）という表現で、デリのプランテーション労働者／農民の抵抗を理解する方法を示している。抑圧された者の「声」を聞くという手法は、ポストコロニアル・ディスコースに特徴的な手法であるが、それはスピヴァックのいう「サバルタンの語り」に通じる問題である。ストーラーは『人種と欲望の教育』（一九九五）の中で、スピヴァックの「フーコーの主体の概念は結果的にヨーロッパ中心主義に通じる」というフーコー批判を基本的に認めながら、フーコーが考察しなかった植民地人種主義の成立の場の徹底的な分析を通して、フーコーの議論を深化させようとしている。この問題については、今後さらに検討が必要である。

ストーラーは、全米アジア学会から優れたデビュー作を書いた東南アジア研究者に贈られる「ハリー・ベンダ賞」を一九九二年受賞した。長く、ミシガン大学で教鞭をとっていたが、二〇〇四年一月、ニューヨークの「ザ・ニュースクール・オブ・ソーシャルリサーチ」大学院大学に移り、人類学／歴史学部門の教授（Distinguished Professor）として大学院教育をリードし、優れた研究を量産している。クリフォード・ギアツ亡き後（二〇〇六年秋に死去）、アメリカ人類学会を文字通り代表する論客の一人と言えるだろう。

本書で言及された以外の著書／編著は次の通りである。

単著

2007 *Imperial Formations & Their Discontents.* School of American Research Press.

2006 *Haunted by Empire: Geographies of Intimacy in North American History (American Encounters/Global Interactions).* Duke University Press.

共編著

2002 *Carnal Knowledge and Imperial Power: Race and Intimate in Colonial Rule.* University of California Press.

1997 Frederick Cooper, Ann Laura Stoler. *Tensions of Empire: Colonial Cultures in a Bourgeois World.* University of California Press.

1990 Jan Breman, Piet De Rooy, Ann Stoler, Wim F. Wertheim. *Imperial Monkey Business: Racial Supremacy in Social Darwinist Theory and Colonial Practice* (Casa Monographs, No. 3). Paul & Co Pub Consortium.

本書の翻訳の過程で多くの方々のご協力を得た。吉村真子、徳安彰氏には社会学の専門用語の訳出の上でご教示いただいた。屋嘉宗彦氏には経済学関連の用語について、山口誠一氏には哲学用語についてご教示いただいた。インドネシアの日本研究者、バンバン・ウィバワルタ氏には植民地時代のインドネシア語についてご教示いただいた。オランダ語の日本語表記については、宮崎恒二氏のご教示を得た。また、岩淵聡文、藤原久仁子、木名瀬高志氏には初校直前の訳文を読んでいただき、有益なコメントをいただいた。特にアチェ州の少数民族アラスを研究している岩淵氏には懇切なコメントをいただいた。また、ジェニスン・レベッカには、英語のネイティブでさえ「これは英語ではない」と音をあげるほど難解で凝った言い回しにあふれるストーラーの文章についての細かい質問に、多大な時間を割いて答えていただいた。今回も彼女の協力なしには本訳書は完成しなかったであろう。その他お名前をここで明記することはできないが、貴重な助言を寄せていただいた方々も少なくない。しかし、翻訳の最終責任が訳者にあることは言うを俟たない。最後に、法政大学出版局の平川俊彦氏には、訳者の怠慢で遅れてしまった翻訳作業を忍耐強く待っていただき、感謝に耐えない。

二〇〇七年六月

訳者記す

〈著　者〉

アン・ローラ・ストーラー（Ann Laura Stoler）

1982年コロンビア大学博士号取得，1992年「ハリー・ベンダ」賞受賞。ミシガン大学教授を経て，2004年よりニュー・ヨークのニュー・スクール・オブ・ソーシャルリサーチ大学院大学教授。
主要著作：*Imperial Formations & Their Discontents* (2007), School of American Research Press, *Haunted by Empire: Geographies of Intimacy in North American History* (2006), Duke University Press, *Carnal Knowledge and Imperial Power: Race and Intimate in Colonial Rule* (2002), University of California Press, *Race and Education of Desire: Foucault's History of Sexuality and the Colonial Order of Things* (1995), Frederick Cooper との共編著, *Tensions of Empire: Colonial Cultures in a Bourgeois World* (1997), University of California Press.

〈訳　者〉

中島成久（なかしま なりひさ）

法政大学国際文化学部教授。1949年鹿児島県生まれ，1978年九州大学大学院教育学研究科博士課程文化人類学専攻中退，1982年法政大学第一教養部助教授，92年教授，2000年より現職，コーネル大学客員研究員（1987–88年）。文化人類学，ポスト・スハルト期インドネシアの土地紛争，アジアにおける開発と環境研究。
主な著作：On the Legitimacy of Development: A Case Study of Communal Land Struggle in Kapalo Hilalang, West Sumatra, Indonesia, *Journal of International Economic Studies* (2007), No.21, The Institute of Comparative Economic Studies, Hosei Univ.『グローバリゼーションのなかの文化人類学案内』(2003，明石書店)，『屋久島の環境民俗学――森の開発と神々の闘争』(1998，明石書店)，『ロロ・キドゥルの箱――ジャワの性・神話・政治』(1993，風響社)，訳書ベネディクト・アンダーソン『言葉と権力，インドネシアの政治文化探求』(1995，日本エディタースクール出版部)。

プランテーションの社会史
──デリ／1870－1979

2007年 7月31日　初版第1刷発行

著　者　アン・ローラ・ストーラー
訳　者　中島成久
発行所　財団法人 法政大学出版局
〒102-0073 東京都千代田区九段北 3-2-7
電話 (03)5214-5540／振替 00160-6-95814
整版／緑営舎　印刷／三和印刷
製本／鈴木製本所

ISBN978-4-588-37704-4

索　引

あ 行

か 行

さ 行

た 行

な 行

は 行

ま 行

や 行

ら 行

参考文献

A　資料について

この研究では，出版された民族誌的研究書のほかに，文書資料や，限定本，配給先の限られた資料などが頻繁に引用されている。オランダ植民地時代の記録では，ハーグにある内務省，防衛省，国立文書館（AR）の記録を引用した。こうした文書がいかに編纂され，何が含まれているかについての詳しい内容は，以下を参照のこと [O'Malley 1977:382-83]。とくに，国立文書館には株主のレポートや，20 世紀の冒頭にさかのぼるデリの農園内部の会社の通信記録が含まれている。前スマトラ植民者協会（AVROS, 現 BKSPPS）は独立後の重要な記録を有しているが，そのなかの一部は AR でも手に入る。

こうした資料を参照したいと思われる読者の便宜を考えて，引用は文書（例えば，国立文書館）をリスト化している。AR はその部門ナンバー（例えば，Afdeling II），文書の特別な名前（例えば，RCMA 会社文書），ボックスナンバー，それに日付を入れている。防衛省や内務省の資料の場合，その省自体で用いているコードやフォーマットをそのまま使っている。

参照したマレー語新聞やオランダ語新聞，その他の出版物は，『プワルタ・デリ』（『デリ・ニュース』），『デリ・クーラント』（『デリ新聞』），『デ・プランテル』（『植民者』），『ワスパダ』〔メダンで発行されている新聞〕，〔その他に，『ブニ・ティムール』（『東方の種子』紙がある〕，『ワルタ・サルブプリ』〔サルブプリ・ニュースレター〕であり，「ゴム植民者協会」の新聞記事切抜きから収集された種々の記事もある。種々雑多な未刊の資料には，世界銀行レポートや会社の統計，農園支配人，農園組合の指導者，それに労働者の個人史の録音などがある。

出版された資料のなかであまり頻繁に参照されてこなかった資料としては，王立熱帯研究所，KITLV（王立言語，地理，民族学研究所）所蔵の資料などがある。こうしたもののなかには，『スマトラ東岸研究所年報』（『クロニーク』），『労働査察官報告』要約，「ゴム植民者協会」や「デリ植民者連盟」などの植民者団体で作られたパンフレットなどが含まれる。『王立熱帯研究所報』は「メモリー・ファン・オーフェルハーヴェ（*Memorie van Overgave*）」（任期満了時に提出されたオランダ人県副知事レポート）も収集していて，それは本文のなかで引用されている。

B　著作物

Alatas, Syed Hussein.　1977. *The Myth of the Lazy Native.* London: Frank Cass.
Allen, G. C., And A. C. Donnithorne. 1962.　*Western Enterprise in Indonesia and Malaysia: A*

Study in Economic Development. London: Allen & Unwin.

Anderson, Benedict R. O'G.. 1972. *Java in a Time of Revolution: Occupation and Resistance, 1944-1946.* Ithaca: Cornell University Press.

Anonymous 1925. *Deli-Batavia Maat*schappij 1875-1925. Amsterdam: Deli-Batavia Maat.

——. 1928. *Rapport van de commissie van onderzoek ingesteld bij het gouvernementsbesluit van 13 Februari 1927 No. la. Deel I.* Weltevreden: Landsdrukkerij.

——. 1935. *Volkstelling 1930.* Batavia: Landscdrukkerij.

——. 1947. "The Recovery of Sumatra's East Coast Province." *Economic Review of Indonesia* 1, no. 12 (Dec.).

——. 1952. *Deli-Data 1938-1951.* Mede. 36. Amsterdam: Oostkust van Sumatra.

——. 1954. *Warta Sarbupri.* Jakarta: D. P. P. Sarbupri.

Aronowitz, Stanley. 1973. *False Promises: The Shape of American Working-class Consciousness.* New York: McGraw-Hill.

Aziz, M. A. 1955. *Japan's Colonisation and Indonesia.* The Hague: Nijhoff.

Beckford, George. 1972. *Persistent Poverty: Underdevelopment in Plantation Economies of the Third World.* New York: Oxford University Press.

Beiguelman, Paula. 1978. "The Destruction of Modern Slavery: A Theoretical Issue." *Review* 2, no. 1 (Summer) : 71-80.

Bernal, Victoria. 1991. *Cultivating Workers: Peasants and Capitalism in a Sudanese Village.* New York: Columbia University Press.

Bernstein, Henry. 1979. "African Peasantries: A Theoretical Framework." *Journal of Peasant Studies* 6: 421-43.

——. 1986. "Capitalism and Petty Commodity Production." *Social Analysis* 20: 11-28.

Biro Pusat Statistik. 1966. *Sensus Perkebunan: Sektor Perkebunan 1963.* Vol. II.

——. 1976. *Sensus Pertanian 1973: Perkebunan Besar.* Vol. IV.

——. n.d. *Statistical Pocketbook of Indonesia: 1957.* Jakarta: BPS.

——. n.d. *Statistical Pocketbook of Indonesia: 1958.* Jakarta: BPS.

——. n.d. *Statistical Pocketbook of Indonesia: 1959.* Jakarta: BPS.

——. n.d. *Statistical Pocketbook of Indonesia: 1960.* Jakarta: BPS.

——. n.d. *Statistical Pocketbook of Indonesia: 1961.* Jakarta: BPS.

Blake, Donald J. 1962. "Labour Shortage and Unemployment in Northeast Sumatra." *Malayan Economic Review* 7, no. 2 (October): 106-18.

——. 1963. "The Estates and Economic Development in Northeast Sumatra." *Malayan Economic Review* 8, no. 2: 98-109.

Blink, H. 1918. "Sumatra's Oostkust in hare Opkomst en Ontwikkeling als Economisch Gewest." *Tijdschrift voor Economische Geographie.*

Blommestein, van. 1910. *Hygienische en Geneeskundige voorwaarden, waaronder de in contract werkende arbeiders in Deli.* Medan: N. V. "De Deli Courant."

Blumberger, J. Th. Petrus. 1931. *De Nationalistische Beweging in Nederlandsch-Indie.* Haarlem: Tjeenk Willink.

——. 1935. *De Communistische Beweging in Nederlandsch-Indie.* Haarlem: Tjeenk Willink.

Boeke, J. 1953. *Economics and Economic Policy of Dual Societies.* Haarlem: Tjeenk Williams. 〔J. M. ブーケ『二重経済論——インドネシア社会における経済構造分析』永易浩一訳，秋董書房，1979 年〕

Bool, H. J. 1903. *De Landbouw concessie in de Residentie Oostkust van Sumatra.* Utrecht: Oostkust van Sumatra Instituut.

Bool, H. J., and R. Fruin. 1927. *Handboekje voor den Deli-Planter.* [n. ed.].

Bourgeois, Phillipe. 1987. Review of Capitalism and Confrontation in Sumatra's Plantation Belt, 1870-1979. L'Homme 27 (103): 157.

Brand, J. van den. 1902. *De Millionen uit Deli.* Amsterdam: Hoveker & Wormser.

——. 1904. Nog eens: *De Millionen uit Deli.* Amsterdam: Hoveker & Wormser.

——. n.d. *Slavenordonnantie en koelieordonnantie.* Amsterdam: Hoveker & Wormser.

Brand, W. 1979. *1879 HVA 1979: Its History, Development and Future.* Amsterdam: HVA.

Brandt, W. 1948. De Aarde van Deli. The Hague: van Hoeve.

Braudel, Fernand. 1972. The Mediterranean and the Mediterranean World in the Age of Philip II. New York: Harper & Row. 〔フェルナン・ブローデル『地中海』全 5 巻，浜名優美訳，藤原書店，1991-95 年〕

Braverman, Harry. 1974. *Labor and Monopoly Capital.* New York: Monthly Review Press.

Breman, Jan. 1989. *Taming the Coolie Beast: Plantation Society and the Colonial Order in Southeast Asia.* Delhi: Oxford University Press.

Brenner, Robert. 1978. "The Origins of Capitalist Development: A Critique of Neo-Smithian Marxism." New Left Review 104: 25-92.

Brocheux, Pierre. 1981. Les communistes et les paysans dans la révolution vietnamienne. *Histoire de l'asie du sud-est: révoltes, réformes, révolutions.* Ed. P. Brocheux. Lille: Presses Universitaires de Lille. Pp. 247-76.

Broersma, R. 1919. *Oostkust van Sumatra, Eerste Deel: De Ontluiking* van Deli. Batavia.

——. 1921. *Oostkust van Sumatra: De Ontwikkeling van het Gewest.* Deventer.

Bruin, A. G. de.. 1918. *De Chineezen ter Oostkust van Sumatra*, Mede. No. 1. Leiden: Oostkust van Sumatra Instituut.

Burawoy, Michael. 1985. The Politics of Production. London: Verso.

Canning, Kathleen. 1994. "Feminist History after the Linguistic Turn: Historicizing Discourse and Experience." *Signs* 19 (2): 368-404.

Chevalier, Jacques. 1983. "There is Nothing Simple about Simple Commodity Production." *Journal of Peasant Studies* 10 (4): 153-86.

Clarke, Simon. 1979. "Socialist Humanism and the Critique of Economism." *History Workshop.* No. 8.

Clerkx, Lily. 1960. *Mensen in Deli: een maatschappijbeeld uit de belletrie.* Amsterdam: AZOA, Universiteit van Amsterdam.

Cohn, Bernard. 1983. "Representing Authority in Victorian India." In *The Invention of Tradition,* ed. Eric Hobsbawm and Terence Ranger, 165-209. Cambridge: Cambridge University Press. 〔S. バーナード・コーン「ヴィクトリア朝インドにおける権威の表象」ホブズボウム＋レンジャー編『創られた伝統』〕

Collins, Jane. 1988. *Unseasonal Migrations.* Princeton: Princeton University Press.

Comaroff, Jean. 1985. *Body of Power, Spirit of Resistance: The Culture and History of a South African People.* Chicago: Chicago University Press.

Cooper, Frederic. 1980. *From Slaves to Squatters: Plantation Labor and Agriculture in Zanzibar and Coastal Kenya, 1890-1925.* New Haven: Yale University Press.

——. 1981. "Peasants, Capitalists and Historians." *Journal of Southern African Studies* 7 (2): 284-314.

——. 1995. "Work, Class and Empire: An African Historian's Retrospective on E. P. Thompson." *Social History* 20: 235-41.

Cooper, Frederic, and Ann Stoler. 1989. "Introduction to Tensions of Empire." *American Ethnologist* 16 (4): 609-21.

Courtenay, P. P. 1969. *Plantation Agriculture.* London: Bell & Sons.

Cunningham, Clark. 1958. *The Postwar Migration of the Toba-Bataks to East Sumatra.* New Haven: Yale University. Cultural Report Series No. 5.

Daniel, E. Valentine, Henry Bernstein, and Tom Brass, eds. 1992. *Plantations, Proletarians and Peasants in Colonial Asia.* London: Frank Cass.

Deere, Carmen Diana. 1977. "Changing Social Relations of Production and Peruvian Women's Work." *Latin American Perspectives* 12-13: 48-69.

Deere, Carmen Diana and Magdalena Leon de Leal. 1981. "Peasant Production, Proletarianization, and the Sexual Division of Labor in the Andes" *Signs* 7 (2): 338-60.

De Javasche Bank. 1952. *Verslag over het boekjaar 1951-1952.* Jakarta: G. Kolff.

Debray, Régis. 1970. "Notes de prison-'Temps et Politque.'" *Les Temps Modernes.* No. 287 (June 1970) .

Deli Planters Vereeniging. 1932. *Een en Ander over Javanenkolonies en Arbeiders-vestigingen.* Medan: AVROS.

Departemen Pertanian. 1979. *10th Departemen Pertanian 1968-1978.* Dept. Pertanian: Jakarta.

Dinger, J. Th.. 1929. *Het Verbroken Evenwicht.* [n. p. ed.].

Dirks, Nicholas, ed. 1992. *Colonialism and Culture.* Ann Arbor: University of Michigan Press.

Dixon, C. J. 1913. *De Assistent in Deli.* Amsterdam: J. H. de Bussy.

Dootjes, F. J. J. 1938/39. "Deli, The Land of Agricultural Enterprises." *Bulletin of Colonial Institute of Amsterdam*, vol. 2.

——. 1948. *Kroniek 1941-1946, Mededeling No. 32.* Amsterdam: Oostkust van Sumatra Instituut.

——. 1950. *Kroniek 1948 - 1949*. Amsterdam: Oostkust van Sumatra Instituut.

Drooglever, P. J. 1980. *De Vaderlandsche Club 1929 - 1942: Totoks en de Indische Politiek*. Amsterdam: Franeker.

Edwards, Richard. 1979. *Contested Terrain*. New York: Basic Books.

Elson, Diane, and Ruth Pearson. 1981. "The Subordination of Women and the Internationalization of Factory Production." In *Of Marriage and the Market: Women's Subordination in International Perspective*, ed. Kate Young, Carol Wolkowitz, and Roslyn McCullagh, London: CSE, 144 - 66.

Ennew, Judith, Paul Hirst, and Keith Tribe. 1977. "'Peasantry' as an Economic Category." *Journal of Peasant Studies* 4 (4): 295 - 322.

Fabian, Johannes. 1983. *Time and the Other: How Anthropology Makes Its Object*. New York: Columbia University Press.

Feith, Herbert. 1958. "The Wilopo Cabinet, 1952-1953: A Turning Point in Post-Revolutionary Indonesia." Modern Indonesia Project. Ithaca: Cornell University Press.

——. 1962. *The Decline of Constitutional Democracy in Indonesia*. Ithaca: Cornell University Press.

——. 1963. "Dynamics of Guided Democracy." *Indonesia*. Ed. Ruth McVey. New Haven: Yale University Press. Pp. 309-409.

Fernandez-Kelly, Patricia. 1983. *For We Are Sold, I and My People*. Albany: State University of New York Press.

Foster-Carter, Aidan. 1978. "The Modes of Production Controversy." *New Left Review* 107: 47 - 77.

Foucault, Michel. 1972. *The Archaeology of Knowledge*. New York: Harper, translated by A.M. Sheridan Smith.〔ミシェル・フーコー『知の考古学』中村雄二郎訳，河出書房新社，改訳新版 1981 年〕

——. 1979. *The History of Sexuality: Volume I*. New York: Vintage, translated by Robert Hurley.〔ミシェル・フーコー『性の歴史 I』渡辺守章訳，新潮社，1986 年〕

Fox-Genovese, Elizabeth, and Eugene D. Genovese. 1976. "The Political Crisis of Social History." *Journal of Social History* 10, no. 2.

Fryer, D. W. 1965. *World Economic Development*. New York.

GAPPERSU (Gabingan Persatuan Perkebunan Sumatera Utara) 1960. *Angka-Angka Statistik*. Medan.

Gautama, Sudargo, and Budi Harsono. 1972. *Survey of Indonesian Economic Law*. Bandung: Lembaga Penelitian Hukum dan Kriminologi.

Geertz, Clifford. 1960. *The Religion of Java*. London: The Free Press of Glencoe.

——. 1968. *Agricultural Involution: The Process of Ecological Change in Indonesia*. Berkeley: University of California Press.〔クリフォード・ギアツ『インボリューション——内に向かう発展』池本幸生訳，NTT 出版，2001 年〕

Geertz, Hildred. 1961. *The Javanese Family: A Study of Kinship and Socialization*. London: The

Free Press of Glencoe.〔ヒルドレッド・ギアツ『ジャワの家族』戸谷修＋大鐘武訳，みすず書房，1980 年〕
Genovese, Eugene. 1976. *Roll, Jordan, Roll: The World the Slaves Made.* New York: Vintage Books.
——. 1981. *From Rebellion to Revolution.* New York: Vintage Books.
Ginting, Meneth, and Ruth Daroesman. 1982. *An Economic Survey of North Sumatra.* Bulletin of Indonesian Economic Studies 18, no. 3: 52 - 83.
Godelier, Maurice, ed. 1991. *Transitions et Subordinations au Capitalisme.* Paris: Editions de la Maison des Sciences de l'Homme.
Gould, James W. 1961. *Americans in Sumatra.* The Hague: Martinus Nijhoff.
Gutkind, Peter, R. Cohen, and J. Copans (Eds.) 1978. *African Labor History.* Beverly Hills: Sage.
Guyot, George. 1910. *Le problème de la main-d'oeuvre dans les colonies d'exploitation.* Paris: Pedone.
Hanegraaff, A. 1910. *Hoe het thans staat met den Assistenten en de Veiligheid aan de Oostkust van Sumatra.* The Hague: Van der Beek.
Hawkins, Everett D. 1959. "Labor problems in a newly independent country: The case of Indonesia." Mimeo.
——. 1963. "Labor in Transition." *Indonesia.* Ed. R. McVey. New Haven: Yale University Press.
——. 1966. "Job Inflation in Indonesia." *Asian Survey* 6, no. 5.
Heijting, Herman G. 1925. *De Koelie-Wetgeving voor de Buitengewesten van Nederlandsche-Indie.* The Hague: W. P. Stockum.
Helmi. 1981. *Di tengah pergolakan.* Limburg: Yayasan Langer.
Hémery, Danie. 1975. *Révolutionnaires vietnamiens et pouvoir colonial en Indochine.* Paris: Maspero.
Hindley, Donal. 1964. *The Communist Party of Indonesia.* Berkeley: University of California Press.
Hobsbawm, Eric, and Terence Ranger, eds. 1983. *The Invention of Tradition.* New York: Cambridge University Press.〔エリック・ホブズボウム＋テレンス・レンジャー編『創られた伝統』前川啓二・梶原景昭他訳，紀伊國屋書店，1992 年〕
Holmes, Douglas. 1983. "A Peasant-Worker Model in a Northern Italian Context." *American Ethnologist* 10: 734 - 48.
——. 1989. *Cultural Disenchantments: Worker Peasantries in Northeast Italy.* Princeton: Princeton University Press.
Holmes, Douglas, and Jean Quataert. 1986. "An Approach to Modern Labor: Worker Peasantries in Historic Saxony and the Friuli Region over Three Centuries." *Comparative Studies in Society and History* 28 (2) : 191 - 216.
Hotchkiss, H. Stuart. 1924. "Operations of an American Rubber Company in Sumatra and the Malay Peninsula." *Annals of the American Academy of Political and Social Sciences.* March.
Hughes, John. 1967. *Indonesian Upheaval.* New York: McKay.
Hutchinson, H. 1957. *Village and Plantation Life in Northeastern Brazil.* Seattle: University of Washington Press.
International Bank for Reconstruction and Development. 1969. "North Sumatra Estates Project-

Indonesia" (Report no. PA-19, June 2).
——. 1978. "Project Performance Audit Report: Indonesia-First and Second North Sumatra Estates Projects." (Credit 155-IND and Credit 194-IND Report no. 2033).
International Labour Office. 1966. *Plantation Workers.* Geneva: ILO.
Isaacman, Allen 1993. "Rural Social Protest in Africa." In *Confronting Historical Paradigms: Peasants, Labor, and the Capitalist World System in Africa and Latin America*, ed. Frederick Cooper, Florencia Mallon, Allen Isaacman, Steve Stern, William Roseberry. 205 - 317. Madison: University of Wisconsin Press.
Jain, R. K. 1970. *South Indians on the Plantation Frontier in Malaya.* New Haven: Yale University Press.
Jay, Robert. 1969. *Javanese Villagers: Social Relations in Rural Modjokuto.* Cambridge: MIT Press.
Jayawardena, Kumari. 1972. *The Rise of the Labor Movement in Ceylon.* Durham: Duke University Press.
Kahin, George McT. 1952. *Nationalism and Revolution in Indonesia.* Ithaca: Cornell Univeristy Press.
Kahn, Joel. 1981. *Minangkabau Social Formations: Indonesian Peasants and the World Economy.* Cambridge: Cambridge University Press.
——. 1993. *Constituting the Minangkabau: Peasants, Culture and Modernity in Colonial Indonesia.* Providence, R.I.: Berg.
Kantoor van Arbeid (KvA). 1913. *Arbeidsinspectie en Koeliewerving.* Batavia.
——. 1919. *Verslag van den dienst der Arbeidsinspectie in Nederlandsche-Indie, 1917 - 1918.* Weltevreden.
——. 1920. *Verslag ven den dienst der Arbeidsinspectie in Nederlandsche-Indie, over het jaar 1919.* Weltevreden.
——. 1923. *Verslag van den dienst der arbeidsinspectie in Nederlandsche-Indie. Over de jaren 1921 en 1922.* Weltevreden.
——. 1926. *Tiende verslag van de arbeidsinspectie voor de Buitengewesten 1925.* Weltevreden.
——. 1927. *Elfde verslag van de arbeidsinspectie voor de Buitengewesten, 1926.* Weltevreden.
——. 1937. *Arbeidsinspectie 1933, 1934, 1935, 1936.* Batavia.
——. 1939. *Arbeidsinspectie 1937-1938.* Batavia.
——. n.d. *Verslag van den dienst der arbeidsinspectie in Nederlandsche-Indie. Over het jaar 1920.* Weltevreden.
——. n.d. *Twaalfde verslag van de arbeidsinspectie voor de Buitengewesten, 1927.* Weltevreden.
——. n.d. *Dertiende verslag van de arbeidsinspectie voor de Buitengewesten, 1928.* Weltevreden.
——. n.d. *Veertiende verslag van de arbeidsinspectie voor de Buitengewesten, 1929.* Weltevreden.
——. n.d. *Vijftiende verslag van de arbeidsinspectie 1930, 1931, 1932.*
Katznelson, Ira, and Aristide R. Zolberg, eds. 1986. *Working-Class Formation: Nineteenth Century Patterns in Western Europe and the United States.* Princeton, N.J.: Princeton University Press.

Kleian, J. 1936. *Deli-Planter.* The Hague: van Hoeve.

Kol, van H. 1903. *Uit onze kolonien.* Leiden: A. W. Sijthoff.

Kuhn, Annette, and Ann Marie Wolpe, eds. 1978. *Feminism and Materialism.* London: Routledge.

Langenberg, Michael van. 1976. "National Revolution in North Sumatra, Sumatera Timur and Tapanuli, 1942 - 1950." Ph.D. dissertation, University of Sydney.

Langenveld, H. G. 1978. "Arbeidstoestanden op de ondernemingen ter Oostkust van Sumatra tussen 1920 en 1940 in het licht van het verdwijnen van de Poenale Sanctie op de arbeidscontracten." *Economische en Sociale Historisch Jaarboek.* The Hague: Martinus Nijhoff.

Laskar, Bruno. 1950. *Human Bondage in Southeast Asia.* Chapel Hill: University of North Carolina Press.

LeClerc, Jacques. 1973. "Vocabulaire social et répression politique: Un exemple Indonesien." *Temps Présent et Histoire* 2: 407 - 28.

Liddle, R. William. 1970. *Ethnicity, Party and National Integration: An Indonesian case study.* New Haven: Yale University Press.

Lier, E. J. van. 1919. "Het Arbeidersvraagstuk." *Mededeelingen van het Bureau voor de Bestuurszaken der Buitenbezittingen.* De Buitenbezittingen-De Oostkust van Sumatra, vol. 11, pt. 3.

Lulofs, C. 1920. *Verslag nopens de overwogen planners en maatregelen betreff ende de Kolonisatie van Javaansche Werklieden op de Cultuuronder-nemingen ter Oostkust van Sumatra in verband met de voorgenomen afschaf fing van de z.n.g. poenale sanctie in de koelieordonnantie.* Medan: AVROS.

Lutz, Catherine and Lila Abu-Lughod, eds. 1990. *Language and the Politics of Emotion.* Cambridge: Cambridge University Press.

Maas, J. G. 1948. "The Recovery of the Perennial Export Crops in East Sumatra." *Economic Review of Indonesia* 2, no. 1.

Mackie, J. A. C. 1962. "Indonesia's Government Estates and Their Masters." *Pacific Affairs* 34, no. 4, pp. 337 - 60.

Mallon, Florencia. 1983. *The Defense of Community in Peru's Central Highlands.* Princeton: Princeton University Press.

Marcus, George and Stephen Fischer. 1986. "Taking Account of World Historical Political Economy: Knowable Communities in Larger Systems." in *Anthropology as Cultural Critique.* Chicago: Chicago University Press, 77 - 110. 〔ジョージ・マーカス＋マイケル・M. J. フィッシャー「世界規模の歴史的政治経済の説明――社会を大規模システムとの関連で知ること」『文化批判としての人類学――人間科学における実験的試み』永渕康之訳，紀伊國屋書店，1989 年〕

Mandle, Jay. 1973. *The Plantation Economy: Population and Economic Change in Guyana, 1838 - 1960.* Philadelphia: Temple University Press.

Mansyur, P. 1978. *Gerilya di Asahan-Labuhan Batu 1947-49.* Medan: Department of Informa-

tion.

Marx, Karl. 1973. *The Poverty of Philosophy.* New York: International Publishers. 〔カール・マルクス『哲学の貧困』(多数の訳あり，例えば岩波文庫版)〕

McNicoll, Geoffrey. 1968. "Internal Migration in Indonesia: Descriptive Notes." *Indonesia* no. 5.

McVey, Ruth. 1965. *The Rise of Indonesian Communism.* Ithaca: Cornell University Press.

Memmi, Albert. 1973. *Portrait du colonisé: précédé du portrait du colonisateur.* Paris: Payot.

Middendorp, W. 1924. *De Poenale Sanctiée.* Haarlem: Tjeenk Willink.

Mintz, Jeanne. 1965. *Mohammed, Marx and Marhaen: The Roots of Indonesian Socialism.* London: Pall Mall Press.

Mintz, Sidney. 1959. "The Plantation as a Socio-cultural Type." In Vera Rubin, ed., *Plantation Systems of the New World.*

——. 1973. "A Note on the Definition of Peasantries." *Journal of Peasant Studies* 1 (1): 91 - 106.

——. 1974. *Caribbean Transformations.* Baltimore: Johns Hopkins University Press. Chicago: Aldine.

——. 1978. "Was the Plantation Slave a Proletarian?" *Review* 2, no. 1 (1978): 81 - 98.

——. 1979. "The rural proletariat and the problem of rural proletarian consciousness." *Peasants and Proletarians: The Struggles of Third World Workers.* Ed. Robin Cohen, Peter Gutkind, and Phyllis Brazier. London: Hutchinson.

——. 1985. *Sweetness and Power: The Place of Sugar in Modern History.* New York: Penguin. 〔シドニー・W. ミンツ『甘さと権力――砂糖が語る近代史』川北稔・和田光弘訳，平凡社，1988 年〕

Mintz, Sidney, and Richard Price. 1973. "An Anthropological Approach to the Study of Afro-American History." New Haven: Yale University, mimeo.

Montgomery, Roger. 1978. "The 1973 Large Estate Census of Plantation Rubber." *Bulletin of Indonesian Economic Studies* 14, no. 3 (1978): 63 - 85.

Mortimer, Rex. 1974. *Indonesian Communism under Sukarno: Ideology and Politics, 1959-1965.* Ithaca: Cornell University Press.

Mulier, W. J. H. 1903. *Arbeids-toestanden op de Oostkust van Sumatra.* Amsterdam.

Nash, June. 1981. "Ethnographic Aspects of the World Capitalist System." *Annual Review of Anthropology* 10: 393 - 423.

Nash, June, and Patricia Fernandez-Kelly, eds. 1984. *Women, Men and the International Division of Labor.* Albany: State University of New York Press.

Nichols, T., ed. 1980. *Capital and Labour: A Marxist Primer.* London: Fontana.

Nieuwenhuys, R. 1978. *Oost-Indische Spiegel.* Amsterdam: Querido.

Nitisastro, Widjojo. 1970. *Population Trends in Indonesia.* Ithaca: Cornell University Press.

O'Malley, William. 1977. "Indonesia in the Great Depression: A Study of East Sumatra and Jogjakarta in the 1930s." Ph.D. dissertation, Cornell University.

Ong, Aihwa. 1987. *Spirits of Resistance and Capitalist Discipline: Factory Women in Malaysia.* Al-

bany: State University of New York Press.
Oostkust van Sumatra Instituut (OvSI) 1917. *Kroniek 1916.* Amsterdam: J. H. de Bussy.
——. 1918. *Kroniek 1917.* Amsterdam: J. H. de Bussy.
——. 1926. *Kroniek 1925.* Amsterdam: J. H. de Bussy.
——. 1927. *Kroniek 1926.* Amsterdam: J. H. de Bussy.
——. 1928. *Kroniek 1927.* Amsterdam: J. H. de Bussy.
——. 1929. *Kroniek 1928.* Amsterdam: J. H. de Bussy.
——. 1930. *Kroniek 1929.* Amsterdam: J. H. de Bussy.
——. 1931. *Kroniek 1930.* Amsterdam: J. H. de Bussy.
——. 1949. *Kroniek 1948.* Amsterdam: J. H. de Bussy.
Oudemans, Robert. 1973. "Simalungun Agriculture: Some Ethnogeographic Aspects of Dualism in North Sumatran Development." Ph.D. dissertation, University of Maryland.
Paauw, Douglas S. 1978. "The Labor-Intensity of Indonesian exports." *Ekonomi dan Keuangan Indonesia* 26, no. 4: 447 - 56.
Pasaribu, Amudi, and Bistok Sitorus. 1976. "An Economic Survey of North Sumatra." *Bulletin of Indonesian Economic Studies* 5, no. 1: 90 - 105.
Pelzer, Karl. 1945. *Pioneer Settlements in the Asiatic Tropics.* New York: Pacific Institute.
——. 1957. "The Agrarian Conflict in East Sumatra." *Pacific Affairs* 30 (June): 151 - 59.
——. 1961. "Western Impact on East Sumatra and North Tapanuli: The Roles of the Planter and the Missionary." *Journal of Southeast Asian History* 2, 2.
——. 1978. *Planter and Peasant: Colonial Policy and the Agrarian Struggle in East Sumatra, 1863-1947.* The Hague: Martinus Nijhoff.
——. 1982. *Planter against Peasant: The Agrarian Struggle in East Sumatra, 1947-1958.* The Hague: Martinus Nijhoff.
Pemberton, John. 1994. *On the Subject of Java.* Ithaca: Cornell University Press.
Penny, David. 1964. "The Transition from Subsistence to Commercial Family Farming in North Sumatra." Ph.D. dissertation, Cornell University, Ithaca.
Petersen, H. Tscherming. 1948. *Tropical Adventure.* London: Rolls.
Piven, Frances Fox, and Richard A. Cloward. 1979. *Poor People's Movements: Why They Succeed, How They Fail.* New York: Vintage.
Pluvier, J. M. 1953. *Overzicht van de Ontwikkeling der Nationalistische Beweging in Indonesie in de Jaren 1930 tot 1942.* The Hague: Van Hoeve.
Price, Richard, ed. 1979. *Maroon Societies: Rebel Slave Communities in the Americas.* Baltimore: Johns Hopkins University Press.
Prillwitz, P. M. 1947. "The Estates in the East Coast Province of Sumatra." *Economic Review of Indonesia* 1, no. 9.
Pringgodigdo, A. K. 1950. *Sejarah Pergerakan Rakyat Indonesia.* Jakarta.
Rafael, Vincent. 1986. *Contracting Colonialism: Translation and Christian Conversion in Tagalog*

Society under Early Spanish Rule. Ithaca: Cornell University Press.
——. 1994. "The Cultures of Area Studies in the United States." *Social Text* (Winter 1994): 91-111.
Reid, Anthony. 1970. "Early Chinese Migration into North Sumatra." In *Studies in the Social History of China and Southeast Asia.* Ed. J. Ch'en and N. Tarling. Cambridge University Press.
——. 1971. "The Birth of the Republic in Sumatra." *Indonesia* 12.
——. 1974. *Indonesian National Revolution 1945-1950.* Melbourne: Longman.
——. 1979. *The Blood of the People: Revolution and the End of Traditional Rule in Northern Sumatra.* Kuala Lumpur: Oxford University Press.
Reiter, Rayna Rapp, ed. 1975. *Towards an Anthropology of Women.* New York: Monthly Review Press.
Ridder, J. de. 1935. *De invloed van de Westersche Cultures op de Autochtone Bevolking ter Oostkust van Sumatra.* Wageningen: Veeman and Zonen.
Robison, Richard. 1978. "Toward a Class Analysis of the Indonesian Military Bureaucratic State." *Indonesia* 25: 17-39.
Rodney, Walter. 1981. "Plantation Society in Guyana." *Review* 4, no. 4: 643-66.
Roseberry, William. 1983. *Coffee and Capitalism in the Venezuelan Andes.* Austin: University of Texas Press.
——. 1988. "Political Economy." *Annual Review of Anthropology* 17: 161-85.
——. 1989. *Anthropologies and Histories: Essays in Culture, History, and Political Economy.* New Brunswick, N.J.: Rutgers University Press.
Rothstein, Francis. 1986. "The New Proletarians: Third World Reality and First World Categories." *Comparative Studies in Society and History* 28: 217-38.
Rubin, Vera, ed. 1959. *Plantation systems of the New World.* Washington, D.C.: Pan American Union.
Said, Edward. 1978. *Orientalism.* New York: Random House.〔エドワード・サイード『オリエンタリズム』今沢紀子訳，板垣雄三＋杉田英明監修，平凡社，1986 年〕
Said, Mohammad. 1973. "What was the 'Social Revolution of 1946' in East Sumatra?" *Indonesia* 15.
——. 1976. *Sejarah Pers di Sumatera Utara.* Medan:Waspada.
——. 1977. *Koeli Kontrak Tempoe Doeloe.* Medan: Waspada.
Sandra. 1961. *Sedjarah Pergerakan Buruh Indonesia.* Jakarta.
Sartre, Jean Paul. 1976. *Critique of Dialectical Reason.* London: New Left Books. [first published Paris: Gallimard, 1960].〔ジャン＝ポール・サルトル『弁証法的理性批判——実践的総体の理論』(『サルトル全集』26-28 巻) 竹内芳郎他訳，人文書院，1962-73 年〕
Sayuti, Hasibuan. 1962. "The Palm-Oil Industry on the East Coast of Sumatra." *Prospects for East Sumatran Plantation Industries: A Symposium.* Ed. Douglas Paauw. New Haven: Yale University Press.

——. 1968. "Political Unionism and Economic Development in Indonesia: Case Study, North Sumatra" Ph.D. thesis, University of California, Berkeley.

Schadee, W. H. M. 1919. *Geschiedenis van Sumatra's Oostkust.* Amsterdam: Oostkust van Sumatra.

——. 1923. *Kroniek 1923.* Amsterdam: J. H. de Bussy.

Schuffner, W., and W. A. Keunen. 1910. *De Gezondheidstoestand van de Arbeiders verbonden aan de Senembah-Maatschappij op Sumatra gedurende de jaren 1897 tot 1907.* Amsterdam: J. H. de Bussy.

Scott, James. 1976. *The Moral Economy of the Peasant.* New Haven: Yale University Press. 〔ジェームズ・スコット『モーラル・エコノミー――東南アジアの農民叛乱と生存維持』高橋彰訳，勁草書房，1999 年〕

Sewell, William H., Jr. 1993. "Toward a Post-materialist Rhetoric for Labor History." In *Rethinking Labor History,* ed. Lenard R. Berlanstein, 15 - 32. Urbana: University of Illinois Press.

Shanin, Teodor. 1971. "Peasantry: Delineation of a Sociological Concept and a Field of Study." *European Journal of Sociology* 12: 289 - 300.

——. 1979. "Defining Peasants: Conceptualization and De-Conceptualizations Old and New in a Marxist Debate." *Peasant Studies* 8 (4): 38 - 60.

Shiraishi, Aiko. 1977. *Lahirnya Tentera Pembela Tanah Air.* Jakarta: Lembaga Ekonomi dan Kemasyarakatan Nasional.

Smail, John R. W. 1968. "The Military Policies of North Sumatra: December 1956 - October 1957." *Indonesia* 6.

Smith, Carol. 1984. "Forms of Production in Practice: Fresh Approaches in Simple Commodity Production." *Journal of Peasant Studies* 11 (4).

Smith, Gavin. 1989. *Livelihood and Resistance: Peasants and the Politics of Land in Peru.* Berkeley: University of California Press.

Somers, Margaret. 1989. "Workers of the World, Compare!" *Contemporary Sociology* 18 (3): 325 - 29.

——. Forthcoming. "Economic Sociology, Institutional Analysis and Class Formation Theory: A Second Look at a Classic." *Social History.*

Stedman-Jones, G. 1978. "Class expression vs. Social Control." *History Workshop* no. 4.

Steward, Julian, R. Manners, E. Wolf, E. Padilla Seda, S. Mintz, and R. Scheele, eds. 1956. *The People of Puerto Rico.* Urbana: University of Illinois Press.

Stibber, D. G. 1912. "Werving van contract-koelies op Java." *Verslag der vergadering van de Nederlandsche Afd. der Nederlandsche-Indische Maatschappij van Nijverheid en Landbouw.* Amsterdam: J. H. de Bussy.

Stolcke, Verena. 1988. *Coffee Planters, Workers and Wives: Class Conflict and Gender Relations on Sao Paulo Plantations, 1850-1980.* New York: St. Martin's Press.

Stoler, Ann L. 1977a. "Class Structure and Female Autonomy in Rural Java." *Signs* 3, no. 1 (1977): 74 - 89.

——. 1977b. "Rice Harvesting in Kali Loro: A Study of Class and Labor Relations in Rural Java." *American Ethnologist* 4, no. 4: 678-98.
——. 1978. "Garden Use and Household Economy in Rural Java." *Bulletin of Indonesian Economic Studies* 14, no. 2: 85-101.
——. n.d. "The Company's Women: Labor Control in Sumatran Agribusiness." *Serving Two Masters: Third World Women in the Development Process.* Ed. Kate Young. London: Routledge, Kegan & Paul. In press.
——. n.d. "North Sumatran Transitions: Transformations in Plantation Labor and Peasant Life." Ed. Maurice Godelier. *Questions of Transition.* Forthcoming.
——. 1983. "In the Company's Shadow: The Politics of Labor Control in North Sumatra." Ph.D. diss., Columbia University.
——. 1985. "Perceptions of Protest: Defining the Dangerous in Colonial Sumatra." *American Ethnologist* 12 (4): 642-58.
——. 1986. "Plantation Politics and Protest on Sumatra's East Coast." *Journal of Peasant Studies* 13 (2): 124-43.
——. 1987. "Sumatran Transitions: Colonial Capitalism and Theories of Subsumption." *International Social Science Journal* 114: 543-62.
——. 1988. "Working the Revolution: Plantation Laborers and the People's Militia in North Sumatra." *Journal of Asian Studies* 47 (2): 227-47.
——. 1989a. "Making Empire Respectable: The Politics of Race and Sexual Morality in 20th Century Colonial Cultures." *American Ethnologist* 16 (4): 634-60.
——. 1989b. "Rethinking Colonial Categories: European Communities and the Boundaries of Rule." *Comparative Studies in Society and History* 31 (1): 134-61.
——. 1991. "Carnal Knowledge and Imperial Power: Gender, Race and Morality in Colonial Asia." In *Gender at the Crossroads of Knowledge: Feminist Anthropology in the Postmodern Era,* ed. Micaela di Leonardo. Berkeley: University of California Press: 51-101.
——. 1992a. "'In Cold Blood': Hierarchies of Credibility and the Politics of Colonial Narratives." *Representations* 37: 151-89.
——. 1992b. "Sexual Affronts and Racial Frontiers: European Identities and the Cultural Politics of Exclusion in Colonial Southeast Asia." *Comparative Studies in Society and History* 34 (3): 514-51.
——. 1995. *Race and the Education of Desire: Foucault's History of Sexuality and the Colonial Order of Things.* Durham, N.C.: Duke University Press.〔河村一郎訳「人種の言説／階級の言語——ブルジョア的身体と人種的自己を育成する」『現代思想』1997年3月号, 104-122頁（原著第4章の抄訳)〕
Stoler, Ann Laura, and Frederick Cooper. 1997. "Between Metropole and Colony: Rethinking a Research Agenda." In *Tensions of Empire: Colonial Cultures in a Bourgeois World,* eds. Frederick Cooper and Ann Laura Stoler. Berkeley: University of California Press.

Straub, M. 1928. *Kindersterf to ter Oostkust van Sumatra*. Amsterdam: Koninklijke Vereeniging Koloniaal Instituut.

Sutter, John O. 1959. "Indonesianisasi: Politics in a Changing Economy, 1940-1955." Ph.D. thesis, Cornell University, Ithaca.

Székely, Ladislao. 1937. *Tropic Fever*: The Adventures of a Planter in Sumatra. Kuala Lumpur: Oxford University Press, 1979.

Székely-Lulofs, M. H. 1932. *Koelie*. Amsterdam: Elsevier.

——. 1932. *Rubber*. Amsterdam: Elsevier.

——. 1946. *De Andere Wereld*. Amsterdam: Elsevier.

Tan Malaka. n.d. *Dari penjara ke penjara (part I)*. Jakarta: Widjaya.〔タン・マラカ『牢獄から牢獄へ——タン・マラカ自伝』(1)(2) 押川典明訳，鹿砦社，1979，81 年〕

Taussig, Michael. 1980. *The Devil and Commodity Fetishism in South America*. Chapel Hill: University of North Carolina Press.

——. 1984. "Culture of Terror, Space of Death: Roger Casement's Putumayo Report and the Explanation of Torture." *Comparative Studies in Society and History* 26 (3): 467 - 97.

——. 1987. "The Rise and Fall of Marxist Anthropology." *Social Analysis* 21: 101 - 13.

Tejasukmama, Iskanda. 1958. "The Political Character of the Indonesian Trade Union Movement." Ithaca: Modern Indonesia Project.

Thalib, Dahlan. 1962. "The Estate Rubber Industry of East Sumatra." *Prospects for East Sumatran Plantation Industries: A Symposium*. Ed. Douglas Paauw, 50 - 66. New Haven: Yale University Press.

Thee, Kian-Wie. 1977. *Plantation Agriculture and Export Growth: An Economic History of East Sumatra, 1863 - 1942*. Jakarta: LEKNAS-LIPI.

Thoburn, John. 1977. *Primary Commodity Exports and Economic Development*. New York: John Wiley.

Thomas, Kenneth D., and Bruce Glassburner. 1965. "Abrogation, Take-over and Nationalization: The Elimination of Dutch Economic Dominance from the Republic of Indonesia." *Australian Outlook* 19, no. 2.

Thompson, Edward. 1966. *The Making of the English Working Class*. New York: Vintage.〔エドワード・P. トムスン『イングランド労働者階級の形成』市橋秀夫＋芳賀健一訳，青弓社，2003 年〕

Thompson, E. T. 1975. *Plantation Societies, Race Relations, and the South: The Regimentation of Populations*. Durham: Duke University Press.

Thompson, Graeme, and Richard C. Manning. 1974. "The World Bank in Indonesia." *Bulletin of Indonesian Economic Studies* 10, no. 2. 56 - 82.

Thompson, Virginia. 1947. *Labor Problems in Southeast Asia*. New Haven: Yale University Press.

Thorner, Daniel. 1971. "Peasant Economy as a Category in Economic History." In *Peasants and Peasant Societies*, ed. T. Shanin, 202 - 26. Middlesex: Penguin.

Tideman, J. 1919. "De Huisvesting der Contractkoelies ter Oostkust van Sumatra." *Koloniale Studien.*

Tilly, Charles. 1975. *The Rebellious Century.* Cambridge: Harvard University Press.

Tomich, Dale. 1991. "Une Petite Guinée: Provision Ground and Plantation in Martinique, 1830 - 1848." *Slavery and Abolition* 12 (1): 68 - 91.

Treub. 1929. "Onveligheid op de Indische Cultuurondernemingen." *Vragen en Tijds.* September.

Trocki, Carl. 1986. "The Javanese Peasant in Sumatra: A Question of Consciousness." *Peasant Studies* 13 (4): 247 - 56.

Trouillot, Michel-Rolph. 1988. *Peasants and Capital: Dominica in the World Economy.* Baltimore, Md.: Johns Hopkins University Press.

U.S. Department of Labor. 1951. *Labor Conditions in Indonesia.* Washington, D.C.: Department of Labor.

Van der Kroef, Justus M. 1965. *The Communist Party of Indonesia.* Vancouver: Vancouver Publications Center, University of British Columbia.

——. 1970-71. "Interpretations of the 1965 Indonesian Coup." *Pacific Affairs* 43, no. 4 (1970 - 71).

Versluys, J. 1938. *Vormen en soorten van loon in den Indische landbouw.* Leiden.

Vien, Nguyen Khac. 1974. *Histoire du Vietnam.* Paris: Editions Sociales.

Vierhout, M. 1921. *Het Arbeidsvraagstuk in verband met de Noodzakelijke Ontwikkeling der Buitengewesten.* Weltevreden: Albracht.

Vincent, Joan. 1990. *Anthropology and Politics: Visions, Traditions, and Trends.* Tucson: University of Arizona Press.

Volker, T. 1928. *Van Oerbosch tot Cultuurgebied.* Medan: Deli Planters Vereeningen.

Waal, R. van de. 1959. *Richtlijnen voor een ontwikkelingsplan voor de Oostkust van Sumatra.* Ph.D. dissertation, Agricultural University of Wageningen, Wageningen.

Waard, J. de. 1934. "De Oostkust van Sumatra." *Tijdschrift voor Economische Geographie* no. 7.

Wallerstein, Immanuel. 1980. *The Capitalist World Economy.* London: Cambridge University Press.〔イマニュエル・ウォーラーステイン『資本主義世界経済 I ――中核と周辺の不平等』藤瀬浩司＋麻沼賢彦＋金井雄一訳，名古屋大学出版会，1987 年，『資本主義世界経済 II ――階級・エスニシティの不平等，国際政治』日南田靜眞監訳，名古屋大学出版会，1987 年〕

Weerd, van de. n.d. "Rapport Werkzaamheden Estates Advisory Board."

Wertheim, W. F. 1959. *Indonesian Society in Transition.* The Hague: van Hoeve.

——. 1966. "Indonesia before and after the Untung Coup." *Pacific Affairs* 39 (Spring-Summer 1966) .

——. 1979. "Whose Plot?-New Light on the 1965 Events." *Journal of Contemporary Asia* 9, no. 2: 197 - 215.

White, Benjamin N. F. 1976a. "Production and Reproduction in a Javanese Village." Ph.D. dissertation, Columbia University, New York.

——. 1976b. “Population, Involution and Employment in Rural Java.” *Development and Change* 7: 267 - 90.

Wijnmalen, H.J. 1951. “Aantekeningen betreffende het onstaan, de ontwikkeling en het optreden van de vakbeweging in Indonesie na de onafhankeli-jkheidsverklaring van 17 Aug 1945.” *Indonesie* 5: 434, 461.

Williams, Raymond. 1977. Marxism and Literature. London: Oxford University Press.

——. 1980. *Key Words: A Vocabulary of Culture and Society.* Glasgow: Fontana〔レイモンド・ウィリアムズ『完訳キーワード辞典』椎名美智・武田ちあき・越智博美・松井優子訳, 平凡社, 2002 年〕

Withington, William A. 1964. “Changes and Trends in Patterns of North Sumatra's Estate Agriculture, 1938 - 1959.” *Tijdschrift voor Economische en Sociale Geografie* 55, no. 1.

Wolf, Charles Jr. 1948. *The Indonesian Story.* New York.

Wolf, Eric. 1957. “Closed Corporate Communities in Mesoamerica and Central Java.” *Southwestern Journal of Anthropology* 13: 1 - 18.

——. 1959. “Specific Aspects of Plantations Systems in the New World: Community Sub-Cultures and Social Classes.” *Plantation Systems of the New World.* Ed. Vera Rubin. Washington, D.C.: Pan American Union.

——. 1966. *Peasants.* Englewood Cliffs, N.J.: Prenctice-Hall〔エリック・ウルフ『農民』佐藤信行＋黒田悦子訳, 鹿島研究所出版会, 1972 年〕

——. 1982. *Europe and the People without History.* Berkeley: University of California Press.

World Bank. 1972. “1972 Agricultural Sector Survey, Annexe 3.” *Development Issues for Indonesia.* 5 vols. East Asia and Pacific Department. Washington, D.C.: World Bank.

Wright, Erik Olin. 1978. *Class, Crisis and the State.* London: Verso.〔エリック・O. ライト『階級・危機・国家』江川潤訳, 中央大学出版部, 1986 年〕

Young, Kate, Carol Wolkowitz, and Roslyn McCullaugh, eds. 1981. *Of Marriage and the Market: Women's Subordination in International Perspective.* London: CSE.

略字一覧

AR　Algemeen Rijksarchief　オランダ国立文書館
AVROS　Algemene Vereniging van de Rubber Planters ter Ookust van Sumatra　スマトラ東岸ゴム植民者総協会　→「ゴム植民者協会」
BBI　Barisan Buruh Indonesia　インドネシア労働者戦線
BKSPPS　Badan Kerja Sama Perusahaan Perkebunan Sumatra　スマトラ農園企業団
BTI　Barisan Tani Indonesia　インドネシア農民戦線
BUMIL　Buruh-Militer　労働者 - 軍
BZ　Ministerie van Binnenlandse Zaken　内務省文書館
DPV　Deli Planters Vereeningin　「デリ植民者連盟」
ERRI　Ekonomi Rakyat Republic Indonesia　インドネシア共和国人民経済
FBSI　Federasi Buruh Seluruh Indonesia　全インドネシア労働者連合
GERINDO　Gerakan Rakyat Indonesia　インドネシア人民運動　→「グリンド」
HAPM　Hollandsche-Amerikaansche Plantage Maatschapij　蘭米プランテーション商会
HVA　Handelsvereeniging Amsterdam　アムステルダム商会
IBRD　International Bank for Reconstruction and Development　国際復興開発銀行
KABIR　Kapitalis Birokrat　官僚資本家
KBKI　Konsentrasi Buruh Kerakyatan Indonesia　インドネシア人民労働者連合
KvA　Kantoor van Arbeid　労働局　→『労働省査察官報告』(『報告』)
MD　Ministerie van Defensie　国防省文書館
NASAKOM　Nasionalisme, Agama, Komunisme　ナショナリズム，宗教，共産主義　→「ナサコム」
NICA　Netherlands Indies Civil Administration　蘭印民事行政
NRK　Noen Rengo Kai　農園連合会
NST　Negara Sumatera Timur　東スマトラ国
OBPI　Organisasi Buruh Persatuan Indonesia　インドネシア統一労働者機構
OBSI　Organisasi Buruh Socialis Indonesia　インドネシア社会主義労働者党
OPD　Organisasi Pengawal Desa　農村先駆者機構
OPPI　Organisasi Persatuan Perburuhan Indonesia　インドネシア労働者統一機構
OvSI　Oostkust van Sumatra Instituut　スマトラ東岸研究所　→『スマトラ東岸

研究所報』(『クロニーク』)
PBI　Partai Buruh Indonesia　インドネシア労働者党
PERBUPRI　Persatuan Buruh Perkebunan Republik Indonesia　インドネシア共和国農園労働者連合　→「プルブプリ」
PESINDO　Pemuda Socialis Indonesia　インドネシア青年社会主義者　→「プシンド」
PETA　Pembela Tanah Air　国土防衛軍　→「ペタ」
PID　Politieke Inlichtingsdienst　東インド情報局
PKI　Partai Komunis Indonesia　インドネシア共産党
PNI　Partai Nasional Indonesia　インドネシア国民党
PNP　Perusahahan Negara Perkebunan　国営農園
PPN　Pusat Perkebunan Nasional　国有農園センター
P4P　Panitia Penjelasaian Perselisihan Perburuhan　労働問題中央委員会
PRRI　Pemerintah Revolusioner Republik Indonesia　インドネシア共和国革命政府
PSI　Partai Sosialis Indonesia　インドネシア社会党
SARBUPRI　Sarekat Buruh Perkebunan Republik Indonesia　インドネシア共和国農園労働者同盟　→「サルブプリ」
SBII　Sarekat Buruh Islam Indonesia　インドネシアイスラム労働者党
SBP　Sarekat Buruh Perkebunan　農園労働者組合
SBSI　Serikat Buruh Sejahtera Indonesia　インドネシア福祉労働組合
SBSI　Sarekat Buruh Seluruh Indonesia　全インドネシア労働組合
SOBSI　Sentral Organisasi Buruh Seluruh Indonesia　全インドネシア労働者中央機構　→「ソブシ」
SOCFIN (SOCFINDO)　Société Financière　フランス・ベルギー投資会社
SOKSI　Sentral Organizasi Karyawan Sosialisme Indonesia　インドネシア社会主義労働者中央機構　→「ソクシ」
SKU　Syarat Karyawan Umum　一般労働者規定
TAPOL　Tahanan Politik　政治犯
TRK　Tentara Rakyat Keamanan　共和国人民治安軍
USI　United States of Indonesia　インドネシア合衆国